情報系のための数学＝4

ヴィジュアルでやさしい
グラフへの入門

守屋 悦朗 著

サイエンス社

序

　グラフ理論は19世紀から活発に研究されている純粋数学の一分野であるが，現在では純粋数学の一分野にとどまらず，コンピュータサイエンスのあらゆる領域（ハードウェア，ソフトウェア，アルゴリズムの理論），OR（オペレーションズリサーチ），化学，生物学，経済学，社会学，等々の様々な分野において広く応用され，今や必須の理論となっている．また，現代人にとっては，研究者でなくても日常生活の中で用いて便利な思考ツールでもあり，グラフについての基本的諸概念，性質，応用の可能性などについての知識は万人必須の素養であると言っても過言ではない．

　グラフは図で表せるため，場合によっては小学生でも理解できる一面をもつ一方，ある程度の数学的素養がある大学生以上でないと理解できない難しい一面ももっている．本書は，そんなグラフについて，図をたくさん用いることによって誰でもわかるヴィジュアルでやさしい入門書たらんとして書かれたものである．著者が早稲田大学教育学部数学科で行なった講義に基づいており，1章は1コマ90分の授業に相当し（ただし，分量が多めなので，講義する項目を取捨選択する必要がある），半期16週分にあたる16章で構成されている．もっと時間をかけて講義するのも悪くはないが，学生は講義を一方的に聴くだけではなく，自分自身が予習復習をすることによって理解を深めて欲しい．それに耐えうるように丁寧にやさしく書いたつもりである．

　このような基本的な意図の下で，以下の特長をもつ（そのような趣旨に則って書いた）のが本書である．

(1) 書名にもあるように，<u>図を多くし，懇切丁寧な説明</u>をしている．例えば，定理5.6（メンガーの定理）は，某専門書では図も無く，証明には1ページしか費やしていないのに対し，本書では6つの図を用い，証明に3ページを使っている．

(2) 理解を助けるのに例は欠かせない．本書では，本文中は勿論のこと，小

問や演習問題にも<u>多数の例</u>を挙げた．

(3) 学ぶということは，自分で考えることでもある（でなければならない）．本文中の随所に小問を置いたが，これらはその時点で自分で必ず考えてから先に進んで欲しいものと，理解を確認するためのものである．そのため，確認してもらうことだけが目的で解答が不要と思われるもの以外の小問にはすべて<u>丁寧な解答</u>を付けた（解答付きの問題には問題番号の肩に s を付けてある）．章末演習問題の一部（本文中の小問を補うもの）にも解答を付けたが，そのほかの問題のほとんどは拙著

『例解と演習　離散数学』，サイエンス社，2011 年

に解答が載っているので，参考にしていただきたい．

(4) グラフ理論の<u>他書ではほとんど扱われていない項目</u>――ラベル付きのグラフやグラフに関するアルゴリズム――にも多くのページを割いた（16 章中の 3 章）．これらは，現在のような情報化社会では特に重要なものである．

(5) 懇切丁寧でやさしい入門書でありながらも，内容を希薄にすることはしていない<u>本格的</u>な入門書である．

本書の執筆にあたっては，多くの先人の著作や論文を参考にさせていただいた．それらは巻末に文献として挙げたので，本書を足掛かりにして，もっと深くグラフ理論を学ぶ際に参考にしていただきたい．本書がきっかけでグラフ理論に興味をもち，活用さらには研究に進む読者が一人でも多く出てくれれば著者の望外の喜びである．

本書の執筆にあたっては，サイエンス社編集部長の田島伸彦氏および鈴木綾子氏，一ノ瀬知子氏に大変お世話になった．深く感謝の意を表したい．

2016 年 3 月 31 日

守屋悦朗

目 次

第1章 基礎の数学 — 1
- 1.1 集合 ········· 1
- 1.2 関数 ········· 6
- 1.3 行列 ········· 7
- 1.4 同値関係 ········· 10
- 1.5 語と言語 ········· 11

第2章 グラフの基本的概念 — 13
- 2.1 グラフとは ········· 13
- 2.2 グラフから導かれるグラフ ········· 19
- 第2章 演習問題 ········· 26

第3章 道と閉路 — 27
- 3.1 道 ········· 27
- 3.2 グラフの表し方 ········· 31
- 第3章 演習問題 ········· 38

第4章 連結グラフ — 39
- 4.1 連結とは ········· 39
- 4.2 距離 ········· 40
- 4.3 連結であるための条件 ········· 44
- 第4章 演習問題 ········· 50

第5章 連結度 — 51
- 5.1 つながりが弱い箇所 ········· 51
- 5.2 連結の度合い ········· 53
- 5.3 2頂点間の道の本数 ········· 60
- 第5章 演習問題 ········· 67

目　　次　　v

第6章　グラフ上の演算　　68
6.1　基本演算　　68
6.2　合成と代入　　72
第6章　演習問題　　76

第7章　オイラーグラフ　　77
7.1　オイラーグラフ　　77
7.2　n 筆書き　　82
7.3　交差しないオイラー道　　84
第7章　演習問題　　87

第8章　ハミルトングラフ　　89
8.1　ハミルトングラフ　　89
8.2　因子　　95
第8章　演習問題　　100

第9章　2部グラフ　　101
9.1　サイクル長による特徴付け　　101
9.2　マッチング　　104
第9章　演習問題　　112

第10章　平面グラフ　　113
10.1　平面グラフと平面的グラフ　　113
10.2　オイラーの多面体定理　　117
10.3　平面的グラフの特徴付け　　121
10.4　双対グラフ　　125
第10章　演習問題　　128

第11章　木　　129
11.1　自由木　　129
11.2　根付き木　　133
第11章　演習問題　　142

第12章 有向グラフ — 143

- 12.1 基本的諸定義 … 143
- 12.2 有向グラフと 2 項関係 … 145
- 12.3 有向グラフの道・連結性 … 150
- 12.4 有向オイラーグラフ・有向ハミルトングラフ … 153
- 　　第 12 章　演習問題 … 155

第13章 ラベル付きグラフ — 156

- 13.1 頂点や辺が情報をもつグラフ … 156
- 13.2 有限オートマトン … 159
- 　　第 13 章　演習問題 … 164

第14章 グラフの彩色 — 165

- 14.1 頂点の彩色 … 165
- 14.2 辺の彩色 … 170
- 14.3 領域の彩色 … 173
- 　　第 14 章　演習問題 … 176

第15章 グラフアルゴリズム（1） — 178

- 15.1 グラフ上の巡回 … 178
- 15.2 2 分木の巡回 … 184
- 15.3 ヒープと優先順位キュー … 189
- 　　第 15 章　演習問題 … 194

第16章 グラフアルゴリズム（2） — 196

- 16.1 最小全域木と貪欲法 … 196
- 16.2 最短経路 … 199
- 16.3 トポロジカルソート … 203
- 16.4 強連結成分 … 207
- 　　第 16 章　演習問題 … 209

問　題　解　答　　212
参　考　書　案　内　　241
索　　　引　　243

第1章

基 礎 の 数 学

　本書で扱うグラフは有限の対象物であり，図で表すこともできるが，きちんと理解するためにはやはり数学という表現道具が必要である．とはいえ，難しい数学はいらない．本書で最低限必要な数学は，集合，関数（写像），行列くらいであり，これらは高校でもその基本的なところは学んでおり，それを多少一般化したものを使うだけである．一方で，新しい概念が次から次へと出てくるので，次のステップに進むには前のステップで学んだことは確実に理解しておく必要がある．

1.1　集　　　合

　本書に登場する集合は要素が有限個のものだけなので，難しい定義はいらない．集合とは単にモノの集まりだと思えばよい．その個々の「モノ」をその集合の**元**(げん)あるいは**要素**という．本書では主として「元」を用いる．x が集合 X の元であることを

$$x \in X \quad \text{とか} \quad X \ni x$$

で表し，x が X の元でないことは

$$x \notin X \quad \text{とか} \quad X \not\ni x$$

で表す．例えば，偶数の集合を E とすると，2 は偶数であるから $2 \in E$ であり，1 は偶数でないから $1 \notin E$ である．

　集合 X が条件 $P(x)$ を満たす元 x の集まりであるとき

$$X = \{x \mid P(x)\} \quad \text{とか} \quad X = \{x \in Y \mid P(x)\} \quad (x を Y の元に限定)$$

と書く．複数の条件 $P_1(x), \ldots, P_k(x)$ をカンマ (,) で区切って並べた場合には「$P_1(x)$ かつ $\cdots$ かつ $P_k(x)$」であることを表す．例えば，

$$\{実数 x \mid x \geqq 0, x^2 \leqq 5\} = \{0, 1, 2\}$$

である．この右辺のように，集合 X の元すべてを $a, b, \ldots, z$ と列挙できると

きには
$$X = \{a, b, \ldots, z\}$$
と書く．元を1つも含まない集合を**空集合**といい，記号 $\emptyset$ で表す．

すべての**自然数**（本書では自然数に 0 を含める）の集合，すべての**整数**の集合，すべての**有理数**の集合，すべての**実数**の集合をそれぞれ $\mathbb{N}$, $\mathbb{Z}$, $\mathbb{Q}$, $\mathbb{R}$ で表す．

● 必要/十分条件

「集合 Y の元がすべて X の元でもある」とき，Y を X の**部分集合**といい $\boldsymbol{Y \subseteq X}$ と書くが，この条件「$\cdots$」を記号で
$$x \in X \implies x \in Y$$
と書き表す．特に，$X \subseteq Y$ かつ X に属さない Y の元 y が存在するとき，X は Y の**真部分集合**であるといい，$\boldsymbol{X \subsetneq Y}$ と書く．

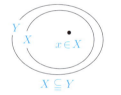
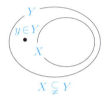

記号 $\implies$ は「ならば」を表す．$X \subseteq Y$ の場合，x は任意の元を考えているので，そのことを強調して
$$\forall x \,[\, x \in X \implies x \in Y \,]$$
とも書く．一般に，
- 「任意の x に対して $P(x)$ が成り立つ」ことを $\boldsymbol{\forall x\, P(x)}$ で，
- 「$P(x)$ を成り立たせる x が存在する」ことを $\boldsymbol{\exists x\, P(x)}$ で表す[1]．

命題 P と Q の間の関係については，
- $P \implies Q$ が成り立つとき P は Q の**十分条件**であるといい，
- $P \implies Q$ が成り立つとき Q は P の**必要条件**であるという．
- また，P も Q も成り立つことを $\boldsymbol{P \wedge Q}$ で表し，

---

[1] $\forall$ は Any (for <u>any</u>) の頭文字 A を，$\exists$ は Exist の頭文字 E を裏返して上下逆さにしたものである．

- P または Q が成り立つことを $\boldsymbol{P \vee Q}$ で表す.
- したがって, $P \Longrightarrow Q$ かつ $Q \Longrightarrow P$ が成り立つことは

$$(P \Longrightarrow Q) \wedge (Q \Longrightarrow P)$$

と書くことができ, このとき P の**必要十分条件**は Q であるとか, P と Q は**同値**であるといい, $\boldsymbol{P \Longleftrightarrow Q}$ と書き表す.

● 定義を表す記法

ある事柄を定義するときには, 次のような表記を用いる:

$\boldsymbol{P \overset{\mathrm{def}}{\Longleftrightarrow} Q}$　P であることを記述 Q によって定義する.

$\boldsymbol{X := Y}$　集合や要素 X を Y として定義する.

● 集合の上の演算

集合 X と集合 Y の**和**(**和集合**), **差**(**差集合**), **共通部分**(**積集合**)をそれぞれ $\boldsymbol{X \cup Y}, \boldsymbol{X - Y}, \boldsymbol{X \cap Y}$ で表す. また, ある1つの集合 U を固定してその部分集合のみを考える場合, $U - X$ を U に関する X の**補集合**といい, $\overline{X}$ で表す. U は文脈から明らかなことが多く, その場合には明示しない.

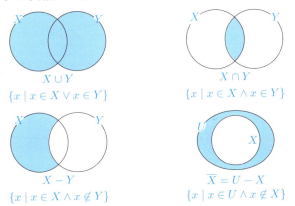

$X \cup Y$
$\{x \mid x \in X \vee x \in Y\}$

$X \cap Y$
$\{x \mid x \in X \wedge x \in Y\}$

$X - Y$
$\{x \mid x \in X \wedge x \notin Y\}$

$\overline{X} = U - X$
$\{x \mid x \in U \wedge x \notin X\}$

例 1.1 集合演算

(1) $\mathbb{R}_{\geqq 0} := \{x \in \mathbb{R} \mid x \geqq 0\}$, $\mathbb{R}_{>0} := \{x \in \mathbb{R} \mid x > 0\}$ と定義する. この記法を使えば, 例えば,

$$\mathbb{R} = \mathbb{R}_{\geqq 0} \cup \{-x \mid x \in \mathbb{R}_{>0}\}, \quad \mathbb{R}_{>0} = \mathbb{R}_{\geqq 0} - \{0\},$$

$$\overline{\mathbb{R}_{\geqq 0}} = \{-x \mid x \in \mathbb{R}_{>0}\}, \qquad \mathbb{R}_{\geqq 0} \cap \overline{\mathbb{R}_{>0}} = \{0\}$$

(2) 任意の集合 A, B に対して，次のド・モルガンの法則が成り立つ：
$$\overline{(A \cup B)} = \overline{A} \cap \overline{B}, \quad \overline{(A \cap B)} = \overline{A} \cup \overline{B}.$$

なぜなら，任意の $x \in \overline{(A \cup B)}$ を考えると，補集合の定義より $x \notin (A \cup B)$ である．よって，和集合の定義より，$x \notin A$ かつ $x \notin B$ である（右図参照）．ゆえに，$x \in \overline{A}$ かつ $x \in \overline{B}$ が成り立ち，このことと共通部分の定義より $x \in \overline{A} \cap \overline{B}$ である．以上より，$\overline{(A \cup B)} \subseteq \overline{A} \cap \overline{B}$ が示された．

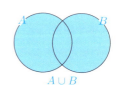

本書では，以上述べたことを簡潔に

$$\begin{aligned}
x \in \overline{(A \cup B)} &\implies x \notin (A \cup B) & \text{（補集合の定義）} \\
&\implies x \notin A \text{ かつ } x \notin B & \text{（和集合の定義）} \\
&\implies x \in \overline{A} \text{ かつ } x \in \overline{B} & \text{（補集合の定義）} \\
&\implies x \in \overline{A} \cap \overline{B} & \text{（共通部分の定義）} \\
\therefore \quad & \overline{(A \cup B)} \subseteq \overline{A} \cap \overline{B}
\end{aligned}$$

のように記述する．

逆の包含関係 $\overline{A} \cap \overline{B} \subseteq \overline{(A \cup B)}$ も同様に証明することができ，これらの結果を合わせて $\overline{(A \cup B)} = \overline{A} \cap \overline{B}$ の証明を終わる．

集合を元とするような集合のことを**集合族**という．集合 X の部分集合すべてからなる集合族を X の**冪集合**といい，2^X で表す[†2]：

$$2^X := \{A \mid A \subseteq X\}.$$

有限個の元しか含まない集合を**有限集合**といい，そうでないものを**無限集合**という．有限集合の元の個数を $|A|$ で表す．例えば，
$$|\emptyset| = 0, \quad |2^{\{a,b\}}| = |\{\{a,b\}, \{a\}, \{b\}, \emptyset\}| = 4$$
である．

[†2] 以後，本書では「べき集合」と記すが，文献によっては「冪」の略字として「巾」が使われることもある．英語名 power set の頭文字 P を使って $\mathcal{P}(X)$ とか，ドイツ文字 P の花文字を使って $\mathfrak{P}(X)$ と表されることもある．

● 数学的帰納法

数学的帰納法は高校数学でも必須の事項であるから読者諸氏は使い慣れていると思うが，証明したい命題が自然数 n に関する命題 $P(n)$ として明示されていない場合にも使う（ほとんどそうである）．例えば，次の定理の証明を考えよう．

定理 1.1 A が有限集合ならば，$|2^A| = 2^{|A|}$ が成り立つ．

[証明] A の元の個数 $|A|$ に関する数学的帰納法で証明する．

（基礎） $|A| = 0$ すなわち A が空集合 $\emptyset$ のとき，$\emptyset$ の部分集合は $\emptyset$ だけ（すなわち，$2^\emptyset = \{\emptyset\}$）であるから，$|2^\emptyset| = 1 = 2^0$．よって，成り立つ．

（帰納ステップ） どんな集合 X に対しても，$|X| = k$ ならば $|2^X| = 2^k$ であると仮定する．これを**帰納法の仮定**という．

$|A| = k+1$ のとき，A の元 a を 1 つ取り出し，$B := A - \{a\}$ とする．$A = B \cup \{a\}$ であるから，A の部分集合には a を含むものと含まないものとがあり，それらはそれぞれ「B の部分集合に a を加えたもの」と「B の部分集合そのもの（a を加えないもの）」である（それらの集合はすべて異なる）．すなわち，

$$2^A = \{S \cup \{a\} \mid S \in 2^B\} \cup \{S \mid S \in 2^B\}.$$

帰納法の仮定（下線部分）により $|2^B| = 2^k$ であるから，$|2^A| = 2^k + 2^k = 2^{k+1}$ であり，$|A| = k+1$ の場合にも成り立つことが示された． □

数学的帰納法は単に**帰納法**ともいい，本書に登場する多くの定理の証明で使われる．定理 1.1 の証明では（基礎），（帰納ステップ）と書いた上で，帰納法の仮定も明記したが，今後は（基礎）の部分は「$|A| = 0$ の場合」のように書く．また，（帰納ステップ）の部分は「$|A| = k+1$ の場合」のようにだけ書き，帰納法の仮定の部分（下線部）は省略して書かないことがほとんどである．

● 直積

集合は単に要素（元）の集まりであるから $\{x, y\} = \{y, x\}$ であるが，2 つの要素 x, y に順序を定めた一組 (x, y) を**順序対**といい，この場合，$x \neq y$ なら $(x, y) \neq (y, x)$ である．もっと一般に，n 個の要素 $x_1, x_2, \ldots, x_n$ にこの順で順序を定めた一組を

$$(x_1, x_2, \ldots, x_n)$$

で表し，この場合，

$$(x_1, \ldots, x_n) = (y_1, \ldots, y_n) \stackrel{\text{def}}{\iff} (x_1 = y_1) \wedge \cdots \wedge (x_n = y_n)$$

によって同等性を定義する．すでに述べたように，∧は「かつ」を表す．

n 個の集合 $A_1, \ldots, A_n$ のそれぞれから 1 つずつ元 $a_1, \ldots, a_n$ を取ってきて作った $(a_1, \ldots, a_n)$ すべてからなる集合

$$A_1 \times \cdots \times A_n := \{(a_1, \cdots, a_n) \mid a_i \in A_i \ (i = 1, \ldots, n)\}$$

を $A_1, \ldots, A_n$ の**直積**とか**デカルト積**[†3]という．特に，$A_1 = \cdots = A_n = A$ のとき $A_1 \times \cdots \times A_n$ を A^n と略記して A の **n 乗**という．$A^1 = A$ である．また，$A^1, A^2, \ldots, A^n, \ldots$ などを総称して A の**累乗**とか**べき乗**という．

例 1.2 直積
(1) $\{a, b\} \times \{c\} = \{(a, c), (b, c)\}$．
(2) $\{0, 1\}^2 = \{(0, 0), (0, 1), (1, 0), (1, 1)\}$．

1.2 関　　数

集合 X の<u>どの元にも</u>集合 Y のある元が<u>1 つだけ</u>対応しているとき，この対応のことを X から Y への**関数**あるいは**写像**という（本書では，主として「関数」を用いる）．f が X から Y への関数であることを

$$f : X \to Y$$

と書き表し，X を f の**定義域**，Y を f の**値域**(ちいき)という．また，f によって X の元 x に Y の元 y が対応付けられていることを

$$f : x \mapsto y \quad \text{とか} \quad f(x) = y$$

と書き表す．$f(x)$ を x の**像**といい，$A \subseteq X$ に対し，X の f による像を

$$f(A) := \{f(a) \mid a \in A\}$$

と定義する．

関数 $f : X \to Y$ を考えよう．X の任意の元 x_1, x_2 に対して

$$f(x_1) = f(x_2) \implies x_1 = x_2$$

（換言すれば，$x_1 \ne x_2 \implies f(x_1) \ne f(x_2)$）であるとき，すなわち，$X$ の異

[†3] 解析幾何を創始した 17 世紀フランスの数学者・哲学者のデカルト（R.Decartes）に因む．

なる点には Y の異なる点が対応しているとき，f を **単射** あるいは **1 対 1** の関数という．また，任意の $y \in Y$ に対して $f(x) = y$ となる $x \in X$ が存在するとき，f を **全射** あるいは **上への関数** という．全射かつ単射である関数を **全単射** という．

$f : X \to Y$ が全単射であれば，任意の $y \in Y$ に対して $f(x) = y$ となる $x \in X$ がちょうど 1 つだけ存在するので，y に x を対応させる関数を考えることができる．これを f^{-1} で表し，f の **逆関数**（**逆写像**）という：

$$f^{-1} : Y \to X; \quad f^{-1}(y) = x \iff f(x) = y.$$

例 1.3 単射，全射，全単射

(1) $f(x) = x^2$ と定義された $\mathbb{R}$ から $\mathbb{R}$ への関数 f は，$x < 0$ なら $x \notin f(\mathbb{R})$ だから全射でないし，$x \neq 0$ なら $x \neq -x$ であるが $f(x) = f(-x)$ であるから単射でもない．

(2) f の定義域を $\mathbb{R}_{\geqq 0}$ に制限した関数 $f_{\geqq 0} : \mathbb{R}_{\geqq 0} \to \mathbb{R}$ は単射であるが，$y < 0$ なる $y \in \mathbb{R}$ に対して $f_{\geqq 0}(x) = y$ となる $x \in \mathbb{R}_{\geqq 0}$ が存在しないから全射ではない．

(3) $f_{\geqq 0}$ の値域を $\mathbb{R}_{\geqq 0}$ に制限すると全単射となる．このとき，$f_{\geqq 0}^{-1} : x \mapsto \sqrt{x}$ である． □

● **実数の整数化表現**

実数 x に対し，x の **床** $\lfloor x \rfloor$ および x の **天井** $\lceil x \rceil$ とは，次のように定義される $\mathbb{R}$ から $\mathbb{Z}$ への関数のことである：

$$\lfloor x \rfloor := x \text{ 以下の最大の整数}, \quad \lceil x \rceil := x \text{ 以上の最小の整数}.$$

例えば，$\lfloor 3.2 \rfloor = 3$, $\lfloor -3.2 \rfloor = -4$, $\lceil 3.2 \rceil = 4$, $\lceil -3.2 \rceil = -3$ である[†4]．

1.3 行　　列

mn 個の実数 a_{ij} ($1 \leqq i \leqq m$, $1 \leqq j \leqq n$) を次のように矩形状に配置した A のことを（実数を成分とする）**行列** といい，a_{ij} を A の $(\boldsymbol{i}, \boldsymbol{j})$ **成分** という：

[†4] 日本（の高校数学）では $\lfloor x \rfloor$ を $[x]$ と表して，ガウス記号と呼んでいる．これは，K.F.Gauss ガウスが平方剰余の相互法則の証明に用いたことに由来するが，日本やドイツなど以外ではあまり使われていない．x が正の場合には，$\lfloor x \rfloor$ は小数部分の切り捨てであり，$\lceil x \rceil$ は小数部分の繰り上げである．

$$A = \begin{pmatrix} a_{11} & a_{12} & \cdots & a_{1n} \\ a_{21} & a_{22} & \cdots & a_{2n} \\ \vdots & \vdots & & \vdots \\ a_{m1} & a_{m2} & \cdots & a_{mn} \end{pmatrix}$$

これを $A = (a_{ij})$ と表記することがある．a_{ij} は A の (i,j) 成分を表す．

横の行
$$a_{i1} \quad a_{i2} \quad \cdots \quad a_{in}$$
を A の**第 i 行**といい，縦の列
$$\begin{matrix} a_{1j} \\ a_{2j} \\ \vdots \\ a_{mj} \end{matrix}$$
を A の**第 j 列**という．また，A は $m \times n$ **行列**であるとか，m 行 n 列の行列であるという．特に，$n \times n$ 行列のことを n **次正方行列**という．

すべての成分が 0 である行列を O で表し，**零行列**（ゼロ行列）という．また，正方行列の対角線上の成分（**対角成分**という）$a_{ii} \ (1 \leqq i \leqq n)$ がすべて 1 で，それ以外の成分がすべて 0 である行列を**単位行列**といい，E で表す[5]：

$$O = \begin{pmatrix} 0 & 0 & \cdots & 0 \\ 0 & 0 & \cdots & 0 \\ \vdots & \vdots & & \vdots \\ 0 & 0 & \cdots & 0 \end{pmatrix}, \quad E = \begin{pmatrix} 1 & 0 & \cdots & 0 \\ 0 & 1 & \cdots & 0 \\ \vdots & \vdots & & \vdots \\ 0 & 0 & \cdots & 1 \end{pmatrix}.$$

● 行列に関する演算

$m \times n$ 行列 A, B と $\lambda \in \mathbb{R}$ に対して，**和** $A + B$ と**スカラー倍** λA を次のように定義する：

$$A + B := (a_{ij} + b_{ij}) = \begin{pmatrix} a_{11}+b_{11} & a_{12}+b_{12} & \cdots & a_{1n}+b_{1n} \\ a_{21}+b_{21} & a_{22}+b_{22} & \cdots & a_{2n}+b_{2n} \\ \vdots & \vdots & & \vdots \\ a_{m1}+b_{m1} & a_{m2}+b_{m2} & \cdots & a_{mn}+b_{mn} \end{pmatrix},$$

---

[5] E は Eigenmatrix（ドイツ語）の頭文字．identity matrix（英語）の頭文字を取って I と表すこともある．

$$\lambda A := (\lambda a_{ij}) = \begin{pmatrix} \lambda a_{11} & \lambda a_{12} & \cdots & \lambda a_{1n} \\ \lambda a_{21} & \lambda a_{22} & \cdots & \lambda a_{2n} \\ \vdots & \vdots & & \vdots \\ \lambda a_{m1} & \lambda a_{m2} & \cdots & \lambda a_{mn} \end{pmatrix}.$$

$(-1)A$ を $-A$ と略記する．また，$A+(-1)B$ を $A-B$ と書いて，A と B の**差**という．

行列の積は限られた型の場合にだけ定義される．$l \times m$ 行列 $A = (a_{ij})$ と $m' \times n$ 行列 $B = (b_{ij})$ の**積** $AB = (c_{ij})$ が定義されるのは $m = m'$ の場合だけで，AB は $l \times n$ 行列となる．AB の (i,j) 成分 c_{ij} は次のように定義される：

$$c_{ij} := \sum_{k=1}^{m} a_{ik} b_{kj} \quad (i = 1, \ldots, l;\ j = 1, \ldots, n).$$

任意の正方行列 X と，X と次数が同じ単位行列 E に対して，

$$X^0 := E, \quad X^n := X X^{n-1}\ (n \geqq 1)$$

と定義し，X^n を X の n **乗**という．$X^1 = X$ が成り立つ．

最後に，$m \times n$ 行列 $A = (a_{ij})$ に対し，(i,j) 成分が a_{ji} であるような $n \times m$ 行列を A の**転置行列**といい，${}^t\!A$ で表す[†6]．例えば，

$$A = \begin{pmatrix} 1 & 2 & 3 \\ 4 & 5 & 6 \end{pmatrix} \quad \text{のとき，} \quad {}^t\!A = \begin{pmatrix} 1 & 4 \\ 2 & 5 \\ 3 & 6 \end{pmatrix} \quad \text{である．}$$

● **行列の和と積の性質**

行列の和は可換であるが，積は可換ではない．和も積も結合律を満たす．結合律が成り立つということは演算の順序が任意である ということであり，$(A+B)+C, (AB)C$ は括弧を省いて $A+B+C, ABC$ と書いてよい．

O は和の**単位元**であり，E は積の単位元である．また，和と積の間で**分配律**（乗じるものを和の各項に分配できる）が成り立つ．

A, B, C は同じタイプの行列，X は $l \times m$ 行列，Y, Z は $m \times n$ 行列とすると，次のことが成り立つ：

(1) $+$ は可換：$A + B = B + A$．

[†6] t は transposition の頭文字．

(2) 結合律：$(A+B)+C = A+(B+C), \quad (XY)Z = X(YZ)$.
(3) 単位元：$A+O = A = O+A, \quad EX = X = XE$.
(4) 分配律：$X(Y+Z) = XY+XZ, \quad (Y+Z)X = YX+ZX$.

積は一般には可換でない．例えば，

$$A := \begin{pmatrix} 1 & 2 \\ 3 & 0 \end{pmatrix}, \quad B := \begin{pmatrix} 0 & 4 \\ 5 & 6 \end{pmatrix}$$

のとき，

$$AB = \begin{pmatrix} 10 & 16 \\ 0 & 12 \end{pmatrix}, \quad BA = \begin{pmatrix} 3 & 0 \\ 23 & 10 \end{pmatrix}$$

であるから，$AB \neq BA$ である．

1.4 同値関係

集合 A の元の間の関係 R が次の3つの条件を満たすとき，R を**同値関係**という．

(i) **反射律**：任意の $a \in A$ に対して aRa が成り立つ．
(ii) **対称律**：任意の $a, b \in A$ に対して $aRb \implies bRa$ が成り立つ．
(iii) **推移律**：任意の $a, b, c \in A$ に対して $aRb \land bRc \implies aRc$ が成り立つ．

同値関係は「等しい」という概念の一般化である．$a \in A$ とするとき，a と R の関係にあるような A の元からなる集合を（R に関する）a の**同値類**といい，$[a]_R$（あるいは，単に $[a]$）で表す：

$$[a]_R := \{b \in A \mid aRb\}.$$

例 1.4 同値関係

(1) 実数の上の大小関係 $\leqq$ は，反射律と推移律を満たすが対称律を満たさないので同値関係ではない．

(2) 2つの三角形が'合同である'という関係，'相似である'という関係は，いずれも三角形の上の同値関係である．

(3) 関数 $f: X \to Y$ が与えられたとき，$x_1, x_2 \in X$ に対して

$$x_1 \sim x_2 \overset{\text{def}}{\iff} f(x_1) = f(x_2)$$

と定義すれば，$\sim$ は X 上の同値関係である．

(4) 自然数 m を 1 つ固定し，整数 x, y に対して
$$x \equiv_m y \stackrel{\text{def}}{\iff} m \text{ は } x - y \text{ を割り切る}$$
と定義すると，$\equiv_m$ は $\mathbb{Z}$ 上の同値関係である．$x \equiv_m y$ であるとき，x と y は m を**法**として**合同**であるといい，
$$x \equiv y \pmod{m}$$
と書く． □

1.5 語 と 言 語

記号や文字を元とする有限集合を**アルファベット**という．Σ をアルファベットとするとき，Σ の元を重複を許して有限個並べた列
$$a_1 a_2 \cdots a_n \quad (a_1, a_2, \ldots, a_n \in \Sigma)$$
を Σ 上の**文字列**とか**語**という．$w = a_1 a_2 \cdots a_n$ を構成している記号の個数 $n \ (n \geq 0)$ をこの語の**長さ**といい，$|w|$ で表す．特に $n = 0$ の場合には**空語**といい，ギリシャ文字 λ で表す[†7]．任意の語 x に対して，
$$x\lambda = \lambda x = x$$
である．

Σ 上の語の全体を Σ^* で表し，$\Sigma^* - \{\lambda\}$ を Σ^+ で表す．Σ^* の部分集合を Σ 上の**言語**という．

例 1.5 言語は，あるアルファベット上の語の集合である

(1) $\Sigma = \{a, b\}$ とすると，

$$\Sigma^* = \left\{ \begin{array}{l} \lambda, \\ a, b, \\ aa, ab, ba, bb, \\ aaa, aab, \ldots, bbb, \\ \cdots \end{array} \right. \begin{array}{l} \text{長さ 0 の語} \\ \text{長さ 1 の語} \\ \text{長さ 2 の語} \\ \text{長さ 3 の語} \\ \cdots \end{array}$$

[†7] 文献によっては ε で表すことも多い．

である．

(2) $L_1 := \{0\} \cup \{1\}\{0,1\}^*\{0\}$ は $\{0,1\}$ 上の言語であり，2 進数の非負偶数の集合を表している：$L_1 = \{0, 10, 100, 110, 1000, 1010, \ldots\}$．

(3) $L_2 := \{wxw^R \in \{a,b,c\}^* \mid w \in \{a,b\}^*, x \in \{c,\lambda\}\} \subseteq \{a,b,c\}^*$ は $\{a,b\}$ 上の語で前から読んでも後ろから読んでも同じもの（回文という）の集合を表している：$L_2 = \{\lambda, c, aa, bb, aca, bcb, aaaa, abab, baba, bbbb, aacaa, \ldots\}$．ここで，$wxw$ は語 w, x, w をこの順に並べてつなげた語を表し，w^R は語 w の文字の並び順を逆にした語を表す．例えば，$(abbccc)^R = cccbba$．特に，w を n 個連接した語を $\boldsymbol{w^n}$ で表す．$w^0 = \lambda, w^1 = w$ である． ■

語 $w \in \Sigma^*$ が $w = xyz$ $(x, y, z \in \Sigma^*)$ と表されるとき，x, y, z それぞれを w の**部分語**という．特に，x を w の**接頭語**，z を**接尾語**という．

Σ 上の言語 L, L' に対して，L と L' の**連接** $L \cdot L'$（通常は単に LL' と書く），L の $\boldsymbol{n}$ **乗** L^n，L の**閉包** L^*，L の**正閉包** L^+ を以下のように定義する．

$$\begin{aligned} \boldsymbol{LL'} &= \{xy \mid x \in L, y \in L'\} \\ \boldsymbol{L^n} &= LL \cdots L \quad (n \text{ 個の } L \text{ の連接}) \\ \boldsymbol{L^*} &= \bigcup_{n \geqq 0} L^n \\ \boldsymbol{L^+} &= \bigcup_{n \geqq 1} L^n \end{aligned}$$

ただし，$L^0 = \{\lambda\}$ と定義する．$L^1 = L$ である．

w が語のとき，$\{w\}$ を単に w と略記することがある．したがって，$\{w\}^*$ も w^* と略記する．

例 1.6 言語上の演算

(1) $\Sigma = \{a,b\}$, $A = \{a, ab, baa\}$, $B = \{\lambda, ab\}$ とすると，

$$\Sigma^0 = \{\lambda\}, \Sigma^1 = \{a, b\}, \Sigma^2 = \{aa, ab, ba, bb\}, \ldots$$
$$AB = \{a, ab, ba^2, a^2b, (ab)^2, ba^3b\}$$

である．例えば，$(baa)\lambda = ba^2, (baa)(ab) = baaab = ba^3b$ である．

(2) $1^* = \{1\}^* = \{1^n \mid n \geqq 0\} = \{\lambda, 1, 11, 111, \ldots\}$．$1^n$ は数 1 ではなく，1 を n 個並べた語であることに注意する． ■

第2章
グラフの基本的概念

　粗っぽい言い方をするなら，隣り合う駅，隣接する国，友達同士などのように，2つのものの間に双方向的な関係があるとき，そういった'もの'を'点'で表し，隣接している/双方向的な関係がある2点を辺で結んで表した図形を"グラフ"という．グラフ理論 (Graph Theory) は組合せ論と呼ばれる純粋数学の一分野であるが，この例のように現実に遭遇する多くの問題がグラフとして表すことができる．そのため，純粋数学の一分野にとどまらず，コンピュータサイエンスのあらゆる領域（ハードウェア，ソフトウェア，アルゴリズムの理論），OR（オペレーションズリサーチ），化学，生物学，経済学，社会学，等々の様々な分野において広く応用され，今や必須の理論となっている．それだけに，グラフについての基本的諸概念，性質，応用の可能性等について学ぶことは現代人必須の素養であると言っても過言ではない．

　下にグラフの3つの例を示した．辺に向きがあるグラフを有向グラフといい，向きがないものを無向グラフというが，有向グラフも無向グラフも様々な事柄を表現する際の有用な道具として多様な分野で使われている．そのグラフ理論への入門たる本書では，まず無向グラフから始め，有向グラフ/無向グラフに共通の基本事項について学んだ上で，そのバリエーションとして有向グラフについても学び，最後に多様な応用のいくつかの例として，グラフに関するアルゴリズムについて学ぶ．

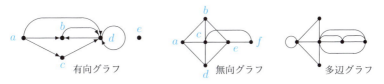

2.1 グラフとは

グラフとは何かを数学的にきちんと定義することから始める．

　グラフ (graph) とは，有限個の点の集合 **V** と，V の2点を結ぶ何本かの辺の集合 **E**（とからなる図形）のことである．

　V の2点 u, v に対して，u と v の間に辺があることと，2元からなる V の部分集合 $\{u, v\}$ とを

u —— v　　　u と v の間に辺がある $\longleftrightarrow$ V の部分集合 $\{u,v\}$

のように対応させれば，E は $\{\{u,v\} \mid u,v \in V,\ u \neq v\}$ の部分集合とみることができる．

例 2.1　グラフの点集合・辺集合による表現と図的表現
$$V = \{v_1, v_2, v_3, v_4, v_5\},$$
$$E = \{\{v_1, v_2\}, \{v_1, v_4\}, \{v_2, v_3\}, \{v_3, v_4\}, \{v_4, v_5\}\}$$
は次のようなグラフ $G = (V, E)$ を表している．

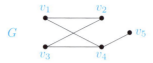

もう少しきちんと定義しよう．
(1)　V が空でない有限集合，
(2)　$E \subseteq \{\{u,v\} \mid u,v \in V,\ u \neq v\}$

であるとき，V と E の順序対 (V, E) のことを**無向グラフ** (undirected graph) あるいは単に**グラフ** (graph) という．このグラフを G と名付けるときには
$$\boldsymbol{G} = (V, E)$$
と表す．

V の元を**点**あるいは**頂点** (vertex) といい，E の元を**辺** (edge) という．V を**頂点集合** (vertex set)，E を**辺集合** (edge set) という．

グラフの名前 G だけがわかっている場合，G の頂点集合を $\boldsymbol{V(G)}$ で，辺集合を $\boldsymbol{E(G)}$ で表す．すなわち，
$$G = (V(G), E(G)).$$

頂点の個数（**位数** (order) ともいう）$|V(G)| = p$，辺の本数（**サイズ** (size) ともいう）$|E(G)| = q$ のグラフを $(\boldsymbol{p}, \boldsymbol{q})$ **グラフ**ということがある．

グラフの定義より，
$$p \geqq 1,\quad 0 \leqq q \leqq \binom{p}{2} = \frac{p(p-1)}{2}$$

である[†1]. (1,0) グラフ (= 1 つの頂点だけのグラフ) を**自明グラフ** (trivial graph) という.

辺 $e := \{u, v\}$ は頂点 u と頂点 v を結んでおり, u と v は辺 e を介して互いに**隣接** (adjacent) しているという. また, 頂点 u と辺 e および頂点 v と辺 e は**接続** (incident) しているという. 辺 e と e' が共通の頂点に接続しているとき, それらは互いに隣接しているという (下図参照).

グラフの定義より, 頂点 u と u 自身を結ぶ辺 (**自己ループ**) は存在しないことに注意する.

辺 $\{u, v\}$ を $\boldsymbol{uv}$ あるいは $\boldsymbol{vu}$ と書く.

u と v は隣接している
e と e' は隣接している
u と e, v と e, v と e' は接続している

● **グラフをもっと一般化する**

上述のグラフの定義では以下のものはいずれもグラフではないが, それらもグラフと考えることがある.

(1) **ループグラフ** (loop graph) 同じ 1 つの頂点を結ぶ辺 (自己ループという) がある場合.

(2) **多辺グラフ** (multigraph) 同じ 2 頂点間を結ぶ辺が複数本ある場合. **多重グラフ**ともいう. 右図のように多重の自己ループを許すこともある.

← 2重の自己ループ
← 3重辺

多重の自己ループもある多辺グラフ

(3) **無限グラフ** (infinite graph) 頂点や辺の個数が有限でない場合.
(4) **空グラフ** (empty graph) 頂点集合が空集合である場合.
(5) **ハイパーグラフ** (hypergraph) $G = (V, E)$ において $E \subseteq 2^V$ とした場合. ハイパーグラフでは V の任意の部分集合 (元の個数が 2 個と限らない) によって辺を表す. グラフが 2 頂点間の関係を表したものであるのに対し, ハイパーグラフは多数 (個数は不定) の頂点の間の関係を表す.

[†1] n 個から m 個を取り出す場合の数 $\binom{n}{m}$ は ${}_nC_m$ とも書く.

3辺（◯で囲んだもの）
をもつハイパーグラフ

● 「等しい」と「同型」の違い

頂点の配置を換えることによって，同じグラフを図形として外見上異なるように描くことができる．すなわち，次のとき，たとえ描かれ様は違っていても，G_1 と G_2 は '同じ' グラフである：

$$G_1 = G_2 \stackrel{\text{def}}{\iff} V(G_1) = V(G_2) \text{ かつ } E(G_1) = E(G_2).$$

一方，たとえ $G_1 \neq G_2$ であっても，G_1 と G_2 のグラフとしての本質的構造が同じであるとき，すなわち，$V(G_1)$ から $V(G_2)$ への全単射 φ で

$$uv \in E(G_1) \iff \varphi(u)\varphi(v) \in E(G_2)$$

を満たすものが存在するとき，G_1 と G_2 は**同型** (isomorphic) であるといい，

$$G_1 \cong G_2 \quad \text{とか} \quad G_1 \cong G_2 \text{ via } \varphi$$

と書く[†2]．φ を G_1 と G_2 の間の**同型写像** (isomorphism) といい，これを明示したい場合に 'via φ' を書く．

同型なグラフは，頂点の配置を換え，頂点の名前を付け替えたものである．

例 2.2 同型なグラフ/非同型なグラフ

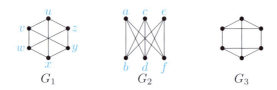

G_1 と G_2 の間には同型写像 φ：

$$\varphi(u) = a, \varphi(v) = b, \varphi(w) = c, \varphi(x) = d, \varphi(y) = e, \varphi(z) = f$$

が存在するので G_1 と G_2 は同型（$G_1 \cong G_2$ via φ）である．

[†2] あとで登場する P_n, K_n, C_n などのように頂点集合や辺集合が明示されていない場合には，本来なら $G_1 \cong G_2$ と書くべきところを $G_1 = G_2$ と書くことがある．

しかし，G_1 と G_3 は非同型である（$G_1 \not\cong G_3$．したがって，$G_2 \not\cong G_3$ でもある）．なぜなら，G_3 には 3 辺形が 2 つ存在するのに，G_1 にはない（同型写像は頂点の隣接性を保存するから，同型写像によって n 辺形は n 辺形に移されるはずである）．

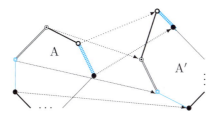

同型写像 $\mid\!\cdots\!\!\rightarrow$ によって n 辺形 A は n 辺形 A' に移る　　　□

例 2.3 $C_4 = C_4'$；$C_5 \neq C_5', C_5 \cong C_5'$；$C_6 \cong C_6'$

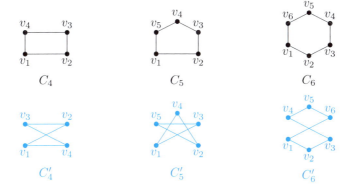

□

問 2.1^S　$C_5 \cong C_5'$（$C_5 \cong C_5'$ via φ なる同型写像 φ を示せ）なのに $C_5 \neq C_5'$ なのはなぜか？（ヒント：v_1 と v_2 の間の辺の有無を考えよ．）

● 次数

1 つの頂点 $v \in V(G)$ に接続している辺の本数を**次数** (degree) といい，$\mathbf{deg(v)}$ で表す．

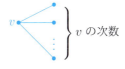

奇数次数の頂点を**奇頂点** (odd vertex) といい，偶数次数の頂点を**偶頂点** (even vertex) という．また，次数が 0 の頂点を**孤立点** (isolated point)，次数が 1 の頂点を**端点** (endpoint) という．

定理 2.1 (握手補題) $|E| = \dfrac{1}{2} \sum_{v \in V} \deg(v)$.

[証明] 各辺は,その両端点の次数にダブってカウントされているから. □

例 2.4 次数

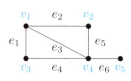

$\deg(v_1) = 3$: e_1, e_2, e_3
$\deg(v_2) = 2$: e_2, e_5
$\deg(v_3) = 2$: e_1, e_4
$\deg(v_4) = 4$: e_3, e_4, e_5, e_6
$\deg(v_5) = 1$: e_6
$\deg(v_1) + \cdots + \deg(v_5) = 12$: サイズ $= 6$ ■

系 2.1 奇頂点は偶数個である.

$$\Delta(G) := \max\{\deg(v) \mid v \in V(G)\},$$
$$\delta(G) := \min\{\deg(v) \mid v \in V(G)\}$$

はすべての頂点の次数の中の最大値と最小値であり,$\Delta(G)$ を G の**最大次数** (maximum degree) といい,$\delta(G)$ を**最小次数** (minimum degree) という.

n **次正則グラフ** (regular graph of degree n) とは,

$$\Delta(G) = \delta(G) = n$$

であるようなグラフ(すなわち,すべての頂点の次数が等しく n であるグラフ)のことである.

また,**完全グラフ** (complete graph) とは,頂点数が n の $n-1$ 次正則グラフのことである.換言すると,どの 2 頂点も隣接しているグラフを完全グラフという.このグラフを K_n で表す.K_1 は孤立点 1 つだけからなる (1,0) グラフ,すなわち自明グラフにほかならない.

例 2.5 正則グラフ,完全グラフ

(1) 例 2.2 の $G_1 \sim G_3$(次ページに再掲)はどれも 3 次正則グラフである:

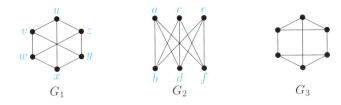

(2) 次数，正則グラフ，完全グラフ

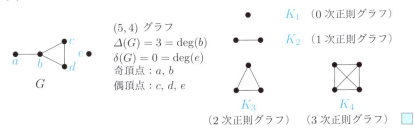

問 2.2^S　位数が 5 の正則グラフをすべて挙げよ（ヒント：系 2.1）．

2.2　グラフから導かれるグラフ

すでにあるグラフにいろんな変形を加えて得られるグラフについて考えよう．はじめに，グラフの一部分をなすグラフについて考える．一般に，元のものの一部分をなす同類のものを「部分…」というが，グラフの場合には部分グラフがこれにあたる．

● 部分グラフ

グラフ G と G' が

$$V(G') \subseteq V(G) \text{ かつ } E(G') \subseteq E(G)$$

という関係にあるとき，G' は G の**部分グラフ** (subgraph) であるといい，$G' \subseteq G$ と書く．特に，$V(G') = V(G)$ のとき，G' を G の**全域部分グラフ** (spanning subgraph) という[†3]．

問 2.3^S　v を G の頂点とするとき，$\deg(v)$ を式で表せ．

[†3] 一般に，"全域…" は「すべての頂点を含む…」という意味で使われる．

20　　　　　　　　　第 2 章　グラフの基本的概念

問 2.4^S　例 2.5 のグラフ $G_1 \sim G_3$ を考える．
(1) G_3 の全域部分グラフでサイズ（辺の本数）が最小なのは ($\Box$,$\Box$) グラフ
で，最大なのは ($\Box$,$\Box$) グラフである．
(2) G_1 に辺を $\Box$ 本加えれば K_6 になる．
(3) $G_2' \cong G_3'$ となるような $G_2' \subseteq G_2$, $G_3' \subseteq G_3$ を 1 組示せ．
(4) G_1 の全域部分グラフ G_1' で $\Delta(G_1') = 3$, $\delta(G_1') = 1$ であるものを 1 つ示せ．
(5) G_3 に辺を加えてすべての頂点を偶頂点とできるか？

● 辺と頂点の削除と追加

① グラフ G からその 1 つの辺 $e \in E(G)$ を除去して得られるグラフを

$$G - e$$

と表す．

② G からその 1 つの頂点 $v \in V(G)$ と v に接続するすべての辺を除去して得られるグラフを

$$G - v$$

で表す．

③ u, v が G の隣接しない 2 頂点のとき，G に辺 uv を付け加えたグラフを

$$G + uv$$

で表す．

④ G に新しい頂点 w を付け加え，w と G のすべての頂点を結ぶ辺も付け加えたグラフを

$$G + w$$

で表す．

⑤ もっと一般に，$U := \{u_1, \ldots, u_k\} \subseteq V(G)$, $F := \{f_1, \ldots, f_\ell\} \subseteq E(G)$ に対して

$$G - U := (\cdots((G - u_1) - u_2) \cdots - u_k),$$
$$G - F := (\cdots((G - f_1) - f_2) \cdots - f_\ell)$$

と定義する．u_i, f_i を削除/追加する順序によらないことに注意する．

例 2.6 辺や頂点の削除と追加

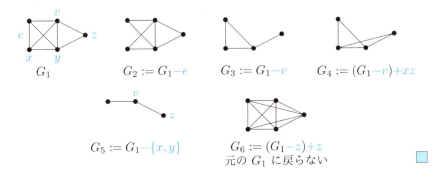

問 2.5^S $G = (V, E)$, $e \in E$ のとき，$G' := G - e$ は $G' = (V, E - \{e\})$ と表すことができる．$v \in V$, $w \notin V$ のとき，$G - v$, $G + w$ を同様に式で表せ．

● 誘導部分グラフ

$U \subseteq V(G)$ とする．U を頂点集合とし

$$\{uv \mid u, v \in U \text{ かつ } uv \in E(G)\}$$

を辺集合とするグラフを，U から生成される G の**点誘導部分グラフ**，あるいは単に**誘導部分グラフ** (induced subgraph) といい，

$$\langle U \rangle_G$$

で表す．また，$F \subseteq E(G)$ のとき，$\{u, v \mid uv \in F\}$ を頂点集合とし F を辺集合とするグラフを，F から生成される G の**辺誘導部分グラフ** (edge-induced subgraph) といい，やはり $\langle F \rangle_G$ で表す[†4]：

$$\langle F \rangle_G := (\{u, v \mid uv \in F\}, F).$$

[†4] $\langle U \rangle_G$, $\langle F \rangle_G$ は本書独自の記法である．

- $\langle U \rangle_G$ は U を頂点集合とする G の極大な部分グラフ (U を頂点集合とする G の部分グラフとしてそれ以上大きくできないもの) であり,
- $\langle F \rangle_G$ は F を辺集合とする G の極小な部分グラフ (F を辺集合とする G の部分グラフとしてそれ以上小さくできないもの) である.

例 2.7 誘導部分グラフ

$U = \{v_1, v_3, v_4, v_5\}$ とする.

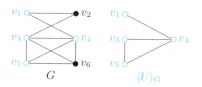

$F = \{v_1v_2, v_3v_4, v_3v_5, v_4v_5\}$ とする.

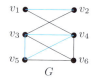

問 2.6^S (1) $\langle V(K_n - K_1) \rangle_{K_n + K_1}$, $\langle K_n - E(K_n) \rangle_{K_n}$ は?
(2) C_n の 1 つの辺を e とするとき, $\langle \{e\} \rangle_{C_n}$, $\langle E(C_n - \{e\}) \rangle_{C_n}$ は?

● 補グラフ

グラフ $G = (V, E)$ の辺の有無を入れ替えたグラフ, すなわち V を頂点集合とし

$$\overline{E} := \{uv \mid u, v \in V, u \neq v \text{ かつ } uv \notin E\}$$

を辺集合とするグラフを

$$\overline{G} \quad (\overline{G} = (V, \overline{E}))$$

で表し, G の**補グラフ** (complement) という. $\overline{\overline{G}} = G$ である.

特に, $G \cong \overline{G}$ であるグラフ G を**自己補グラフ** (self-complementary graph) という. 自己補グラフはとても特徴的な性質を有するグラフである. 以下で, そういった特徴を見てみよう.

例 2.8 補グラフ
(1) G とその補グラフ $\overline{G}$

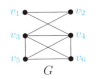

(2) 自己補グラフの例：K_1, A, P_4, C_5（C_5 は例 2.3 参照）．例えば，

$\overline{P_4}$ ？（問 2.7）

上記の補グラフの定義に従うと $\overline{K_1} \cong K_1$ であることに注意する（次の定理 2.2, 2.3 にも対応する）．

(3) $\overline{K_n}$ は n 個の頂点をもち，辺が 1 本もない**全非連結**グラフ (totally disconnected graph) である． ■

問 2.7^S 例 2.8 と同様に，P_4, C_5 の補グラフ $\overline{P_4}, \overline{C_5}$ を描け．

> **定理 2.2** 自己補グラフの位数 n は，$n \equiv 0$ または $n \equiv 1 \pmod 4$ である．すなわち，n は 4 の倍数または 4 の倍数 +1 である．

[証明] 自己補グラフ G を (p, q) グラフとし，$\overline{G}$ を $(\overline{p}, \overline{q})$ グラフとすると，
- G と $\overline{G}$ は同型だから $\overline{p} = p, \overline{q} = q$ かつ $\overline{q} = \dfrac{p(p-1)}{2} - q$ である．
- よって，$p(p-1) = 4q$．
- p または $p-1$ のどちらかは奇数であるから，p または $p-1$ は 4 の倍数でなければならない． ■

問 2.8^S 位数 5 以下の自己補グラフをすべて求めよ（**ヒント**：位数とサイズ（= 辺の本数）および頂点の次数などを考慮せよ）．

> **定理 2.3** 任意の $n \geq 1$ に対して，位数 $4n$ および $4n+1$ の自己補グラフが存在する．

[証明] n に関する帰納法で示そう．

$n=1$ の場合．例 2.8 (2) および問 2.8 より，位数 4 の自己補グラフも位数 5 の自己補グラフも存在する．

$n \geqq 2$ の場合．帰納法の仮定より，位数 $n-4$ の自己補グラフ G が存在する．グラフ $\overline{H}$ を右下図のように定義する：

$H := (V(G) \cup \{v_1, v_2, v_3, v_4\}, \quad E(G) \cup \{uv \mid u \in V(G), v \in \{v_1, v_4\}\}$.

H（および $\overline{H}$）は位数 $(n-4)+4 = n$ の自己補グラフである． □

例 2.9 定理 2.3 の応用（位数 $5, 8, 9$ の自己補グラフ）

定理 2.3 は $n=0$ の場合を含んでいないが，実は C_5 は K_1 から定理 2.3 の方法で得られる．

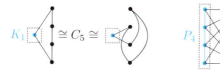

問 2.9 もう一つ別の，位数 9 の自己補グラフを示せ（例 2.8 (2) 参照）．

● **n 部グラフ**

グラフ $G = (V, E)$ において，頂点集合 V を

$V = V_1 \cup \cdots \cup V_n, \quad V_i \cap V_j = \emptyset \ (i \neq j), \quad V_i \neq \emptyset \ (i = 1, \ldots, n)$

と分割でき（**分割**とは，下図のように共通部分がないように分けること），

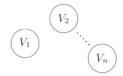

しかも，

どの i についても，両端点が同じ V_i の元であるような辺が存在しない

ならば，G を **n 部グラフ**（n-partite graph）といい，

2.2 グラフから導かれるグラフ

$$G = (V_1, \ldots, V_n, E)$$

と表す．さらに，

任意の $i \neq j$ に対して V_i のどの頂点と V_j のどの頂点も隣接している

のとき，G を**完全 n 部グラフ** (complete n-partite graph) といい，特に，$|V_i| = p_i\ (i = 1, \ldots, n)$ であるとき，このグラフを

$$K(p_1, \ldots, p_n) \quad \text{とか} \quad K_{p_1, \ldots, p_n}$$

で表す[†5]．$p_1, \ldots, p_n$ の順序は任意.

例 2.10 （完全）n 部グラフ

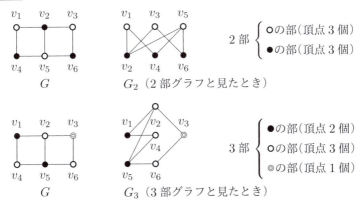

(1) 上図の G は任意の $n\ (n = 2, \ldots, 6)$ について n 部グラフである．$n = 2, 3$ の場合を G_2, G_3 に示した．

一般に，位数が 2 以上の部があるような n 部グラフは，その部の 1 つを 2 つの部に分割することによって $n+1$ 部グラフと見ることができる．

問 2.10 $n = 4, 5, 6$ の場合を示せ．

(2) $K_{1,2,3}$ は 2 部グラフではない 3 部グラフである（なぜ 2 部グラフでないかは後ほど定理 9.1）．$K_{1,2,3}$ は $K(1,2,3)$ とも書く．

$K_{1,2,3}$

[†5] K_n や $K_{p_1, \ldots, p_n}$ の K はグラフ理論の先駆者クラトウスキー(K.Kuratowski)の頭文字．

第 2 章 演習問題

問 2.11 グラフ G, G', G'' について，以下の各問に答えよ．

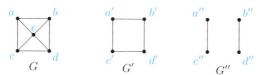

(1) G を $G = (V, E)$ の形式で表せ．
(2) $|V(G)|, |E(G)|$ は？
(3) $\Delta(G), \delta(G)$ および，これらを与える頂点を示せ．
(4) $G' \cong \overline{G''}$ であることを示せ．
(5) G に最小数の辺を追加または削除して正則グラフにせよ．
(6) G, G', G'' の中で 2 部グラフはどれか？ 3 部グラフはどれか？
(7) 次のグラフを同型なもので分類せよ．

$G - e, \quad \langle \{a,b,c,d\} \rangle_G, \quad \langle \{ae, be, ce, de\} \rangle_G, \quad (G-a) - de,$
$K_{2,2} + K_1, \quad \overline{G'}, \quad (G'' + a''b'') + c''d'', \quad (G'' + a''d'') + b''c''$

問 2.12 パーティに 6 人集まれば，その中には互いに知り合った 3 人，または互いに知らない 3 人が必ずいることを示せ（**ヒント**：6 人を 6 個の頂点で表し，知り合い同士を辺で結んだグラフ G を考え，位数 6 のグラフには互いに隣接しあった 3 頂点か互いに隣接しない 3 頂点が必ず存在することを示せ → G または $\overline{G}$ には 3 辺形が必ずある）．

任意の v に対して，一般性を失うことなく，v_1, v_2, v_3 だけを考えればよい

G と $\overline{G}$ において，v および v_1, v_2, v_3 の間の辺の有無を考えよ

問 2.13 $n \geq 3$ ならば，任意の $1 \leq m < n$ について K_n は m 部グラフではないことを証明せよ．

問 2.14 $K(p_1, \ldots, p_n)$ の位数とサイズを求めよ．

問 2.15 n を正整数とする．グラフ P_n を次のように定義する（P_n と同型なグラフを位数 n の基本道という → 3.1 節）：

$V(P_n) := \{v_i \mid i = 1, 2, \ldots, n\}, \quad E(P_n) = \{v_i v_{i+1} \mid i = 1, 2, \ldots, n-1\}.$

(1) P_5 を図示せよ．
(2) $P_n \cong \overline{P_n}$ であるような n を求めよ．

第3章

道 と 閉 路

　グラフ上を辺に沿ってたどるのは '道' であり，ぐるっと回って出発点に戻ってくると閉じた道になる．閉じた道を '閉路' といい，特に同じ地点をダブって通ることのない閉路を 'サイクル' という．こういった，道に関する概念はグラフの基本である．

3.1 道

グラフ $G = (V, E)$ の頂点の有限列

$$P := \langle v_0, v_1, \ldots, v_n \rangle$$

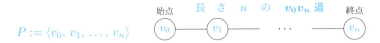

が $v_{i-1}v_i \in E$ $(i = 1, \ldots, n)$ を満たしているとき（つまり，$v_0, v_1, \ldots, v_n$ がこの順に順次隣接しているとき：上図），P を $\boldsymbol{v_0 v_n}$道または単に道 (path) といい，n を P の長さ (length) という．

　v_0 を P の始点 (start-point) といい，v_n を終点 (end-point) といい，$v_n = v_0$ のとき P は閉じている (closed) という．閉じた道を閉路 (circuit) という．

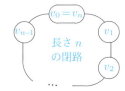

- 単に '閉路' というときには，重複して通る頂点や辺があってもよい．
- 同じ辺が重複して現われない道を単純道 (simple path) といい，
- 同じ頂点が重複して現われない道を基本道 (elementary path) という．
- 長さ3以上の閉じた単純道（すなわち，すべての辺が異なる閉路）を単純閉路といい，
- 長さ3以上の閉じた基本道（すなわち，すべての頂点が異なる閉路）を基本閉路とかサイクル (cycle) という．
- サイクルをもつグラフを有閉路グラフ (cyclic graph) といい，

- そうでないものを**無閉路グラフ** (acyclic graph) という．

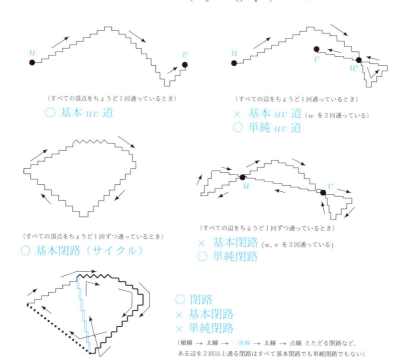

位数（頂点の個数）n の閉じていない基本道を P_n で，位数 n のサイクルを C_n で表す．C_n を n **辺形**ともいう[†1]．

uv 道 $P := \langle u, \ldots, v \rangle$ と vw 道 $Q := \langle v, \ldots, w \rangle$ をつなげてできる uw 道 $\langle u, \ldots, v, \ldots, w \rangle$ を

$$P \cdot Q \quad \text{または，簡単に} \quad PQ$$

で表す．

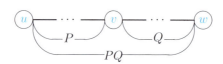

[†1] 【注】 グラフに関する用語は文献によってかなり異なるので注意したい．例えば，'道' の代わりに '経路 (walk)' とか '径 (trail)' などが，'閉路' の代わりに '回路' が用いられ，'基本道' のことを '単純道' と呼ぶ書物や論文も多い．

また，P を逆にたどった道 $\langle v, \ldots, u \rangle$ を $\bm{P^{-1}}$ で表す[†2]．

例 3.1 有閉路グラフ，無閉路グラフ，C_n，P_n

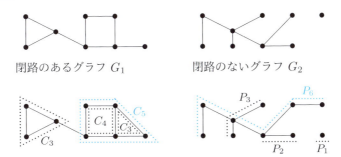

G_1 には 2 つの C_3 とそれぞれ 1 つずつの C_4 と C_5 がある．一般に，C_n は位数が n，長さも n のサイクルである．

問 3.1^S 次のグラフにおいて，道 $p := \langle s, a, b, c, d, e, f, c, d, g, e, d, g, t \rangle$ を考える．
(1) p の経路をグラフ上に示せ．
(2) p の始点は？ 終点は？ 長さは？
(3) p は閉じている/いない，単純道/基本道である/ない，サイクルを含む/含まない．
(4) p の部分道で基本道であるような長さが最大のものは？

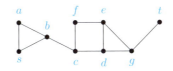

定理 3.1 どんな uv 道も単純 uv 道を含み，どんな単純 uv 道も基本 uv 道を含んでいる．

［証明］ 長さが 1 以下の道（P_0 または P_2）は基本道なので，長さが 2 以上の場合について考えればよい．
$$u := v_0, \ v := v_n, \ P := \langle v_0, v_1, \ldots, v_n \rangle \quad (n \geqq 2)$$
とする．
（場合1） P が単純道でない（すなわち，同じ辺を 2 回以上通っている）場合，重複して通る辺（$e := v_i v_{i+1}$, $e^{-1} := v_{i+1} v_i$ とする）が存在するの

[†2] PQ や P^{-1} は必ずしも一般的な記法ではない．

で，P は

$$P = Q_1 \, e \, Q_2 \, e \, Q_3 \quad \text{(左下図) または}$$
$$P = Q_1 \, e \, Q_2 \, e^{-1} \, Q_3 \quad \text{(右下図)}$$

と分解できる．

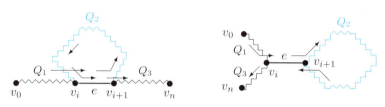

前者の場合 $P' := Q_1 Q_2^{-1} Q_3$ とし（左下図），後者の場合，$P' := Q_1 Q_3$ と定義する（右下図）．

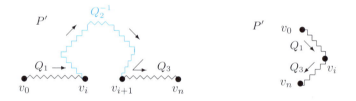

いずれの場合も，P' は P より長さが短い $v_0 v_n$ 道である．

もし，まだ P' が単純道でないなら，P' に同じ操作を行なえば，P' より長さの短い $v_0 v_n$ 道が得られる．

この操作を，重複して通る辺がなくなるまで繰り返すと得られたものは単純 $v_0 v_n$ 道である．P の長さは有限であり，1 回の操作で道の長さは 2 以上減るので，以上の操作は有限回で終了する．

（**場合2**）　<u>P が基本道でない単純道の場合</u>（すなわち，重複して通る辺はないが，重複して通る頂点がある場合），重複して通る頂点 $v_i = v_j$ $(i < j)$ が存在し，

$$P = Q_1 Q_2 Q_3, \quad Q_2 = \langle v_i, \ldots, v_j \rangle \text{ は閉路}$$

である（右図）．

P からこの閉路 Q_2 を削除した道を P' とすると，

$$Q_1 \to \quad Q_3 \to$$
$$v_0 \qquad v_i = v_j \qquad v_n$$

となり，場合 1 と同様に，この操作の繰返しによって，最終的にはどの頂点も 1 回しか現われない $v_0 v_n$ 道が得られる． □

上記の証明は $u = v$ の場合を含んでいることに注意する．したがって，次のことも成り立つ．

> **系 3.1** 閉路は必ずサイクルを含んでいる．

3.2 グラフの表し方

● 隣接行列

グラフ $G = (\{v_1, \ldots, v_p\}, E)$ に対し，**隣接行列** (adjacency matrix)
$$A[G] = (a_{ij})$$
を次のように定義する．$A[G]$ は成分が 0 または 1 の $p \times p$ 行列で，(i, j) 成分 a_{ij} は

$$a_{ij} := \begin{cases} 1 & (v_i v_j \in E \text{ のとき}) \\ 0 & (v_i v_j \notin E \text{ のとき}) \end{cases}$$

と定義される．すなわち，$A[G]$ は頂点同士が隣接しているか否かを表しており，対称行列（$a_{ij} = a_{ji}$ であるような正方行列）である．

例 3.2 隣接行列

である．隣接行列は，頂点の番号の付け方によって異なるものとなることに注意する． □

問 **3.2**^{S} 次のグラフ G の $U = \{b, c, d, e, f\}$ によって誘導される部分グラフ $\langle U \rangle_G$ の隣接行列を求めよ．

次の定理はすべての2頂点間の道（$v_i v_j$ 道，$1 \leqq i, j \leqq n$）の本数を隣接行列によって特徴付けたものである．

> **定理 3.2** $A[G]^n = (a_{ij}^{(n)})$ の (i, j) 成分 $a_{ij}^{(n)}$ は，G における長さ n の相異なる $v_i v_j$ 道の個数である：$a_{ij}^{(n)} = $「長さ n の $v_i v_j$ 道の個数」．

[証明] 以下では，記号を簡単にするために $A[G]$ を A と略記する：
$$A = (a_{ij}), \quad A^n = (a_{ij}^{(n)}).$$

n に関する数学的帰納法で証明する．

$\underline{n = 0 \text{ の場合}}$（帰納法の基礎）

長さ0の道の定義より，v_i を始点とする道は $\langle v_i \rangle$ のみであり，$i \neq j$ なら v_i から v_j への長さ0の道は存在しないから，$A^0 = I$ は定理の主張を満たす（I は単位行列．辺集合 E と区別するため，ここでは I を用いた）．

$\underline{n \geqq 1 \text{ の場合}}$（帰納ステップ）

まず，$A^n = A^{n-1}A$ だから，A^n の (i, j) 成分は

$$a_{ij}^{(n)} = \sum_{k=1}^{p} a_{ik}^{(n-1)} \cdot a_{kj} \quad \text{(積の定義)}$$

$$= \sum_{v_k v_j \in E} a_{ik}^{(n-1)} \cdot a_{kj} + \sum_{v_k v_j \notin E} a_{ik}^{(n-1)} \cdot a_{kj} \quad \text{(場合分け)}$$

$$= \sum_{v_k v_j \in E} a_{ik}^{(n-1)} \cdot 1 \;\; + \sum_{v_k v_j \notin E} a_{ik}^{(n-1)} \cdot 0 \quad (3.1)$$

$$= \sum_{v_k v_j \in E} a_{ik}^{(n-1)} \quad (3.2)$$

であることに注意する．そこで，v_k に隣接する頂点の1つを v_j とする（すなわち，$v_k v_j \in E$）と，

v_i から v_j へ至る長さ n の道は，v_i から v_k へ至る長さ $n-1$ の道に辺 $v_k v_j$ をつなげたものであることに注意する（右図．グレーの箇所には辺があるかもないかもしれない．辺がある場合だけ (3.1) において 1 が足される）：

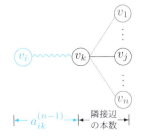

帰納法の仮定から $a_{ik}^{(n-1)}$ は v_i から v_k への長さ $n-1$ の道の個数であるから，(3.2) 式は v_i から v_j への長さ n の道の個数を表している． □

> **系 3.2** (1) $a_{ii}^{(2)} = \deg(v_i)$.
> (2) $\dfrac{1}{6} \displaystyle\sum_{i=1}^{p} a_{ii}^{(3)}$ は G における相異なる 3 辺形の個数である．
> (3) $p \geqq 2$ のとき，G が 連結 $\iff \displaystyle\sum_{n=0}^{p-1} A[G]^n$ のどの成分も正．

［証明］ (1), (3) は明らかであろう．

(2) v_1, v_2, v_3 を頂点とする 3 辺形は，v_1, v_2, v_3 のどれを始点とする閉路と考えるかで 3 通り，そのそれぞれについて右回りか左回りかで 2 通り，計 6 通りの周の回り方がある． □

例 3.3 隣接行列と道の個数

サイクル C_3（左下図）を考える．

$$A[C_3] = \begin{array}{c} \\ v_1 \\ v_2 \\ v_3 \end{array} \begin{pmatrix} \overset{v_1}{0} & \overset{v_2}{1} & \overset{v_3}{1} \\ 1 & 0 & 1 \\ 1 & 1 & 0 \end{pmatrix} \qquad A[C_3]^3 = \begin{pmatrix} 2 & 3 & 3 \\ 3 & 2 & 3 \\ 3 & 3 & 2 \end{pmatrix}$$

長さ 3 の $v_1 v_2$ 道：v_1–v_2–v_3–v_2, v_1–v_2–v_1–v_2, v_1–v_3–v_1–v_2.

C_3 の 3 辺形の個数 $= \dfrac{1}{6} \displaystyle\sum_{i=1}^{3} (A[C_3]^3 \text{の} (i,i) \text{成分}) = \dfrac{2+2+2}{6} = 1$. ■

● 隣接リスト

グラフはさまざまな問題を表現する有用な道具として実際に広く使われているので，コンピュータを使って問題を解く際，グラフをコンピュータ（プログラム）上でどのように表すかは重要である．グラフを表す方法の中で隣接行列は最も自然なものの一つである（たいていのプログラミング言語がもっているデータ記憶法である「配列」を使って表すことができる）が，辺の本数が少ないグラフの隣接行列は成分のうち 0 の個数が圧倒的に多いため，

- 配列に使うスペース（(p,q) グラフなら p^2 に比例するメモリ量）に無駄が多い（1 の個数は全体の $\frac{2q}{p^2}$ パーセント．また，対称な半分は冗長）と考えられる．
- このような場合，以下に述べる隣接リストによる表し方を用いると $p + 2q$ に比例する程度のメモリ量でグラフを表現することができ，使うメモリ量を少なくできる．

そこで，配列の代わりに以下で述べるような"データ構造"（データの記憶・管理方法）を考える．

大雑把に言うと，**リスト** (list)[†3]とは，データを一列に並べた列

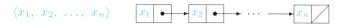

のことで，上図のように → （**リンク**）でつないで表す．

は，ポインタの値（＝指し示している先）を図的に表したものであり，

は，ポインタの値が「どこも指していない」ことを表す[†4]．

- 線形リストは，どのデータ x_i も，リストの先頭の x_1 から順次 → をたどってアクセスすることしかできない
- したがって，i に比例する時間がかかる．
- そのため，線形リストには，→ の先にあるほどアクセスに時間がかかるという欠点がある．
- それに対し，配列ではどのデータにも同じ時間でアクセスできるという利点がある．

[†3] 正確には**線形リスト** (linear list) という．→ はプログラミング用語では「**ポインタ** (pointer)」という．

[†4] nil や NULL で表すこともある．

3.2 グラフの表し方

以上述べた長所・短所を考慮して，隣接行列を使うか隣接リストを使うかを決める．

例 3.4 隣接リストによる表現

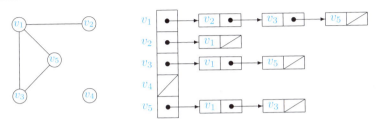

問 3.3^S 右図のグラフの隣接行列と隣接リスト表現を示せ．また，どちらの表現の方が好ましいか？

● 接続行列，次数行列

$$V(G) = \{v_1, \ldots, v_p\}, \quad E(G) = \{e_1, \ldots, e_q\}$$

のとき，G の**接続行列** (incidence matrix) $B[G]$ と**次数行列** (degree matrix) $C[G]$ を次のように定義する：

$$B[G] = (b_{ij}) \quad (p \times q \text{ 行列})$$
$$b_{ij} := \begin{cases} 1 & (v_i \text{ と } e_j \text{ が接続しているとき}) \\ 0 & (そうでないとき) \end{cases}$$

$$C[G] = (c_{ij}) \quad (p \times p \text{ 行列})$$
$$c_{ij} := \begin{cases} \deg(v_i) & (i = j \text{ のとき}) \\ 0 & (i \neq j \text{ のとき}) \end{cases}$$

次のことに注目しよう（なぜかを考えよう）：
- 隣接行列は 対称行列 である．
- 隣接行列の各行/各列の 1 の個数は，その行/列に対応する 頂点の次数 である．
- 隣接行列の対角成分は すべて 0 である．

- 接続行列の各列は，その列に対応する辺の両端点になっている頂点に対応する行のところに 1 がある（2 箇所のみ）．
- 次数行列の対角成分以外はすべて 0 である．

例 3.5　隣接行列，接続行列，次数行列の間の関係

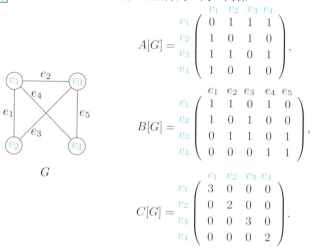

$$A[G] = \begin{pmatrix} & v_1 & v_2 & v_3 & v_4 \\ v_1 & 0 & 1 & 1 & 1 \\ v_2 & 1 & 0 & 1 & 0 \\ v_3 & 1 & 1 & 0 & 1 \\ v_4 & 1 & 0 & 1 & 0 \end{pmatrix},$$

$$B[G] = \begin{pmatrix} & e_1 & e_2 & e_3 & e_4 & e_5 \\ v_1 & 1 & 1 & 0 & 1 & 0 \\ v_2 & 1 & 0 & 1 & 0 & 0 \\ v_3 & 0 & 1 & 1 & 0 & 1 \\ v_4 & 0 & 0 & 0 & 1 & 1 \end{pmatrix},$$

$$C[G] = \begin{pmatrix} & v_1 & v_2 & v_3 & v_4 \\ v_1 & 3 & 0 & 0 & 0 \\ v_2 & 0 & 2 & 0 & 0 \\ v_3 & 0 & 0 & 3 & 0 \\ v_4 & 0 & 0 & 0 & 2 \end{pmatrix}.$$

隣接行列，接続行列，次数行列の間には次のような密接な関係がある：

定理 3.3　$B[G] \cdot {}^t B[G] = A[G] + C[G]$ が成り立つ．

［証明］　G の頂点と辺を具体的に

$$G = (\{v_1, \ldots, v_p\}, \{e_1, \ldots, e_q\}), \quad B[G] \cdot {}^t B[G] = (d_{ij})$$

とする．

① $i \neq j$ の場合，　　　　　すなわち，$e_k = v_i v_j$ とすると，

$$b_{ik} \cdot {}^t b_{kj} = 1 \iff b_{ik} = {}^t b_{kj} = 1$$
$$\iff b_{ik} = b_{jk} = 1 \quad (\because {}^t b_{kj} = b_{jk})$$
$$\iff v_i と e_k が接続 かつ v_j と e_k が接続$$
$$\iff v_i と v_j が辺 e_k を介して隣接$$
$$\iff a_{ij} = 1.$$

ここで，v_i と v_j の間には辺がたかだか 1 本（$e_k = v_i v_j$）しかないことに注意すると，

$$d_{ij} = \sum_{k=1}^{q} b_{ik} \cdot {}^t b_{kj} = 1 \iff a_{ij} = 1.$$

また，定義より，$i \neq j$ なら $c_{ij} = 0$ であるから $d_{ij} = a_{ij} + c_{ij}$ で，ok である．

② $i = j$ の場合は，

$$b_{ik} \cdot {}^t b_{kj} = 1 \iff e_k \text{ は } v_i \text{ に接続する辺}$$

$$\therefore \quad d_{ij} = \sum_{k=1}^{q} b_{ik} \cdot {}^t b_{ki} = v_i \text{ に接続している辺の本数} = c_{ii}.$$

また，$i = j$ なら $a_{ij} = 0$ であるから，$d_{ij} = a_{ij} + c_{ij}$ であり，この場合も ok である．

以上より，①，②いずれの場合も $d_{ij} = a_{ij} + c_{ij}$ が成り立っている．すなわち，$B[G] \cdot {}^t B[G] = A[G] + C[G]$ であることが示された． □

例 3.6 定理 3.3 の具体例

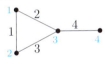 の隣接行列 A，接続行列 B，次数行列 C は

$$A = \begin{pmatrix} 0 & 1 & 1 & 0 \\ 1 & 0 & 1 & 0 \\ 1 & 1 & 0 & 1 \\ 0 & 0 & 1 & 0 \end{pmatrix}, \quad B = \begin{pmatrix} 1 & 1 & 0 & 0 \\ 1 & 0 & 1 & 0 \\ 0 & 1 & 1 & 1 \\ 0 & 0 & 0 & 1 \end{pmatrix}, \quad C = \begin{pmatrix} 2 & 0 & 0 & 0 \\ 0 & 2 & 0 & 0 \\ 0 & 0 & 3 & 0 \\ 0 & 0 & 0 & 1 \end{pmatrix}$$

であり（頂点は小さめの青色数字で，辺は黒色数字で番号を振った），

$$B \, {}^t B = \begin{pmatrix} 1 & 1 & 0 & 0 \\ 1 & 0 & 1 & 0 \\ 0 & 1 & 1 & 1 \\ 0 & 0 & 0 & 1 \end{pmatrix} \begin{pmatrix} 1 & 1 & 0 & 0 \\ 1 & 0 & 1 & 0 \\ 0 & 1 & 1 & 0 \\ 0 & 0 & 1 & 1 \end{pmatrix} = \begin{pmatrix} 2 & 1 & 1 & 0 \\ 1 & 2 & 1 & 0 \\ 1 & 1 & 3 & 1 \\ 0 & 0 & 1 & 1 \end{pmatrix},$$

$$A + C = \begin{pmatrix} 0 & 1 & 1 & 0 \\ 1 & 0 & 1 & 0 \\ 1 & 1 & 0 & 1 \\ 0 & 0 & 1 & 0 \end{pmatrix} + \begin{pmatrix} 2 & 0 & 0 & 0 \\ 0 & 2 & 0 & 0 \\ 0 & 0 & 3 & 0 \\ 0 & 0 & 0 & 1 \end{pmatrix} = \begin{pmatrix} 2 & 1 & 1 & 0 \\ 1 & 2 & 1 & 0 \\ 1 & 1 & 3 & 1 \\ 0 & 0 & 1 & 1 \end{pmatrix}$$

であるから，$B \, {}^t B = A + C$ が成り立っている． ■

第3章 演習問題

問 3.4^S 図に示したグラフ G について，以下のものを求めよ．'極大' とは，それ以上大きくできないことである．'最大' と違い，必ずしも一意的には定まらない．

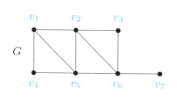

(1) 最長の単純 v_1v_7 道
(2) 最長の基本 v_1v_7 道
(3) サイズが最大のサイクルとそのサイズ
(4) サイクルの総数
(5) 極大な無閉路部分グラフ
(6) $G' \subseteq G$ かつ $|V(G')| = 3$, $|E(G')| = 4$ を満たす G'（あるならば）

問 3.5 (p,q) グラフを隣接行列と隣接リストで表した場合の長所と短所について，次の表の①~④を埋めよ．$O(f(n))$ は $f(n)$ に比例する時間以下でできることを表す．特に，$O(1)$ は定数時間でできることを意味する．

考察項目	隣接行列	隣接リスト
プログラム上での実現法	（2次元）配列	（線形）リスト
1つの辺へのアクセス時間	$O(1)$	①
必要メモリ量	②	$O(p+2q)$
辺の追加にかかる時間	$O(1)$	③
辺の削除にかかる時間	$O(1)$	④

問 3.6 B は G の接続行列であり，$B{}^tB$ を右に示した．G の隣接行列を求め，G の概形を描け．

$$B{}^tB = \begin{pmatrix} 2 & 1 & 1 & 0 \\ 1 & 2 & 1 & 0 \\ 1 & 1 & 3 & 1 \\ 0 & 0 & 1 & 1 \end{pmatrix}$$

問 3.7^S (1) $G_1 := P_3 + K_1$ のとき，G_1 を図示し，G_1 の隣接行列 $A[G_1]$，接続行列 $B[G_1]$，次数行列 $C[G_1]$，および隣接リスト表現を求めよ．

(2) グラフ G_2 の接続行列は右の B である．G_2 の概形を描き，G_2 の長さが 1 以上 n 以下の閉路の総数を求めよ．

$$B = \begin{pmatrix} 1 & 0 & 1 \\ 1 & 1 & 0 \\ 0 & 1 & 1 \\ 0 & 0 & 0 \end{pmatrix}$$

問 3.8 P_3 の隣接行列を A とする．
(1) A を求めよ．
(2) A^{2n+1} の対角成分（対角線上の成分）を求めよ．

第4章

連結グラフ

グラフが連結であるとは，すべての頂点が辺をたどることによってつながっていることである．本章では，頂点間の距離や，グラフが連結になるための必要条件あるいは十分条件について考える．

4.1 連結とは

まず，頂点の間の連結性を定義しよう．u, v をグラフ G の 2 頂点とする．

$$u \text{ と } v \text{ が連結である (connected)} \overset{\text{def}}{\iff} G \text{ に } uv \text{ 道が存在する}$$

と定義する．

← u と v は連結（この例では複数の uv 道がある）

また，グラフが連結していることを

$$G \text{ が連結である (connected)} \overset{\text{def}}{\iff} G \text{ のどの 2 頂点も連結である}$$

と定義する．任意の頂点 u, v, w に対して，

- u は u 自身と連結しているし，
- u と v が連結していれば，v と u も連結しているし，
- u と v が連結かつ v と w が連結ならば，u と w も連結である．

連結している頂点すべてからなる V の部分集合から生成される誘導部分グラフを G の **連結成分** (connected component) あるいは単に **成分** (component) という．連結成分は 1 個とは限らないので，G の連結成分の個数を $k(G)$ で表す．したがって，$k(G) = 1$ は G が連結であることを意味する．

問 4.1 次のことを確かめよ．
(1) 2 頂点が '連結している' という関係は，グラフ G の頂点集合 $V(G)$ 上の同値関係である．

(2) G の連結成分とは，'連結している'という同値関係において，連結している頂点すべてからなる同値類から生成される誘導部分グラフのことであり，それは G の極大な連結部分グラフである．

例 **4.1** 連結成分

下図の G は連結グラフである．$G - v_6$ は非連結になり，その連結成分は G_1, G_2, G_3 の3つである．よって，$k(G - v_6) = 3$．

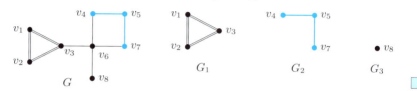

問 **4.2**^{S} 例 4.1 の G と $n \geq 3$ に対して，次のグラフを連結なものと非連結なものに分け，連結成分の個数を求めよ．$u \neq v$ とする．
(a) $G - v_3$ (b) $G - v_5$ (c) K_1
(d) $P_n - v$ ($v \in V(P_n)$) (e) $C_n - \{u, v\}$ ($u, v \in V(C_n)$)

4.2 距 離

G が連結グラフのとき，G の2頂点 u と v の間の**距離** (distance) とは uv 道の長さの最小値のことである．これを $d(u, v)$ で表す．

● 距離の性質

任意の $u, v, w \in V(G)$ に対して次のことが成り立つ：

(i) $d(u, v) \geq 0$．
(ii) $d(u, v) = 0 \iff u = v$．
(iii) $d(u, v) = d(v, u)$．
(iv) $d(u, v) + d(v, w) \geq d(u, w)$．（三角不等式）

$v \in V(G)$ に対して，v から最も遠い頂点までの距離

$$e(v) := \max\{d(v, u) \mid u \in V(G)\}$$

を v の**離心数** (eccentricity) という．G のすべての頂点の離心数のうちの最大値を G の**直径** (diameter) といい，

$$\mathrm{diam}(G) := \max\{e(v) \mid v \in V(G)\}$$

4.2 距離

で表し，離心数の最小値を G の**半径** (radius) といい，
$$\mathbf{rad}(G) := \min\{e(v) \mid v \in V(G)\}$$
で表す．また，$e(v) = \text{rad}(G)$ である頂点 v を G の**中心** (center) という．中心は1つとは限らない．

例 4.2 $d(u, v)$, $e(v)$, $\text{diam}(G)$, $\text{rad}(G)$
(1) 各頂点の脇に，その頂点の離心数を記した．頂点 ◎ は G の中心．

$\text{rad}(G) = 3$
$\text{diam}(G) = 5$

(2) $n \geqq 1$ のとき，$\text{rad}(K_n) = \text{diam}(K_n) = 1$．
$n \geqq 3$ のとき，$\text{rad}(C_n) = \text{diam}(C_n) = \lfloor \frac{n}{2} \rfloor$．
$n \geqq 1$ のとき，$\text{rad}(P_n) = \lfloor \frac{n}{2} \rfloor$, $\text{diam}(P_n) = n - 1$．

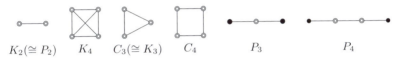

$K_2(\cong P_2)$　K_4　$C_3(\cong K_3)$　C_4　P_3　P_4

(3) グラフの**頂点**で1つのコンピュータを表し，**辺**でコンピュータ間のデータ通信回線を表すとき，**直径**が d であるということは，最も離れたコンピュータ同士がデータ通信を行なうためには中間に $d - 1$ 個のコンピュータを介在させる必要があることを示している．

中心は，このコンピュータネットワークのセンター（最も頻繁に他のコンピュータとデータ通信するコンピュータ）をどこに設置したら効率良いデータ通信ができるかを示している．

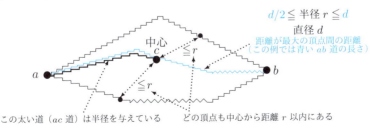

$d/2 \leqq$ 半径 $r \leqq d$
直径 d
距離が最大の頂点間の距離
（この例では青い ab 道の長さ）
中心 c
$\leqq r$
a　b
$\leqq r$
この太い道（ac 道）は半径を与えている　どの頂点も中心から距離 r 以内にある

(4) <u>半径は中心からの距離の最大値</u> であることを示そう．$G = (V, E)$ とし，v_0 を中心とする．

$$\mathrm{rad}(G) = \min_{v \in V} \mathrm{e}(v) \quad (\text{半径の定義})$$

$$= \mathrm{e}(v_0) \quad (\because \text{中心は離心数が最小})$$

$$= \max_{w \in V} \mathrm{d}(v_0, w) \quad (\text{離心数の定義}) \qquad \square$$

問 **4.3**^{S} (1) '直径' は '長さ' か？ あるいは，その長さを与える 2 点を結ぶ '直線'（グラフの場合には '道'．これを '直径道' と呼ぶことにする）のことか？
(2) 中心は直径道の上にあることを示せ．

問 **4.4**^{S} 例 4.2 (1) のグラフ G に対し，$G_1 := G - \{v \in V(G) \mid \mathrm{e}(v) = 4\}$, $G_2 := G - \{v \in V(G) \mid \mathrm{e}(v) = 5\}$ とする．
(1) $k(G_1)$ を求めよ． (2) $\mathrm{rad}(G_2), \mathrm{diam}(G_2)$ を求めよ．

グラフの直径と半径には次のような一般的関係がある：

> **定理 4.1** G が連結グラフならば，$\mathrm{rad}(G) \leqq \mathrm{diam}(G) \leqq 2 \cdot \mathrm{rad}(G)$ が成り立つ．

[証明] ① $\mathrm{rad}(G) \leqq \mathrm{diam}(G)$ は定義から明らか．
② $\mathrm{diam}(G) \leqq 2 \cdot \mathrm{rad}(G)$ については，まず

$$\mathrm{d}(u, v) \leqq \mathrm{d}(u, w) + \mathrm{d}(w, v) \quad (\text{三角不等式})$$

$$\leqq \max\{\mathrm{d}(w, u) \mid u \in V(G)\} + \max\{\mathrm{d}(w, v) \mid v \in V(G)\}$$

$$= 2 \cdot \mathrm{e}(w) \quad (\text{離心数 } e \text{ の定義})$$

が成り立つことに注目する．この不等式は任意の u, v, w に対して成り立つから，

$$\mathrm{rad}(G) = \mathrm{e}(w_0), \quad \mathrm{diam}(G) = \mathrm{d}(u_0, v_0)$$

となる u_0, v_0, w_0 に対しても

$$\mathrm{d}(u_0, v_0) \leqq 2\mathrm{e}(w_0) \quad \text{すなわち} \quad \mathrm{diam}(G) \leqq \mathrm{rad}(G)$$

が成り立つ． $\square$

例 **4.3** 等号が成り立つ例

$$\mathrm{rad}(C_{2n}) = \mathrm{diam}(C_{2n}), \quad \mathrm{diam}(P_{2n+1}) = 2 \cdot \mathrm{rad}(P_{2n+1}). \qquad \square$$

● 自己補グラフの直径と半径

補題 4.1 G が非連結ならば $\overline{G}$ は連結である.

[証明] u, v を G の任意の 2 頂点とする.

① $\underline{u \text{ と } v \text{ が } G \text{ の異なる連結成分に属す場合}}$(すなわち, u と v が G において連結でない場合), $uv \in E(\overline{G})$ であるから u と v は $\overline{G}$ において連結である.

② 一方, $\underline{u \text{ と } v \text{ が } G \text{ の同じ連結成分 } G' \text{ に属す場合}}$ (すなわち, u と v が G において連結である場合), G は非連結であるという仮定より, G' 以外の G の連結成分 G'' に属す頂点 w が存在し, $uw \in E(\overline{G})$ かつ $vw \in E(\overline{G})$ である(右図参照). よって, u と v は $\overline{G}$ において連結である.

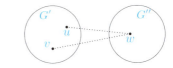

①,②いずれの場合も任意の 2 頂点 u, v は $\overline{G}$ で連結であるから, $\overline{G}$ は連結である. □

系 4.1 自己補グラフは連結である.

次の定理が示すように, 自己補グラフは頂点同士が非常に近接しているグラフである.

定理 4.2 K_1 以外の自己補グラフ G の直径は 2 または 3 である.

[証明] まず, 仮定より G は完全グラフでない(なぜか?)から, $\text{diam}(G) \geqq 2$ である. そこで, $\text{diam}(G) \geqq 4$ と仮定して矛盾を導こう. この仮定より, $\text{e}(w) = k \geqq 4$ を満たす頂点 w が存在する.

G における距離を d_G で表す. $0 \leqq i \leqq k$ に対して

$$D_i(w) := \{v \in V(G) \mid \text{d}_G(w, v) = i\}$$

と定義すると, 系 4.1 より, 任意の $u, v \in V(G) = V(\overline{G})$ に対して,

$$u \in D_i(w), \quad v \in D_j(w)$$

となる i, j $(i \geqq j)$ が存在する(次図). $\text{d}_{\overline{G}}(u, v) < 4$ を示せば, $G \cong \overline{G}$ だから, $\text{diam}(\overline{G}) = \text{diam}(G) \geqq 4$ に反することになるので証明が終わる.

① $i-j \geqq j+2$ の場合，$i \geqq j+2$ であるから $uv \in E(\overline{G})$ であり，ゆえに $\mathrm{d}_{\overline{G}}(u,v) = 1$ である．なぜなら，$uv \in E(G)$ だとすると，長さが i の道 $w \rightsquigarrow u$ より短い道 $w \rightsquigarrow v \to u$（長さが $j+1$）が存在してしまい，$\mathrm{d}_G(w,u) = i \geqq j+2$ に反す（上図参照）．

② $0 \leqq i-j \leqq 1$ の場合，

ⓐ $0 \leqq j \leqq 1$ のときには，$x \in D_k$ すなわち $\mathrm{d}_G(w,x) = k (\geqq 4)$ ならば，①と同様な理由で $ux, vx \in E(\overline{G})$ である（下図参照）から，$\mathrm{d}_{\overline{G}}(u,v) \leqq 2$ である．

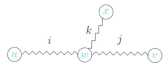

ⓑ $(i \geqq) j \geqq 2$ のときには，$uw, wv \in E(\overline{G})$ であるから，この場合も $\mathrm{d}_{\overline{G}}(u,v) \leqq 2$ である． □

実は，G が自己補グラフの場合，$\mathrm{rad}(G) = 2$ であることも証明できる（ちょっと難しいかもしれないが，考えてみよ）．

4.3 連結であるための条件

次に，連結であるための条件について考えよう．まず，必要条件から．

例えば 5 個の頂点（左下図）をつなげることを考えてみれば，4 本の辺が必要（右下図）であることが容易にわかるであろう．次の定理は，そのことを一般的に述べたものである：

定理 4.3 G が連結グラフならば $|E(G)| \geqq |V(G)| - 1$ である．

［証明］ $p := |V(G)|$ に関する数学的帰納法で証明する．

$p=1$ の場合 は明らか.

$p \geqq 2$ の場合, $v \in V(G)$ を任意に選ぶ. $G-v$ が r 個の連結成分 $G_1, \ldots, G_r$ をもつとすると, $\deg(v) \geqq r$ である（右図参照）. よって,

$$|E(G)| = \deg(v) + \sum_{i=1}^{r} |E(G_i)|$$

$$\geqq r + \sum_{i=1}^{r} (|E(G_i)|) \qquad (\because \deg(v) \geqq r)$$

$$\geqq r + \sum_{i=1}^{r} (|V(G_i)| - 1) \qquad (\text{各 } G_i \text{ に対する帰納法の仮定})$$

$$= \sum_{i=1}^{r} |V(G_i)| = |V(G)| - 1. \qquad \square$$

問 4.5^S 定理 4.3 は連結であるための必要条件であって, 逆は成り立たない（十分条件ではない）. そのような例（例えば, 閉路をもつ (4,3) グラフ）を図示せよ.

定理 4.3 とは逆に, サイズ（辺の本数）と位数（頂点の個数）がどのような条件を満たすとき G は連結となるであろうか？

まず, 一般のグラフに対しては定理 4.3 の逆は成り立たないことに注意する. 例えば, K_n と孤立点 1 つとからなるグラフ $G := K_n \cup K_1$ を考えると,

位数は $p = n + 1$, サイズは $q = \frac{n(n-1)}{2}$

であり, $n \geqq 3$ ならば $q \geqq p - 1$ が成り立つが G は連結ではない.

- 上記のグラフ G は, 辺が 2 つある連結成分のうちの一方だけに偏ってしまっている極端な例である.
- 辺が G よりも 1 つでも多ければどんなグラフも連結になる（定理 4.4 (1)）.
- また, 辺がグラフ全体に偏りなく存在すれば, やはり連結になる（定理 4.4 (2)）.
- 一方, グラフに閉路がなければ定理 4.3 の逆も成り立つ（定理 4.4 (3)）.

すなわち，次の定理が成り立つ：

> **定理 4.4** グラフ G の位数 p とサイズ q の間に次の (1), (2), (3) のどれかが成り立てば G は連結である：
> (1) $q \geqq \frac{(p-1)(p-2)}{2} + 1$.
> (2) $\delta(G) \geqq \frac{p-1}{2}$.
> (3) G は閉路をもたず，$q \geqq p - 1$.

［証明］ **(1)** $q \geqq \frac{(p-1)(p-2)}{2} + 1$ のとき．

p に関する帰納法で証明しよう．

$\underline{p = 1 \text{ の場合}}$ は $q = 0$，$\underline{p = 2 \text{ の場合}}$ は $q = 1$ であれば，条件とは無関係に G は連結である．

$\underline{p \geqq 3 \text{ の場合}}$．
 (i) $\underline{G \text{ が完全グラフならば}}$ 連結なので ok.
 (ii) $\underline{\text{完全グラフでないならば}}$，$\deg(v) \leqq p - 2$ なる頂点 v が存在する．$\deg(v) \geqq 1$ であることを示そう．$\deg(v) = 0$ だと仮定して矛盾を導く．

$G' := G - v$ を考える（右図参照）：

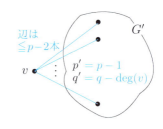

G' の位数 p' は $p' := p - 1$ であるから G' のサイズ q' は $q' \leqq \frac{(p-1)(p-2)}{2}$ である．ところが，$\deg(v) = 0$ だから $q = q'$ であり，これは仮定 $q \geqq \frac{(p-1)(p-2)}{2} + 1$ に反す．よって，$\deg(v) \geqq 1$．すなわち，v は G' のどれかの頂点に隣接している．

したがって，$\underline{G' \text{ が連結であることを示せばよい}}$．実際，

$$\begin{aligned} q' &= q - \deg(v) & (q' \text{ の定義}) \\ &\geqq q - (p-2) & (\deg(v) \leqq p - 2) \\ &\geqq \tfrac{(p-2)(p-3)}{2} + 1 & (\text{仮定 } q \geqq \tfrac{(p-1)(p-2)}{2} + 1) \\ &= \tfrac{(p'-1)(p'-2)}{2} + 1 \end{aligned}$$

が成り立つので，帰納法の仮定より G' は連結である．[**(1)** の証明終わり]

 (2) $\delta(G) \geqq \frac{p-1}{2}$ のとき．

4.3 連結であるための条件

まず，G が非連結であるための必要十分条件は，その隣接行列が右のような形となるように頂点を番号付けできることである．これを証明しよう．

$$A = \begin{pmatrix} B & \vdots & O \\ \cdots & \cdots & \cdots \\ O & \vdots & C \end{pmatrix}$$

$V(G) = \{v_1, \ldots, v_p\}$ とする．

（**必要性**）　G' を G の連結成分の 1 つとするとき，$V(G') = \{v_1, v_2, \ldots, v_r\}$ と番号付けすればその隣接行列は B に該当し，G の残りの部分グラフは C に該当する（下図）：

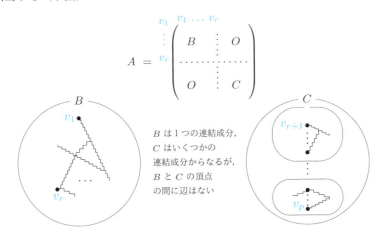

B は 1 つの連結成分，C はいくつかの連結成分からなるが，B と C の頂点の間に辺はない

（**十分性**）　A の対称性から B, C は正方行列であるとしてよい．B が $r \times r$ 行列であるとすると，行列の形（O の部分）から $v_1, \ldots, v_r$ のどれも $v_{r+1}, \ldots, v_p$ のどれとも隣接していないことがいえる（下図参照）．ゆえに，G は非連結である．

$$A = \begin{pmatrix} & v_1 \cdots v_r v_{r+1} \cdots v_p \\ v_1 \\ \vdots \\ v_r \\ v_{r+1} \\ \vdots \\ v_p \end{pmatrix} \begin{pmatrix} B & \vdots & O \\ \cdots & \cdots & \cdots \\ O & \vdots & C \end{pmatrix}$$

さて，G が非連結だと仮定すると，G の隣接行列は上のように書ける．B を $r_1 \times r_1$ 行列とし，C を $r_2 \times r_2$ 行列とすると，

$$r_1 \leqq \frac{p}{2} \quad \text{または} \quad r_2 \leqq \frac{p}{2}$$

である．前者の場合（後者の場合も同様），v_1 は v_1 自身とも $v_{r_1+1}, \ldots, v_p$ のどれとも隣接していないので

$$\deg(v_1) \leqq r_1 - 1 \leqq \frac{p}{2} - 1 < \frac{p-1}{2}$$

となり，$\delta(G) \geqq \frac{p-1}{2}$ に反す．[**(2)** の証明終わり]

(3) G が閉路をもたず，$q \geqq p-1$ のとき．

① はじめに，無閉路グラフには次数 1 以下の頂点が存在することに注意する．なぜなら，

- 任意の頂点を始点として，隣接する頂点を順次たどっていくと，

- G は閉路をもたないので同じ頂点は 2 度とたどられない．
- ところが，G の頂点の個数は有限なので，いつかはたどる先がなくなる．
- その行き止まりの頂点の次数は 1 である（ただし，始点が孤立点の場合は次数 0 である）．

② 次に，無閉路グラフでは $q \leqq p-1$ が成り立つことを p に関する帰納法で示す．

$\underline{p = 1 \text{ の場合}}$ は，$q = 0$ なので ok.

$\underline{p \geqq 2 \text{ の場合}}$，$v$ を次数 1 以下の頂点とする：

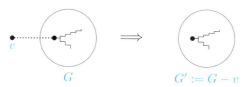

- $G' := G - v$ も無閉路グラフである（(p', q') グラフとする）から，
- 帰納法の仮定により $q' \leqq p' - 1$．
- 一方，$p' = p - 1$ であるから，$q' \leqq p - 2$ であり，
- $\deg(v) = 0$ のとき $q' = q$，$\deg(v) = 1$ のとき $q' = q - 1$ であるから，$q \leqq q' + 1$ である．
- よって，$q \leqq p - 1$ である．

4.3 連結であるための条件

③ 最後に,定理の主張を p に関する帰納法で証明する.

$\underline{p=1, q=0 \text{ の場合}}$ は,G は自明グラフであるから連結である.

$\underline{p \geqq 2 \text{ の場合}}$,$G$ が k 個の連結成分 $G_i = (V_i, E_i)$ $(i=1, \ldots, k)$ をもつとし,G_i は (p_i, q_i) グラフであるとする.

- 各 G_i は連結なので,定理 4.3 より,$q_i \geqq p_i - 1$.
- 一方,②より,$q_i \leqq p_i - 1$.
- ゆえに,$q_i = p_i - 1$ である.

したがって,
$$q = \sum_{i=1}^{k} q_i = \sum_{i=1}^{k}(p_i - 1) = p - k$$

である.一方,仮定 $q \geqq p-1$ より $p-k \geqq p-1$ である.ゆえに,$k=1$,すなわち,G は連結である.[**(3)** の証明終わり] □

問 4.6^S (a) $K_{n,2n,3n}$ および (b) 右図のグラフ,それぞれに対して答えよ.
(1) 全域連結部分グラフでサイズが最小のものは?
(2) 非連結にするには最小で何本の辺を削除すればよいか?
(3) 連結のままで最大何本の辺を削除できるか?
　　連結有閉路のままの場合は何本か?

 ティータイム

次のグラフの直径と中心の個数を求めよ.

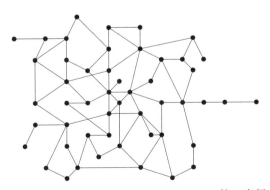

答:直径 11　中心 3 個

第4章 演習問題

問 **4.7**^{S} 図に示したグラフ G について，以下のものを求めよ．

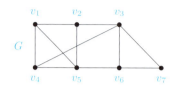

(1) $\mathrm{d}(v_1, v_7)$
(2) $\mathrm{e}(v_3)$
(3) $\mathrm{rad}(G)$
(4) $\mathrm{diam}(G)$
(5) 中心
(6) 直径を与える道
(7) $k(G - \{v_3, v_6\})$

問 **4.8** 定理 4.1 はグラフに限らず，距離の性質 (i)〜(iv) を満たす $\mathrm{d}(\cdot)$ が定義されていれば成り立つことを示せ（定理 4.1 の証明において，(i)〜(iv) はどこで使われているか？）．円では次の (1), (2) の場合も成り立つ理由を検討し，(有限，および無限の頂点集合をもつ）グラフに対して (1), (2) が成り立つのは一般にどのような場合かを考察せよ．
(1) 点の集合が有限でない． (2) つねに等号が成り立つ．

問 **4.9** $\delta(G) \geqq 2$ を満たすグラフ G にはサイクルがあることを示せ．

問 **4.10** G が $k(G) = k$ である (p, q) グラフのとき，$q \geqq p - k$ であることを示せ．特に，G が無閉路グラフなら $q = p - k$ である．

問 **4.11**^{S} 次のグラフのうち，必ず連結であるもの，必ず非連結であるものはどれか？ 理由を付けて答えよ．どちらでもない場合は反例を示せ．
(1) $K_{n, 2n, 3n}$ (2) 連結グラフの補グラフ
(3) $\overline{K_n} + K_1$ (4) $(p, p-2)$ グラフ
(5) 閉路のある $(p, p-1)$ グラフ
(6) 隣接行列のどの行も 1 が p 個以上の $(2p, q)$ グラフ
(7) $\Delta(G) = p - 1$
(8) 接続行列のある行の成分はすべて 1

問 **4.12** G を位数 p のグラフとする．G の偶頂点が 1 個だけのとき，その補グラフの偶頂点は何個か？

問 **4.13** 連結グラフでは，任意の 2 つの最長基本道は交差する．すなわち共有頂点をもつ．このことを証明せよ．

第5章

連 結 度

　連結なグラフから頂点を1つ削除するだけで非連結になるグラフもあれば，数個削除しないと連結のままのグラフもあり，後者の方が連結の度合いは強いといえる．辺を削除する場合も同様である．この章では，このようなグラフの連結の度合いについて考える．

5.1 つながりが弱い箇所

　グラフ G の頂点 $v \in V(G)$ が

$$k(G - v) > k(G)$$

を満たすならば，v を G の**切断点** (cut point) とか**関節点** (articulation point) という．すなわち，切断点とは，その頂点を削除することによってその頂点を含む連結成分がその点で切り離されて非連結になってしまうような頂点のことである．切断点を含まない非自明な連結グラフを**ブロック** (block) という[†1]．

　また，G の辺 $e \in E(G)$ が

$$k(G - e) = k(G) + 1$$

を満たすならば，e を G の**切断辺** (cut edge) とか**橋辺** (bridge) という．すなわち，切断辺を削除すると，その辺を含む連結成分は2つに分離してしまう．

　問 5.1[S]　切断辺と違い，切断点の定義では $k(G-v) > k(G)$ となっている理由を考えよ．$k(G-v) = k(G) + 1$ が成り立つ十分条件を1つ示せ．

　例 5.1　切断点と切断辺

　(1) 次ページのグラフ G の切断点は v_1, v_2, v_3, v_4 の4個，切断辺は e_1, e_2 の2本である．

[†1] 本来，ブロックとはあるグラフの部分グラフで切断点を含まないような極大なもの（その性質を保ったままそれ以上大きくできないもの）のことをいうのであるが，G のブロックが G 自身であるようなグラフ G（すなわち，切断点を含んでいない非自明連結グラフ）もブロックと呼ぶのである．

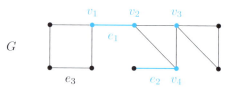

(2) e_3 のように,閉路上にある辺は切断辺ではない.実は,この逆も成り立つ.すなわち,e が切断辺である必要十分条件は e がどの閉路上にもないことである(次の定理 5.1).

定理 5.1 e が切断辺でない $\iff$ e は閉路上にある.換言すると,
e が切断辺 $\iff$ e はどの閉路上にもない.

[証明] ($\impliedby$) は明らか.
($\implies$) $e := uv$ が切断辺でないとすると,$G - e$ は連結のままだから頂点 u と v を連結する道 P が存在する(右図).P に e を加えた道は G における閉路となる.すなわち,e は閉路上にある.□

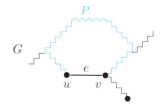

【注】 切断点については,定理 5.1 と同様なことは成り立たない.例えば,上図の頂点 v を考えよ.

系 5.1 $\lambda(G) \geqq 2$ $\iff$ G は切断辺をもたない
$\iff$ G のすべての辺はサイクル上にある.

$\lambda(G)$ は辺連結度といい(後述:5.2 節),$\lambda(G) \geqq 2$ は,2 本以上の辺を削除しないと非連結にできないことを表す.

切断点および切断辺であるための別の条件について考えよう.

次の定理は,グラフが情報拠点(= 頂点)の間のデータ伝送ネットワークを表している場合,切断点や切断辺は,どの情報もそこを通過して初めて全体に行き渡ることができるという,重要な拠点や伝送路(であると同時に,情報伝送の渋滞を起こしかねないボトルネック)であることを示している.

5.2 連結の度合い

定理 5.2 (ボトルネック定理) 頂点 v (あるいは辺 e) が切断点 (あるいは切断辺) である必要十分条件は，どの uw 道も v (あるいは e) を通るような，v と異なる 2 頂点 u, w が存在することである．

[証明] 切断点の場合を証明する (切断辺の場合も同様).

($\Longrightarrow$) G は連結であるとし，v が切断点なら $G - v$ の異なる連結成分からそれぞれ u, w を選ぶ (◯は連結成分)：

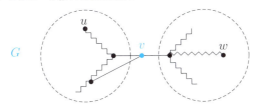

もし v を含まないような uw 道 P があったとすると，

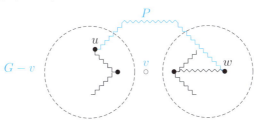

P の上のどの辺も v に接続していないので $G - v$ の辺である．よって，この道は $G - v$ における道でもあり，u と w は $G - v$ の同じ連結成分に属することになり，矛盾．

($\Longleftarrow$) 逆に，題意「どの uw 道も v を通る」を満たす u, w が存在したとすると $G - v$ に uw 道は存在しない．これは $G - v$ が非連結であること，すなわち v が切断点であることを意味する． □

5.2 連結の度合い

切断点や切断辺を含むグラフは連結度がきわめて弱いグラフと考えられる．そこで，連結の強さを表す尺度として次のような量を考える．

$\kappa(G) := \min\{|U| \mid U \subseteq V(G), G - U \text{ は非連結または自明グラフ}\}$

$$\lambda(G) := \min\{|F| \mid F \subseteq E(G),\ G-F \text{ は非連結または自明グラフ}\}$$

$\kappa(G)$ を G の**連結度**, $\lambda(G)$ を**辺連結度**といい, これらを与える U, F をそれぞれ**切断点集合**, **切断辺集合**という.

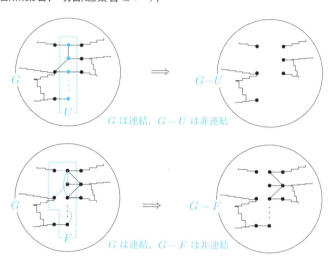

G は連結, $G-U$ は非連結

G は連結, $G-F$ は非連結

例 **5.2** 連結度, 辺連結度

(1) 次のグラフ G を考える:

$\kappa(G) = 2$: $\{v_1, v_2\}$ が切断点集合.
$\lambda(G) = 3$: $\{e_1, e_2, e_3\}$ が切断辺集合.
$\delta(G) = 4$: 実は, 一般に $\kappa(G) \leqq \lambda(G) \leqq \delta(G)$ が成り立つ (定理 5.5).

(2) $n \geqq 1$ のとき, $\kappa(K_n) = \lambda(K_n) = n-1$.
$n \geqq 3$ のとき, $\kappa(C_n) = \lambda(C_n) = 2$.
$n = 1$ のとき, $\kappa(P_n) = \lambda(P_n) = 0$; $n \geqq 2$ のとき, $\kappa(P_n) = \lambda(P_n) = 1$.
$n \geqq 1$ のとき, $\kappa(K_{n,2n,3n}) = \lambda(K_{n,2n,3n}) = 3n$.

(3) G が (p,q) グラフのとき, $\lambda(G) \geqq 2 \implies q \geqq p$ である. なぜなら, $G' := G - e$ は連結のままなので, G' を (p', q') グラフだとすると,

$q - 1 = q' \geqq p' - 1 = p - 1$ である（下図参照）．$\geqq$ は定理 4.3（連結であるための必要条件）による．

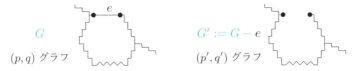

(4) $\delta(G) \geqq \frac{p}{2} \Longrightarrow$ ハミルトン閉路がある（例 8.1 (3)）$\Longrightarrow \lambda(G) \geqq 2$. □

$\kappa(G) \geqq n$ であるとき，G は **n 重連結**（n-connected）または単に **n 連結**であるという．したがって，

- G は自明でない連結グラフ $\iff$ G は 1 重連結．
- G は切断点をもたない $\iff$ G は 2 重連結．
- G はブロック $\iff$ G は K_2 または位数が 3 以上で 2 重連結である．ちなみに，位数が 2 のブロックは K_2 だけ，位数が 3 のブロックは K_3 だけである．

一方，$\lambda(G) \geqq n$ であるとき，G は **n 重辺連結**（n-edge-connected）または単に **n 辺連結**であるという．

例 5.3 n 重連結，n 重辺連結

(1) 例 5.2 (1) のグラフ G は 2 重連結かつ 3 重辺連結である．

(2) （n 重連結という概念の実用的な意味）例えば，n 個の電話局を頂点とするグラフを考える．それらの間に直接の電話回線があるかないかを辺の有無に対応させると，このグラフが n 重連結（n 重辺連結）であることは，たとえどの $n-1$ 箇所の電話局（$n-1$ 本の回線）に事故が発生し機能マヒに陥っても，残った電話局の間は迂回通信路によってつながっていることを意味する． □

$\lambda(G) \geqq 2$ である必要十分条件（系 5.1）は容易に証明できたのに対し，その頂点版 $\kappa(G) \geqq 2$ を考えてみよう．

すぐ気が付くことは，系 5.1 の「辺」を「頂点」に置き換えただけでは成り立たないということである．例えば，右図のグラフにおいて頂点 v を考えよ．

この例を基に試行錯誤を重ねると（実際にやってみよ），次の定理が推測できるであろう．ただし，それが成り立つことの証明はやや面倒である．

> **定理 5.3** $\kappa(G) \geqq 2 \iff G$ は位数 3 以上で，どの 2 頂点も 同一 サイクル上にある．

[証明]　($\implies$)　位数 $\geqq 3$ は明らか．$G = (V, E)$ とする．u を任意の頂点とし，

$$U := \{v \in V \mid v \text{ は}, u \text{ を含むサイクル上にある}\}$$

と定義する．$U = V$ であることを示せばよい．

背理法で証明する．$U \neq V$ と仮定すると，

- $v \in V - U$ が存在し，仮定 $\kappa(G) \geqq 2$ より $V - U$ は切断点を含まない．
- しかも G の位数は 3 以上なので，G は切断辺も含んでいない．
- よって，定理 5.1 より，すべての辺はサイクル上にある．
- 特に，u に隣接するどの頂点も U の元である．

さて，G は連結だから，uv 道

$$P := \langle u = u_0, u_1, \ldots, u_{i-1}, u_i, \ldots, u_k = v \rangle$$

が存在する．$u_i \notin U$ なる最小の i $(2 \leqq i \leqq k)$ を考える．C を u と u_{i-1} を含むサイクルとすると，u_{i-1} は切断点でないので，u_{i-1} を含まない $u_i u$ 道

$$Q := \langle u_i = v_0, v_1, \ldots, v_l = u \rangle$$

が存在する（下図の二重線の道）．

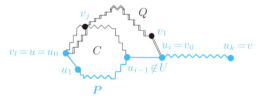

もし C と P 両方の上にある頂点が u だけだとすると，u と u_i 両方を含むサイクルが存在することになり，$u_i \notin U$ に反する．よって，C と P 両方の上にある，u 以外の頂点が存在する．そのような頂点 v_j のうち，j $(1 \leqq j \leqq l)$ が最小のものを考える．u と u_i 両方を含むサイクルを次のように構成することができる：

(1) まず，Q 上の $u_i v_j$ 道を通り，
(2) 次に，C 上の $v_j u$ 道と $u u_{i-1}$ 道を経由し，
(3) 最後に，辺 $u_{i-1} u_i$ を通って u_i に戻る．

これは $u_i \in U$ を意味し，矛盾である．

よって，v は存在せず，$U = V$ である．すなわち G のどの 2 頂点も同一サイクル上にある．

($\Longleftarrow$)　G が切断点を含むと仮定して矛盾を導くことは容易である．　□

問 5.2^S　定理 5.3 の ($\Longleftarrow$) を証明せよ．

実は，$\kappa(G) \geqq 2$ ならばどの 2 頂点もサイクル上にあるという性質は，次のように一般化できることが知られている．

> **定理 5.4**　$\kappa(G) \geqq k \geqq 2 \implies G$ のどの k 頂点も同一サイクル上にある．

用語と記法の復習を兼ねて，$n = 0, 1, 2$ に対する n 重連結の条件をまとめておく：

- $\kappa(G) = 0 \iff \lambda(G) = 0 \iff G$ は非連結 $\iff k(G) > 1$．
- $\kappa(G) \geqq 1$ かつ $\lambda(G) \geqq 1 \iff G$ は連結 $\iff k(G) = 1$．
- $\kappa(G) = 1 \iff G$ は連結で切断点をもつ．
- $\lambda(G) = 1 \iff G$ は連結で切断辺をもつ．
- $\lambda(G) \geqq 2 \iff G$ のすべての辺はサイクル上にある（系 5.1）．
- $\kappa(G) \geqq 2 \iff G$ のどの 2 頂点も同一サイクル上にある（定理 5.3）
  $\iff G$ は位数が 3 以上のブロックである．

問 5.3^S　(1)　2 重連結かつ 3 重辺連結のグラフを 1 つ示せ．もっと一般に，n 重連結かつ $n+1$ 重辺連結のグラフを 1 つ示せ．
(2)　n 重連結ならば n 重辺連結か？ 逆は？

> **定理 5.5**　(H.Whitney)（**ホイットニーの定理**）　任意のグラフ G に対して，不等式 $\kappa(G) \leqq \lambda(G) \leqq \delta(G)$ が成り立つ．

［証明］　① $\lambda(G) \leqq \delta(G)$ の証明：
$\deg(v) = \delta(G)$ である頂点 v はそれに接続している $\delta(G)$ 本の辺を除去する

と孤立点となるので，$\lambda(G) \leqq \delta(G)$ が成り立つ．不等号 $\leqq$ としているのは，これとは違う，もっと少ない辺の除去により G を非連結にできるかもしれないから．

② $\kappa(G) \leqq \lambda(G)$ の証明：

$\lambda(G) = 0$ の場合，$\kappa(G) = 0$ は明らか．

$\lambda(G) = 1$ の場合，G は切断辺（下図の e）を含むので G には切断点（切断辺が接続している頂点：下図の v）があるので，$\kappa(G) = 1$ である．ただし，G の位数が 2 の場合は e の 2 つの端点のどちらを選んでもよい（下図の (a)）が，位数が 3 以上の場合には e 以外の接続辺をもつ方を v として選ぶ（下図の (b)）．

最後に，$\lambda(G) \geqq 2$ の場合 を考える．それらの除去により G を非連結たらしめる $\lambda(G)$ 本の辺を

$$e_1, e_2, \ldots, e_{\lambda(G)}$$

とする（左下図）．$e_1, e_2, \ldots, e_{\lambda(G)}$ のうちの e_1 以外の $\lambda(G) - 1$ 本を G から除去すると，連結ではあるが（この時点で非連結になることもある）切断辺 $e_1 = uv$ をもつグラフが得られる（右下図）．

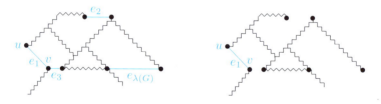

(1) これら $\lambda(G) - 1$ 本の辺ごとに u, v とは異なる接続点 ◎ を 1 つ選び（次ページ左上図．同じ頂点を選んでもよい），

(2) それらの頂点を G から除去したグラフを H とすると，H は辺 $e_2, \ldots, e_{\lambda(G)}$ を含んでいない（次ページ右上図）．

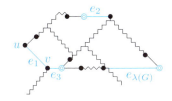
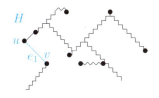

(3) G において端点でない u または v を H から削除する（$\lambda(G) \geqq 2$ だからどちらか一方は端点でない）と辺 e_1 も削除されるので，G は非連結となる．例えば右図は u を削除した場合である．

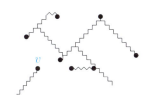

(4) よって $\kappa(G) \leqq \lambda(G)$ である．

上記 (1) において <u>u, v とは異なる</u> 接続点を 1 つ選ぶ理由を考えよう．下図のグラフ G を考える．

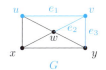

$\lambda(G) = 3$ で $G - \{e_1, e_2, e_3\}$ は非連結になる．

e_2, e_3 の端点として v を選ぶと e_1 は v に接続しているので削除され，しかも $H := G - \{v\}$ はまだ 2 重連結で，この H から e_1 の残った端点 u を削除しても非連結にならない． □

例 5.4 ホイットニーの定理に関して
(1) 等号が成り立つグラフの例：K_n, $K_{n,2n,3n}$, C_n など．
(2) 次の事実も知られている．G を (p, q) グラフとする：
  (a) $\delta(G) \geqq p/2$ なら $\lambda(G) = \delta(G)$ である．
  (b) $q \geqq p - 1$ のとき，$\kappa(G) \leqq 2q/p$ である． ■

問 5.4^S (1) K_n, $K_{n,2n,3n}$, C_n 以外のグラフ G で $\delta(G) = \kappa(G) = \lambda(G)$ が成り立つ例を 1 つ示せ．特に，任意の $n \geqq 1$ に対して $\delta(G) = \kappa(G) = \lambda(G) = n$ が成り立つ G があれば示せ．
(2) $\kappa(G) < \lambda(G) < \delta(G)$ が成り立つ G を 1 つ示せ．

5.3 2頂点間の道の本数

グラフ G が 1 重連結（すなわち，連結）であるとは，G の相異なるどの 2 頂点の間にも道が少なくとも 1 本存在することであった．この事実の一般化のうち，次に述べるメンガーの定理（K.Menger, 1927 年）は応用が広く重要である[†2]．これを述べるためには，以下の用語が必要である．

G を連結グラフとし，$u, v \in V(G)$，$S \subseteq V(G)$（または $S \subseteq E(G)$）とする．S が u と v を**分離する** (separate) とは，

① $G - S$ が非連結となり，かつ
② u と v が異なる連結成分に属す

が成り立つことであり，S を $(\boldsymbol{u}, \boldsymbol{v})$-**カット**または単に**カット** (cut) と呼ぶ．特に，$S \subseteq E(G)$ の場合には**辺カット**と呼ぶこともある．

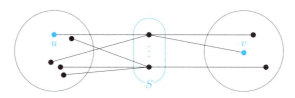

グラフ G_1 と G_2 とが**辺素** (edge-disjoint) であるとは

$$E(G_1) \cap E(G_2) = \emptyset$$

となること，すなわち共通の辺がないことをいう．

uv 道 P の**内点** (interior point) とは，u または v 以外の P 上の頂点のことをいう．

始点と終点が同じ 2 つの道が**内点素** (vertex-disjoint) であるとは，それらが内点を共有しないことをいう．

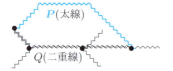

P と Q は辺素かつ内点素
（一般に，内点素なら辺素である）

[†2] Karl Menger はオーストリア出身で，のちに米国で活躍した数学者．

5.3 2頂点間の道の本数　　　　　　　　　　　**61**

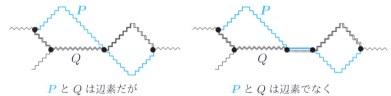

P と Q は辺素だが　　　　　P と Q は辺素でなく
内点素ではない　　　　　　　内点素でもない

> **定理 5.6**　（メンガーの定理）$^{K.Menger}$†1
> (1) u, v が G の相異なる隣接しない頂点ならば，G において互いに内点素な uv 道の最大本数は，u と v を分離する頂点の最小個数に等しい．
> (2) u と v が G の相異なる頂点ならば，G において互いに辺素な uv 道の最大本数は，u と v を分離する辺の最小本数に等しい．

[証明]　(1) だけを証明する．(2) もほぼ同様に証明できる．
$k \geqq 0$ に対して，

$\quad minV(u,v) :=$ 「u と v を分離する頂点の最小個数」，
$\quad maxP(u,v) :=$ 「互いに内点素な uv 道の最大本数」

と定義する．

① まず，u, v が G の異なる連結成分に属す場合，明らかに $minV(u,v) = maxP(u,v) = 0$ であるから定理は成り立つ．

② u, v が連結かつ G の異なるブロックに属す場合，uv 道の上には切断点がある（したがって，切断辺もある）ので，$minV(u,v) = maxP(u,v) = 1$ であり（下図参照），やはり定理は成り立つ．

③ それ以外の場合，すなわち G が連結かつ u, v が同じブロック（B とする）に属す場合，u と v は隣接していないので B の位数は 3 以上であり，$\kappa(G) \geqq 2$ であるから $minV(u,v) \geqq 2$ である．もし u と v を分離する頂点の最小個数が

---
†1 厳密にいうと，「メンガーの定理」は (1) のことであり，(2) はその辺バージョンである（初めて証明したのはメンガーではない）．

k ならば内点素な uv 道はたかだか k 本であるから，$minV(u,v) \geq maxP(u,v)$ が成り立っている．

定理が成り立たないと仮定すると矛盾が生じることを示す．この仮定より，$minV(u,v) = k \geq 2$ かつ $maxP(u,v) < k$ であるような最小の整数 k が存在する．これが成り立つような G の中で位数が最小かつサイズが最小のものを H とする．

H の性質を考えてみよう．

(**性質 1**) $v_1, v_2 \in V(H) - \{u, v\}$ を隣接する 2 頂点とすると，$i = 1, 2$ いずれについても $U \cup \{v_i\}$ が u, v を分離するような $U \subseteq V(H)$ で $|U| = k - 1$ であるものが存在する．

[性質 1 の証明] $e := v_1 v_2$ とすると，H は $minV(u,v) = k$ が成り立っているサイズが最小のものであるから，$H - e$ においては $minV(u,v) < k$ である．実は，$minV(u,v) = k - 1$ であることを示そう．

(i) もしそうでないとすると，$H - e$ において u, v を分離する U' で $|U'| \leq k - 2$ であるものが存在する．

(ii) すると，U' は $H - v_1$ においても $H - v_2$ においても u, v を分離する（右図参照）．

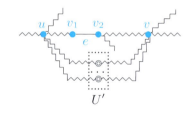

(iii) したがって，$U' \cup \{v_i\}$ $(i = 1, 2)$ は H において u, v を分離する．

(iv) これは H において $minV(u,v) = k - 1$ であることを意味し，仮定に反す．

(v) よって，$H - e$ においては $minV(u,v) = k - 1$ である．

(vi) ゆえに，$H - e$ において u, v を分離する U で $|U| = k - 1$ であるものが存在する．

(vii) ところが，v_i $(i = 1, 2)$ は e の端点であるから，$U \cup \{v_i\}$ $(i = 1, 2)$ は H において u, v を分離する．[**性質 1 の証明終わり**]

(**性質 2**) $w \in V(H)$ $(w \neq u, v)$ ならば，$uw \in E(H)$ と $vw \in E(H)$ が同時に成り立つことはない．

[性質 2 の証明] 同時に成り立ったとすると，$H-w$ において $minV(u,v) = k-1$ が成り立つ．しかも，$H-w$ には $k-1$ 本の内点素な uv 道が存在する．したがって，H には k 本の内点素な uv 道が存在することになり，仮定に反す．[**性質 2 の証明終わり**]

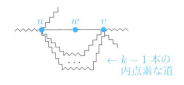

(**性質 3**) $W := \{w_1, w_1, \ldots, w_k\}$ を，H において u, v を分離する頂点の集合とすると，すべての $i = 1, \ldots, k$ に対して $uw_i \in E(H)$ であるか，すべての $i = 1, \ldots, k$ に対して $vw_i \in E(H)$ である．

[性質 3 の証明] 背理法で証明する．

性質 3 が成り立たないとする．H において W の頂点を 1 つだけ含んだすべての uw_i 道の上にある辺すべてからなる集合を F とし，F から誘導される H の誘導部分グラフを H_u とする（すなわち，$H_u := \langle F \rangle_H$）．$H_v$ を同様に定義する．$V(H_u) \cap V(H_v) = W$ である（下図参照）．

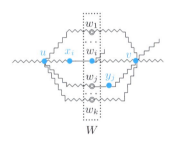 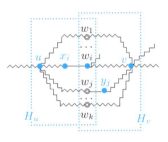

性質 3 が成り立たないと仮定しているので，ある uw_i 道において $x_i w_i \in H_u$ であるような w_i の手前の頂点 $x_i (\neq u)$ と，ある vw_j 道において $y_j w_j \in H_v$ であるような w_j の手前の頂点 $y_j (\neq v)$ が存在するから，$|H_u| \geqq k+2$ かつ $|H_v| \geqq k+2$ である．

u^*, v^* を新しい頂点として，グラフ H_u^*, H_v^* を次のように定義する：

$$H_u^* := H_u \cup (v^* + W), \quad H_v^* := H_v \cup (u^* + W).$$

$\cup$ は，共通部分のない 2 つのグラフを合わせて 1 つのグラフにすることを表す．

(i) H_u^*, H_v^* の位数はいずれも H の位数よりも小さい（問：なぜか？）．

(ii) H_u^*, H_v^* の構成の仕方から，H_u^* において $minV(u, v^*) = k$ であり，かつ H_v^* において $minV(u^*, v) = k$ である．

(iii) ゆえに，H_u^* において k 本の内点素な uv^* 道が存在し，かつ H_v^* において k 本の内点素な u^*v 道が存在する．

(iv) これら $2k$ 本の道を $w_1, \ldots, w_k$ においてつなげると H における k 本の内点素な uv 道となる．これは，H においては $maxP(u,v) < k$ であるとした最初の仮定に反す．[性質3の証明終わり]

問 5.5 上記の (1)〜(4) の証明を説明する図を描け．

定理の証明に戻る．P を H における長さが $d(u, v)$ の uv 道とする．性質2より，$d(u, v) \geqq 3$ である．よって，P は $\langle u, u_1, u_2, \ldots, v \rangle$ ($u_1, u_2 \neq v$) と書くことができる．

(i) 性質1より，$U \cup \{u_1\}$ も $U \cup \{u_2\}$ も u, v を分離するような $U \subseteq V(H)$ で $|U| = k - 1$ であるものが存在する．

(ii) v は u_1 と隣接していないので，性質3より，$U \cup \{u_1\}$ に属すどの頂点も u に隣接している．

(iii) 同様に，u は u_2 に隣接していないので，$U \cup \{u_2\}$ に属すどの頂点も v に隣接している．

(iv) したがって，$d(u, v) = 2$ である（右図参照）．これは $d(u, v) \geqq 3$ であることに反す．□

メンガーの定理を使って，n 重連結/n 重辺連結であるための，内点素な道/辺素な道の個数による特徴付けを示すことができる．

定理 5.7 (1) 非自明グラフ G が n 重連結 $\iff$ G の相異なるどの2頂点間にも少なくとも n 本の内点素な道が存在する．

(2) 非自明グラフ G が n 重辺連結 $\iff$ G の相異なるどの2頂点間にも少なくとも n 本の辺素な道が存在する．

[証明] (1) だけを証明する．(2) の証明もほぼ同様である．

5.3 2頂点間の道の本数

($\Longrightarrow$) 背理法による．G を n 重連結とし，u と v の間の内点素な道の最大個数が $m (< n)$ であるとする．

(i) もし $uv \notin E(G)$ とすると，メンガーの定理より $\kappa(G) \leqq m < n$ となるが，これは G が n 重連結であることに反す．

(ii) よって，$uv \in E(G)$ である．

(iii) すると，$G - uv$ において u, v を分離する内点素な uv 道の最大個数は $m - 1 (< n - 1)$ である．

(iv) よって，$\kappa(G - uv) < n - 1$ である．

(v) ゆえに，$G - uv - U$ が非連結になるような $U \subseteq V(G)$ で $|U| < n - 1$ であるものが存在する．

(vi) したがって，$G - u - U$ または $G - v - U$ の少なくともどちらか一方は非連結である．

(vii) $|U| < n - 1$ であるから，これは $\kappa(G) < n$ であることを意味し，G が n 重連結であることに反す．

($\Longleftarrow$) 対偶を背理法で証明する．G を n 重連結でない非自明グラフとし，G のどの 2 頂点間にも少なくとも n 本の内点素な道が存在するとする．G は完全グラフではない（問：なぜか？）．

(i) G は n 重連結でないから，$\kappa(G) < n$ である．

(ii) よって，$W \subseteq V(G)$, $|W| = \kappa(G) < n$ かつ $G - W$ が非連結となるような W が存在する．

(iii) したがって，u, v を $G - W$ の異なる連結成分に属す頂点とすると，u と v は $G - W$ において隣接していない．

(iv) しかし，仮定により G において u と v の間には少なくとも n 本の内点素な道が存在するのだから，メンガーの定理より u と v を分離する頂点の個数は n 以上でなければならない．W はこれに反す． □

定理 5.7 の n 重（辺）連結性の特徴付けは，与えられたグラフが n 重（辺）連結であることを確かめるための手段としてはあまり役立ちそうもない．それに比べると，十分条件でしかない（それも，n 重点連結性についてだけである）が，次の定理を使うと n 重連結グラフを具体的に与えることが比較的簡単にできる（→ 問 5.6）．

定理 5.8 G が位数 $p \geqq 2$ のグラフで，任意の $v \in V(G)$ に対して $\deg(v) \geqq (p+n-1)/2$ が成り立つならば G は n 重連結である．

問 5.6^S 定理 5.8 が成り立つ具体的な例を示せ．また，逆が成り立たない例があれば示せ．

例 5.5 頂点の分離，頂点間の内点素な道・辺素な道

右図のグラフ G を考える：

(1) $\{w_2, w_5, w_7\}$, $\{e_1, e_2, e_3\}$ はそれぞれ，u と v を分離する頂点集合/辺集合の中で位数が最小のもの/サイズが最小のもの（最小の (u,v)-カット/最小の (u,v)-辺カット）である．

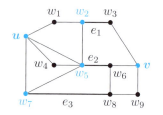

(2) 右図に示したように，3つの道

$$\langle u, w_1, w_2, w_3, v \rangle,$$
$$\langle u, w_4, w_5, w_6, v \rangle,$$
$$\langle u, w_7, w_8, w_9, v \rangle$$

は 互いに内点素な uv 道 であり（G において，互いに内点素な uv 道は最大 3 個しかない），互いに辺素な uv 道 でもある（G において，互いに辺素な uv 道は最大 3 個しかない）．

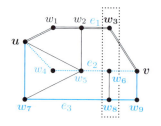

最小の (u,v)-カット $\{w_3, w_6, w_8\}$ を点線で囲んだ．それは，上記の3つの内点素な道のそれぞれから 1 点ずつ取ってきたものである．

同様に，辺素な 3 つの道から 1 点ずつ取ってきた $\{e_1, e_2, e_3\}$ は u と v を分離する最小の辺カット である．

問 5.7^S (1a) 位数が 5 以上で連結度が $1, 2, 3$ のグラフを 1 つずつ示せ．
(1b) (1a) のグラフの最小カットを求めよ．
(2a) 位数が 5 以上で辺連結度が $1, 2, 3$ のグラフを 1 つずつ示せ．
(2b) (2a) のグラフの最小辺カットを求めよ．
(3) (1a), (1b), (2a), (2b) から何か気付いたか？

第 5 章　演習問題

問 5.8^S 下図のグラフ G に対し，次のものを（あれば）求めよ．
(1) 切断点
(2) 切断辺
(3) $\kappa(G - \{c, i\})$
(4) $\lambda(G - \{k, \ell\})$
(5) b と e の間の辺素な道すべて
(6) a と j の間の内点素な道すべて
(7) $\mathrm{diam}(G)$
(8) 最小の (h, e)-カット
(9) 最小の (b, j)-辺カット

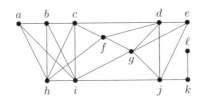

問 5.9 偶頂点だけのグラフは切断辺をもたないことを示せ．

問 5.10 頂点数が p のグラフは最大何本の切断辺をもちうるか？

問 5.11 $\kappa(G) = 2$ である G の，ある頂点 u, v を分離する頂点の最小個数は 3 であるという．G の一例を示せ．G には内点素な uv 道は最大何本あるか？ このことより，グラフの連結度と頂点間の連結度とは違うことを認識せよ．

問 5.12 次のグラフの連結度と辺連結度を求めよ．
(a) P_n
(b) $n \geq 5$ のとき C_n^2
(c) $K_{n, 2n, 3n}$
(d) $C_9 + K_1$
(e) $\delta(G) \geq |V(G)|/2$ を満たす正則グラフ
(f) $(K_5 - K_1) \times K_2$

問 5.13 $G := P_n \times C_4$ とする．
(1) G は (p, q) グラフである．p, q を求めよ．
(2) $\lambda(G), \delta(G), \kappa(G)$ を求めよ．
(3) G の直径と半径を求めよ．
(4) 直径の両端を結ぶ互いに内点素な道の組，辺素な道の組で個数が最大なものをそれぞれ示せ．

第6章 グラフ上の演算

ここでは，与えられたグラフから新しいグラフを作るための各種の演算を導入する．これらの演算を使うといろんな特殊グラフを定義することができ，図でなく式でグラフを表すことができるので便利である．

6.1 基本演算

2つのグラフ $G_1 = (V_1, V_2)$ と $G_2 = (V_2, E_2)$ の和 (union) $G_1 \cup G_2$，辺和 (edge sum) $G_1 \oplus G_2$ [†1]，素和(そわ) (disjoint union) $G_1 ⊞ G_2$，結び (join) $G_1 + G_2$，差 (difference) $G_1 - G_2$，直積 (direct product, Cartesian product) $G_1 \times G_2$，G の n 乗 (n-th power) G^n などを次のように定義する [†2]：

和　　$G_1 \cup G_2$:= $(V_1 \cup V_2, E_1 \cup E_2)$

辺和　$G_1 \oplus G_2$:= $(V, E_1 \cup E_2)$
　　　　　　　　　　（ただし，$V := V_1 = V_2$ かつ $E_1 \cap E_2 = \emptyset$）

素和　$G_1 ⊞ G_2$:= $(V_1 \cup \{u' \mid u \in V_2\}, E_1 \cup \{(v', w') \mid (v, w) \in E_2\})$

結び　$G_1 + G_2$:= $(V_1 \cup V_2, E_1 \cup E_2 \cup \{v_1 v_2 \mid v_1 \in V_1, v_2 \in V_2\})$
　　　　　　　　　　（ただし，$V_1 \cap V_2 = \emptyset$）

n 倍　nG := $\overbrace{G ⊞ \cdots ⊞ G}^{n}$ 　$(n \geq 2)$

特に，　$1G$:= G

差　　$G_1 - G_2$:= $(V_1 - V_2, E_1 - E_2 - \{uv \mid u \in V_2 \text{ または } v \in V_2\})$

直積　$G_1 \times G_2$:= $(V_1 \times V_2, \{(u_1, v_1)(u_2, v_2) \mid u_1 = u_2 \text{ かつ } v_1 v_2 \in E_2,$
　　　　　　　　　　　　　　　　　　　　　　　　　　　　 または $v_1 = v_2$ かつ $u_1 u_2 \in E_1\})$

n 乗　G^n := $\overbrace{G \times \cdots \times G}^{n}$ 　$(n \geq 1)$　　特に，$G^0 := K_1$

[†1] 本来は，$G = G_1 \oplus G_2$ のときペア (G_1, G_2) を G の因子分解 (factorization) とか，単に分解 (decomposition) と呼ぶ．

[†2] 素和と差と n 乗は本書独自の演算である．

次のことに注意する：

- ∪, ⊞, +, × はいずれも可換であり，結合律も満たすので，例えば $(G_1 \times G_2) \times G_3$ は括弧を省略して $G_1 \times G_2 \times G_3$ と書いてよい．
- K_1 は × の単位元である．すなわち，任意の G に対して，$G \times K_1 \cong G \cong K_1 \times G$ が成り立つ．
- 素和 $G_1 \boxplus G_2$ では，G_2 のすべての頂点（例えば，v とする）を新しいもの v' に変更して，そうしてできる G_2' と G_1 に共通部分がないようにしている．出来上がったもの $G := G_1 \boxplus G_2$ から見れば，G_1, G_2 は G の，共通部分がない分解になっている．この場合，G_1, G_2 を G の**因子** (factor) と呼ぶ．
- 差 $G_1 - G_2$ の定義では，G_2 は任意の頂点集合と辺集合の対でもよい．
- 1 頂点 v や 1 辺 e を加除したグラフ $G_1 \pm v$, $G_1 \pm e$ はそれぞれ G_2 が $(\{v\}, \emptyset), (\emptyset, \{e\})$ の場合の略記である．

問 6.1 ∪, ⊞, +, × はどれも結合律を満たすことを示せ．

例 6.1 いろいろなグラフを演算で表す

(1) 和

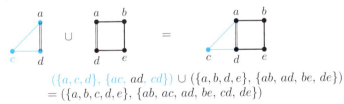

$(\{a, c, d\}, \{ac, ad, cd\}) \cup (\{a, b, d, e\}, \{ab, ad, be, de\})$
$= (\{a, b, c, d, e\}, \{ab, ac, ad, be, cd, de\})$

(2) 素和と n 倍（n 倍の方が ⊞ より適用順が優先するものと定義する）

$C_3 \boxplus 2C_4$

(3) 直和

$C_3 + P_2$

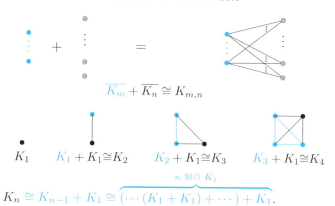

$$\overline{K_m} + \overline{K_n} \cong K_{m,n}$$

K_1 $K_1 + K_1 \cong K_2$ $K_2 + K_1 \cong K_3$ $K_3 + K_1 \cong K_4$

$$K_n \cong K_{n-1} + K_1 \cong \underbrace{(\cdots(K_1 + K_1) + \cdots) + K_1}_{n \text{ 個の } K_1}.$$

【注】 $n = 1, 2, 3$ のときは，$K_n \cong P_n$ である．

(4) 差

(5) 直積

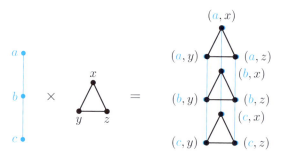

直積の描き方

$G_1 \times G_2$ を描くには，

1. まず，G_1 を描き，
2. その各頂点の所に G_2 を代入するように描く（G_1 の辺は消去する）．
3. G_1 の頂点 u, v の所に代入して描いた G_2 の頂点の任意の 1 つを w とすると，この頂点は $G_1 \times G_2$ ではそれぞれ $(u, w), (v, w)$ である．
4. $(u, v) \in E(G_1)$ だったら，(u, w) と (v, w) を辺で結ぶ．

次の例で確かめよう．

6.1 基 本 演 算

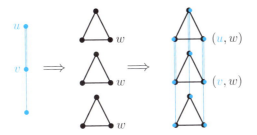

(6) 累乗（n 乗）

任意の $n \geqq 1$ と任意の G に対し，$K_1^n \cong K_1$, $K_1 \times G \cong G \times K_1 \cong G$ である．

$Q_n := K_2^n$ を **n 次元超立方体** (n-dimensional hypercube) あるいは単に **n-立方体** (n-cube) という（$n \geqq 0$．$n = 0$ のときは，$Q_0 = K_1$ と定義する）．

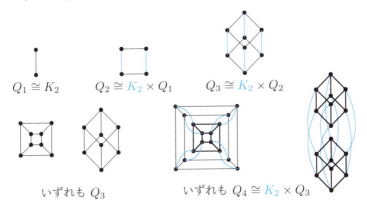

このように，同じグラフであっても描き方によって見通しの良さが違う． □

問 6.2^S $\cup, \oplus, \boxplus, +$ の違いを考察せよ．

問 6.3^S 次の各グラフを，括弧内に記したものらしく描け：
(a) $P_n \times C_m$（トンネル） (b) $P_\ell \times P_m \times P_n$（ジャングルジム） (c) mC_n（波紋）
(d) $C_m \boxplus nC_5$（星月夜） (e) $P_m \times C_n$（浮輪） (f) $C_n \boxplus mP_2$（太陽）

例 **6.2** グラフの演算を使って，それらしく描く

同型でありさえすれば，平面上にどのように描いてもよいことに注意したい[†3]．

[†3] 車輪グラフと星グラフ以外は一般に通用するグラフの名称ではない．

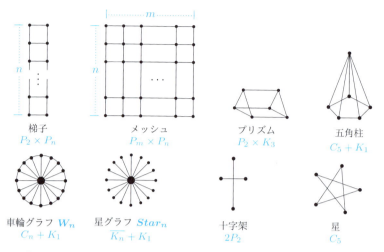

梯子 $P_2 \times P_n$　　メッシュ $P_m \times P_n$　　プリズム $P_2 \times K_3$　　五角柱 $C_5 + K_1$

車輪グラフ W_n $C_n + K_1$　　星グラフ $Star_n$ $\overline{K_n} + K_1$　　十字架 $2P_2$　　星 C_5

問 6.4^S $n \geqq 2$ のとき，G の n 倍 nG （と同型なもの）をグラフ演算を使っていろいろな式で表せ．

問 6.5 [ ] 内に記したものだけを使った式で表せ．
(1) $\overline{K_n}$　[K_1]　　(2) $K_{p,q,r}$　[K_p, K_q, K_r]　　(3) $nG \boxplus mG$　[G]
(4) $K_m \times K_n$　[K_1]　　(5) $K_1 + K_2 + K_3$　[K_1]　　(6) $\overline{2P_2 + P_4}$　[P_4]
(7) $K_n - K_1$　[K_1]　　(8) 扇風機　[K_1, P_2, C_3, C_4]　　(9) 顔　[P_1, P_2, P_3]

 扇風機　　 顔

6.2 合 成 と 代 入

与えられたグラフの特定の頂点を指定して，そこに別のグラフを代入することを考えよう．はじめに，この '代入' という演算の特別な場合として，すべての頂点に同じグラフを代入する場合を考える．これを合成という．

● 合成

$G_1 = (V_1, E_1)$ と $G_2 = (V_2, E_2)$ の**合成** (composition) $G_1[G_2] = (V_3, E_3)$ を次のように定義する：

$V_3 := V_1 \times V_2$,

$E_3 := \{(u_1, u_2)(v_1, v_2) \mid u_1v_1 \in E_1 \text{ または } (u_1 = v_1) \wedge (u_2v_2 \in E_2)\}$.

6.2 合成と代入

  合成

(1)
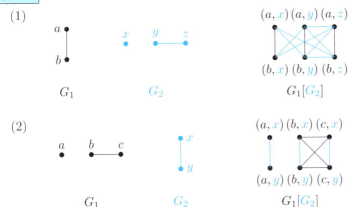

(2)

この例が示すように，合成は可換ではない．すなわち，一般には $G_1[G_2] \cong G_2[G_1]$ は成り立たない．

合成の描き方： $G_1[G_2]$ を描くには，

1. まず，G_1 を描き，
2. その各頂点の所に G_2 を代入するように描く（G_1 の辺は消去する）．
3. 2. で描いたグラフは G_1 の頂点ごとにグループになっていることに注意する．G_1 の頂点 u, v に対応するグループをそれぞれ U, V とする．
4. $(u, v) \in E(G_1)$ だったら，グループ U のすべての頂点とグループ V のすべての頂点同士を辺で結ぶ．

例 6.4

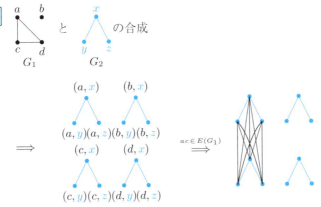

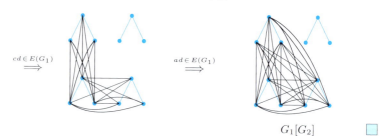

$G_1[G_2]$

問 **6.6**^{S} $(P_1 \boxplus 2P_2)[P_3]$ のグラフを描け．

● 代入

合成 $G_1[G_2]$ では G_1 のすべての頂点に G_2 のコピーを代入するが，<u>特定の頂点だけを指定して代入する</u>ように変えた方がより一般的な演算になる．まず，基本となる 1 点への代入 (substitution) を次のように定義する．

$G = (V, E)$ の頂点 $v \in V$ に G' を代入するには，

1. まず，G を描き，
2. その頂点 v の所に G' を代入するように描く（G の辺は，v に接続しているもの以外はそのまま残す）．
3. 2.で描いたグラフの各頂点と，v が接続していた G の各頂点とを辺で結ぶ．

これを $G[v, G']$ と表すことにする[†4]．

問 **6.7**^{S} $G[v, G']$ を，式を用いて定義せよ．

さらに一般的に，$v_1, \ldots, v_n$ をグラフ G の頂点とするとき，<u>v_i にグラフ G_i を代入 $(i = 1, \ldots, n)$</u> して得られるグラフ

$$G[v_1, G_1; \ldots; v_n, G_n]$$

を，次のように定義する：

1. まず，G を描き，
2. その頂点 v_i の所に G_i を代入するように描く $(i = 1, \ldots, n)$．
3. G の辺は，$v_1, \ldots, v_n$ に接続しているもの以外はそのまま残す．
4. v_i $(i = 1, \ldots, n)$ が接続していた G の各頂点と G_i の各頂点を辺で結ぶ．

[†4] 代入演算は本書独自のものであり，一般に通用するものではない．

5. $v_iv_j \in E$ ならば G_i の各頂点と G_j の各頂点を辺で結ぶ．

合成 $G_1[G_2]$ は，G_1 のすべての頂点に G_2 を代入して得られるグラフである．

例 6.5 代入

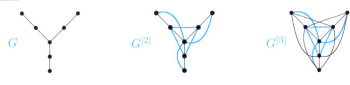

問 6.8^S 例 6.5 の G_1, G_2, G_3 に対して，$G_1[a, G_2; d, G_2], G_2[x, G_1], G_3[w, G_2]$ それぞれを描け．

● もう一つの累乗

グラフ理論では，本書の累乗 G^n とは別の定義を累乗とすることがある．

$G = (V, E)$ を連結グラフとする．グラフ $G^{[n]}$ を次のように定義し，G の **n 乗** (n-th power) あるいは一般的に**累乗**という（本書では G^n と区別するために $G^{[n]}$ と表し，かつ**冪乗**と呼ぶことにする）．

$$G^{[n]} := (V, \{uv \mid 1 \leqq d(u,v) \leqq n\}).$$

例 6.6 2 乗（平方）と 3 乗（立方）

明らかに，$\mathrm{diam}(G) = r$ ならば $G^{[r]}$ は完全グラフである．

問 6.9^S 次のそれぞれのグラフは，最小で何乗すれば完全グラフになるか？（あるいは，ならないか？）

(1) P_n　(2) $K_{1,2,n}$　(3) P_n^3　(4) $P_n \boxplus K_n$　(5) $P_n[C_n]$

第6章 演習問題

問 6.10 適当な物をグラフ上の演算を用いて表せ（適当なこじつけと，それに合う描き方をせよ）．例えば，右の顔を代入を使って表せ．顔のそれぞれのパーツをどこに描くかは，グラフをどのように描くかと同じことなので（グラフとして同型でありさえすればよい），勝手に決めてよい．

顔

問 6.11 次のグラフを同型なもので分類せよ．
$K_1 + K_1$, $P_2 \boxplus P_2$, K_3, $K_1 \times K_2$, $P_1 + P_2$, $K_{1,2}$,
$\overline{P_2} + \overline{P_3}$, C_5, $\overline{C_4}$, $K_{2,3}$, $\overline{C_5}$, K_2,
$\overline{K_2}[K_2]$, $\overline{K_2} \times K_1$, $2K_2$, K_2^2, P_3, C_3

問 6.12 $\boxplus$ と $\times$ の間に分配律 $G_1 \times (G_2 \boxplus G_3) = (G_1 \times G_2) \boxplus (G_1 \times G_3)$ が成り立つか？

問 6.13 (1) $(G_1 \times G_2)^n = G_1^n \times G_2^n$ は成り立つか？
(2) $G_1 \cong G_1' \times G_2$ となる G_1' が存在するとき，$G_1/G_2 := G_1'$ と定義する．$(G_1 \times G_2)^n / G_2^n = G_1^n$ が成り立つか？

問 6.14 次の式が成り立つ例と成り立たない例を（あれば）挙げよ．
(1) $\overline{G_1 + G_2} = \overline{G_1} + \overline{G_2}$ (2) $\overline{G_1 \times G_2} = \overline{G_1} \times \overline{G_2}$

問 6.15 G が n 重連結なら $G + K_1$ は $n+1$ 重連結であることを示せ．

問 6.16 任意の G に対し，次のことを証明せよ．
(1) $K_2[G] \cong G + G$ (2) $\overline{K_2}[G] \cong 2G$

問 6.17 位数が n の任意の G に対し，$K_n \cong G \boxplus \overline{G}$ であることを示せ．

問 6.18^S グラフ G の直径を G の冪乗 $G^{[n]}$ を使って表せ．

問 6.19 (1) $G^1 \cong G^{[1]}$ が成り立つようなグラフ G を求めよ．
(2) $n \geqq 2$ ならば，$G^n \cong G^{[n]}$ となるグラフ G は存在しないことを示せ．

第7章

オイラーグラフ

　第7章～第13章では，オイラーグラフ，ハミルトングラフ，2部グラフ，平面グラフ，木，有向グラフ，ラベル付きグラフなど，いろんなタイプのグラフについて学ぶ．まずは，オイラーグラフから始める．

7.1 オイラーグラフ

　18世紀の初め頃，プロシャのケーニヒスベルク市内のプレーゲル川[†1]には下左図のように7つの橋が架けられていた．これらすべてをちょうど1回ずつ通る道順があるかどうかは当地の住民の関心事であった．試行錯誤により答はノーであろうと予想はできたが，そのような道順が存在しないことを初めてきちんと"証明"したのは大数学者のオイラー(L.Euler)（1736年）である．

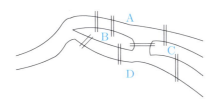

　この問題は，右上図のような多辺グラフが与えられたとき，それぞれの辺をちょうど1回ずつ通って出発点に戻ってくる道があるかどうかを問う問題と同値である．一般に，G をグラフ（多辺グラフや有向グラフ[†2]であってもよい）とするとき，G の各辺をちょうど1回ずつ通る道のことを**オイラー道** (Eulerian path) といい，G の各辺をちょうど1回ずつ通る閉路のことを**オイラー閉路** (Eulerian circuit) といい，オイラー閉路をもつグラフを**オイラーグラフ** (Eulerian graph) という．

[†1] Königsberg. 第2次大戦後，ソビエト（現在はロシア）領となり，カーリニングラード (Kaliningrada) に改名された．現在の川名はプレゴーリャ川 (Pregorya) である．

[†2] 有向グラフについては第12章で学ぶ．

オイラーグラフには，次の定理に述べるような簡単な特徴付け（同値な性質）が知られている．グラフでは，辺の長さや位置は問題にせず（辺の長さを考慮するグラフについては第 13 章で扱う），頂点の間にある種の関係（つながり，連結性）があるかどうかだけを問題にする．トポロジー（位相幾何学）とは一言で言えば「ものごとのつながり具合を表現する概念」であるため，一筆書きに関する次のオイラーの定理および後ほど述べるオイラーの多面体公式はトポロジーという数学分野の始まりと見なされている．

> **定理 7.1** （オイラーの定理） 自明でない連結な（多辺）グラフ G がオイラー道をもつ ための必要十分条件は，G が奇頂点をもたないか，あるいはちょうど 2 個だけもつことである．
>
> 特に，G が オイラー閉路をもつ 必要十分条件は，G が奇頂点をもたないことである．

[証明] ($\Longrightarrow$) G のオイラー道

$$\langle v_1, \ldots, v_i, \ldots, v_n \rangle$$

を考えよう．仮定より G はすべての辺を通るので，すべての頂点がこのオイラー道の上にあることに注意する．始点 v_1 と終点 v_n 以外の v_i は，

- v_i へ入る辺と v_i から出る辺があり，
- すべての辺はちょうど 1 回ずつこのオイラー道に現われる

から，v_1, v_n 以外の頂点 v_i の次数は偶数である：

したがって，$v_1 = v_n$ ならば v_1 も v_n も偶頂点であり，$v_1 \neq v_n$ ならば v_1 と v_n だけが奇頂点である．

($\Longleftarrow$) G のサイズ $q := |E(G)|$ に関する数学的帰納法で証明する．

（基礎）$q \leqq 2$ の場合は次の（多辺）グラフしかないので，明らか．

（帰納ステップ） $q > 2$ の場合，
- G が奇頂点をもつ場合，それらを v_1, v_q とする．
- G が奇頂点をもたない場合，任意に v_1 を選ぶ．
- v_1 を始点として，
- どの辺も 2 回以上通らないように G の辺を可能な限り次々とたどり，
- それ以上たどれない頂点 v に到達したとする．

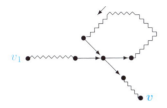

v_1, v 以外の通過したどの頂点も出入りした辺の総数は偶数個

- G が奇頂点をもたない場合は $v = v_1$ であり（問：なぜか？），
- そうでない場合は $v = v_q$ である．

これで G のすべての辺をたどり終った場合，この道（P とする）が求めるオイラー道である（G が奇頂点をもたない場合はオイラー閉路である）．[この場合，帰納ステップ終わり]

まだたどっていない辺が残っている場合，
- G から P を取り除いた（多辺）グラフ G'（連結とは限らない）を考えると，このグラフのすべての頂点は偶頂点である．
- 帰納法の仮定から，G' のどの連結成分もオイラー閉路（その 1 つを Q とする）をもつ．
- G は連結であったから，G' のどの連結成分も P と少なくとも 1 つの頂点（w とする）を共有しているはずである．
- P において，この共有点 w の所にそこを共有する連結成分のオイラー閉路 Q を挿入してやれば G のオイラー道（またはオイラー閉路）が求まる．

例 7.1 オイラー閉路を求める

次のグラフ G は奇頂点がちょうど 2 個ある（v_1 と v_{12}）のでオイラー道をもつ．定理 7.1 の方法でそれを求めてみよう．まず，例えば，青い点線の道 P をたどると，$\boldsymbol{v} = v_{12}$ で行き止まりになる．P を削除して G' を求める（右下図）．

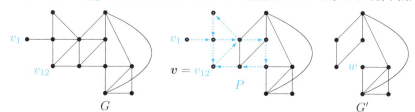

G' を例えば w から出発し，Q（左下図）のようにたどって（w は P と Q の共有点であることに注意），w に戻ってきて，そこで行き止まりになったとする．このように，必ず出発した頂点に戻ってくる（問：なぜか？）．

Q を G' から削除すると，G'' になる（下中央図）．

G'' を例えば x からたどり始めると，x へ戻ってくる閉路 $\boldsymbol{R}$ によってすべての辺がたどられて終了する（x は Q と $\boldsymbol{R}$ の共有点である）．

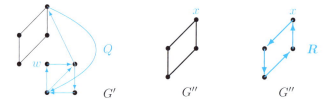

最後に，逆の順で元に戻すと（問：なぜ逆の順に行なうのか？）G のオイラー道が得られる：

① まず，G において P（右図の点線部分）を求めた．

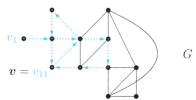

7.1 オイラーグラフ

② 次に, G' において Q を求め, 次いで R を求めたので, R を Q に共有点 x において埋め込む (右図).

③ そうして得られた G' を P に共有点 w において埋め込むと, 右図のようになる. これが G のオイラー道である. すなわち,

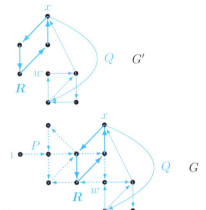

- v_1 を始点として P をたどり始め,
- P の途中の点 w から Q に入り,
- Q の途中の点 x から R に入り,
- R をたどり終わって x で Q に戻ってきたら Q の残りをたどり,
- Q の出発点 w に戻ったとき Q をたどり終わり,
- 最後に, w から残りの P をたどる.

問 7.1^S 定理 7.1 の証明および例 7.1 の中にある「問」に答えよ.

問 7.2^S 次のグラフを描き, オイラー道/閉路があれば求めよ.
(a) K_5 (b) $C_3 + C_3$ (c) $C_3 \times C_3$ (d) $K_{2,3}$

例 7.2 オイラーグラフであるための条件とその応用

(1) ケーニヒスベルクの橋の問題の答は「ノー」である. なぜなら, 陸地を頂点, 青色の橋を辺にした地図 (下図左) に対応する多辺グラフ (下図中央) には 4 個の奇頂点があるから.

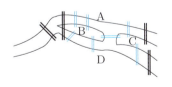

問 7.3^S 現在のカーリニングラードでは, AD 間に 2 本の橋と, AC 間と CD 間にそれぞれ 1 本ずつの橋 (上図左の地図の太い橋) が新設されている. 周遊は可能か?

(2) どんな連結グラフに対しても，各辺をちょうど 2 回ずつ通って出発点へ戻ってくる閉路が存在する．各辺を倍に増やした多辺グラフを考えよ．

(3) Q_n は n 次正則グラフで，
$$|V(Q_n)| = 2^n, \quad |E(Q_n)| = n2^{n-1}$$
なので（n に関する帰納法で証明せよ），n が偶数ならオイラーグラフであり，n が 3 以上の奇数ならオイラー道さえ存在しない． □

問 7.4^S 下図のそれぞれの図形の各頂点に虫ピンを刺してパネルに貼り付ける．
(1) 輪ゴムをすべての虫ピンに掛け，図形のすべての辺の上に輪ゴムを二重にならないように掛けることができるものはどれか？
(2) 輪ゴムの代わりに糸とした場合はどうか？

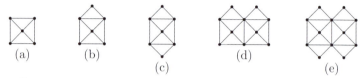

(a) (b) (c) (d) (e)

問 7.5^S 次のカタカナ文（漢字を 1 つ含む）において，一筆書きできる文字（閉じた一筆書きも含む）を削除した文を求めよ：
ロカフキ食レエバレカノフネフガコナロルナリレノホウヘノリュコロウフジ

7.2　n 筆書き

オイラー道（特別の場合として，オイラー閉路も含む）をもつグラフは，**一筆書きができるグラフ**にほかならない．特に，オイラーグラフでない（すなわち，オイラー閉路をもたない）グラフで一筆書きできるグラフは，連結かつ奇頂点をちょうど 2 個だけもつグラフである（定理 7.1）．では，一筆書きできない場合，一筆書きを n 回繰り返す（これを **n 筆書き**と呼ぶことにする）とグラフ全体を重複することなくなぞることができるグラフはどのようなものであろうか？

グラフ G を一筆書きし残した部分が一筆書きできる条件を満たしていれば，G は 2 筆書きできる．すなわち 奇頂点が 4 個なら，① まず 1 つの奇頂点 v_1 を始点として一筆書きすると，別の奇頂点 v_2 が終点になる．② この際，一筆書きし残した部分が連結となるようにできる．また，そのとき，③ 奇頂点は 2 個だけ残っている．（問：なぜか？）

問 7.6^S 上記の「なぜか？」を説明せよ．

7.2 n 筆書き

同様に考えると，もし2筆書きし終えた残りが一筆書きできるならば全体を3筆書きできるが，この場合には奇頂点は $4+2=6$ 個である．以上の考察より，次の定理 7.2 が成り立つことが予想できる．

始点と終点が異なる一筆書き（閉じていない単純道）を**開いた一筆書き**ということにする．G が $\boldsymbol{n}$ **筆書き可能**であるとは，G が n 個の閉じていない単純道の辺和で表されることをいう．

> **定理 7.2** 連結な非自明グラフ G が n 筆書き可能である必要十分条件は，奇頂点がちょうど $2n$ 個存在することである．

[証明] （$\Longrightarrow$） 1つの開いた一筆書きの始点と終点の次数は奇数となるから，n 回一筆書きができるためには $2n$ 個の奇頂点が存在する必要がある．

（$\Longleftarrow$） G の奇頂点を2個ずつ組にして，それらの間を辺で結んだ（多辺）グラフを G' とすると，G' のすべての頂点は偶頂点であるから，定理 7.1 より，G' にはオイラー閉路が存在する．(∗) このオイラー閉路から付け加えた n 本の辺を削除すると n 個の閉じていない基本道が得られ，これら一つひとつは G の開いた一筆書きを与える． □

問 7.7^S 上記の (∗) を例を挙げて説明せよ．

【注】 どのグラフも奇頂点は偶数個である（系 2.1）から，定理 7.2 より，どのグラフも何筆書きする必要があり十分であるかは一意的に定まる．

例 7.3 n 筆書き

(1) 問 7.3 の2つのグラフの一方（左側）は2筆書き，他方（右側）は1筆書き可能である．

(2) $P_n + K_1$ は，$n=1$ のとき開いた1筆書き可能，$n=2$ のとき閉じた1筆書き可能であり，$n \geqq 3$ の場合，n が奇数なら $(n-1)/2$ 筆書き可能であり，n が偶数なら $(n-2)/2$ 筆書き可能である．辺の脇に付けた数字は書き順．

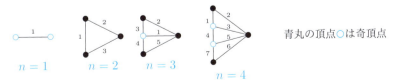

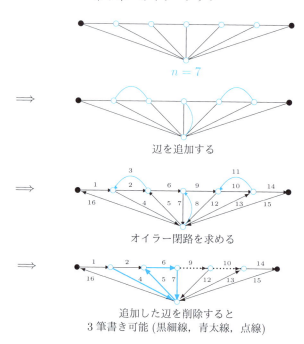

問 7.8^S $K_{n,2n,3n}$ は何筆書き必要か？

7.3 交差しないオイラー道

次のグラフには奇頂点がないのでオイラー閉路が存在する．このグラフを左下図のようにたどると頂点 v で交差するが，右下図のようにたどるとどの頂点においても交差しない．実は，どんなオイラーグラフもどの頂点においても交差しないように一筆書きすることができる．その方法を考えてみよう．

まず，定理 7.1 の証明をあらためて検討すると，オイラーグラフ（すべての頂点が偶頂点のグラフ）はサイクルの辺和（共通部分がない辺集合の和）になって

7.3 交差しないオイラー道

いることがわかる.したがって,それぞれのサイクルは独立しているので,右回り,左回りのどちらでも自由に選べる.このことを念頭に置いて考える.

 青いサイクルを右回りから左回りに変更する $\Longrightarrow$

1. まず,オイラー閉路を求め,その上を進む.
2. 頂点 v にさしかかったとき,
   a. その先に未通過の辺がない場合には,オイラー閉路をたどり終わったので終了する.
   b. v の先に未通過の辺が1本だけだった場合には,その辺を通って先へ行く.
   c. v の先に2つ以上の未通過の辺があった場合(右上図),進行方向の最も左手(あるいは最も右手)以外の辺を選んで進むと(例えば,右中央図の青いサイクルを選ぶと),サイクルをたどり終わって v に戻って来て別のサイクルに入るときに交差してしまうので,最も左手(または最も右手)の辺を選ぶ(すなわち,v に入ってきた辺の隣の辺を選ぶ)のが良さそうである.そこで以下では,最も左手の辺を選ぶことにする(右下図).

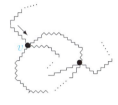

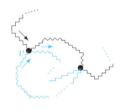

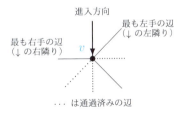

3. しかし，このように進めた場合，右上図のように道が交差してしまうことがある（$2 \to 3 \to 4 \to 5$ が w で交差する）．このような場合には，サイクルをたどる向きを逆にする．右上図の例では $3 \to 4$ を逆向きに $4 \to 3$ とたどれば，右下図のように道が交差しないオイラー閉路（点線で示した）が得られる．

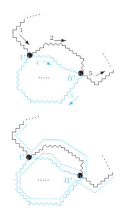

問 7.9 上で述べた方法をきちんとしたアルゴリズムとして記述せよ．

以上が次の定理の証明のアイデアである．

> **定理 7.3** どんなオイラーグラフも，そのオイラー閉路が任意の頂点において交差しないように一筆書きすることができる．

問 7.10 定理 7.3 を一筆書き可能なグラフ（奇頂点がちょうど 2 個あるグラフ）に拡張できるか考察せよ．

問 7.11^S 次のグラフをオイラー道/閉路がどの頂点においても交差しないように描け．G_1 はオイラーグラフであるが，G_2 はオイラーグラフではないが一筆書き可能である．どの辺も交差しないように描けるか？

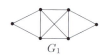

第 7 章 演習問題

問 7.12^S 次のことは正しいか否か？
(1) $K_3 + K_4 + K_5$ はオイラーグラフである．
(2) $P_3 \times P_4 \times P_5$ は 4 筆書き可能である．
(3) $(C_3[C_4])[C_5]$ はオイラーグラフである．
(4) G がオイラーグラフならば $\overline{G}$ もオイラーグラフである．
(5) G_1 が k 筆書き可能で G_2 が ℓ 筆書き可能なら，$G_1 ⊞ G_2$ は $k+\ell$ 筆書き可能である．

問 7.13 ある針金細工師が次のような形の装飾品を作ろうと思った．針金 1 本だけで作れるものはどれか？ また，身に着けるためには肌に触れる側が平らになるように，針金が交差しない方がよいが，各頂点において針金をどのように折ればよいか？

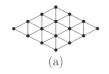
(a)

(b)

(c)

問 7.14 次のグラフはオイラーグラフか？
(a) $C_n + K_n$ (b) $C_n \times C_n$ (c) $C_n \times K_n$
(d) $K_1 + K_2 + \cdots + K_n$ (e) $C_3 + C_4 + \cdots + C_n$

問 7.15 次の各グラフは何筆書き可能か？
(a) mP_n (b) $P_m + P_n$ (c) $P_m \times P_n$ (d) $P_m[P_n]$ (e)

問 7.16 一筆書きできる場合でも，1 通りとは限らない．例えば，三角形 K_3 は，始点の置き方が 3 通り，右回りか左回りかで 2 通りあるので，計 6 通りの一筆書きの仕方がある．左下図のグラフ（三角形が 4 個）は何通りの一筆書きが可能か？ また，一般に，右下図のように三角形が n 個連なったグラフは何通りの一筆書きが可能か？

問 7.17 連結とは限らない（多辺）グラフが n 筆書きできるための条件を求めよ．

ティータイム

次のグラフを最小筆数で描け.

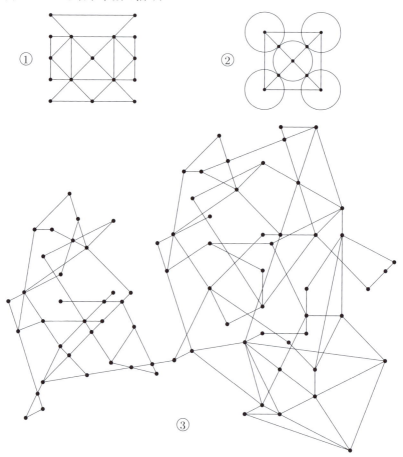

答：① 1 筆書き，② 2 筆書き，③ 14 筆書き

第8章
ハミルトングラフ

オイラーグラフはすべての辺をちょうど1回ずつたどる閉路が存在するグラフであった．頂点に関してこれと類似の性質，すなわち，すべての頂点をちょうど1回ずつたどる閉路が存在するグラフを考えよう．これをハミルトングラフという．

8.1 ハミルトングラフ

グラフ G の各頂点をちょうど1回ずつ通過する道（あるいは閉路）を**ハミルトン道** (Hamiltonian path) あるいは**ハミルトン閉路** (Hamiltoian circuit) という．ハミルトン閉路はサイクルなので，**ハミルトンサイクル** (Hamiltonian cycle) ともいう．

この名前は，アイルランドの数学者ハミルトン(W.R.Hamilton)に因む．1857年，ハミルトン卿は木で正12面体を作り，12面体の稜に沿ってすべての頂点（各頂点にはその時代の主要都市名が付けられていた）をちょうど1回だけ通って出発点に戻ってくる道順を求める「世界周遊ゲーム」を考案した．これは図のようなグラフにおいてハミルトン閉路を求めることと同値である．

正12面体

ハミルトン閉路をもつグラフを**ハミルトングラフ** (Hamiltonian graph) という[†1]．オイラーグラフとハミルトングラフとは一見よく似た概念である．ところが，オイラーグラフには定理7.1のようなシンプルな特徴付けがあるのに対し，ハミルトングラフにはそのような特徴付けは知られていない．ここでは，ハミルトングラフとなるための十分条件を1つだけ述べておこう．

[†1] このように，Hamiltonian はもはや形容詞なので，hamiltonian graph と書くことも多い．これと同様なことはオイラーグラフほかでもある．オイラーグラフは Euler(ian) graph とも eulerian graph ともいう．

第8章 ハミルトングラフ

> **定理 8.1** (オアの定理 O.Ore) G を位数 $p \geq 3$ のグラフとする．もし隣接しない任意の2頂点 $u, v\ (u \neq v)$ に対して
> $$\deg(u) + \deg(v) \geq p$$
> が成り立っているならば，G はハミルトングラフである．

[証明] 背理法による．

G は定理の仮定を満足するがハミルトングラフではないとする．このような G のうちサイズ（辺の本数）に関して極大なもの（それ以上辺を加えるとハミルトングラフになってしまうようなもの）を考える．すなわち，

どの隣接しない u, v に対しても $G + uv$ がハミルトングラフになってしまうとする（もし極大でなかったら，極大になるまで辺を加えたものを G とすればよい．辺を加えても仮定 $\deg(u) + \deg(v) \geq p$ は崩れない）．

$G + uv$ はハミルトン閉路 C をもつが，C は辺 uv を含んでいるはずである：

$$C = \langle \boldsymbol{u}, \boldsymbol{v} = v_1, v_2, \ldots, v_p = \boldsymbol{u} \rangle.$$

右上図参照．

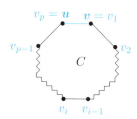

もし $v_1 v_i \in E(G)$ であるような番号 $i\ (2 \leq i \leq p)$ が存在したとすると，$v_{i-1} v_p \notin E(G)$ が成り立つ．なぜなら，

- $i = 2$ のときは，仮定より $v_1 v_p = uv \notin E(G)$．
- $i = p$ のときは，前提が成り立たない（$v_1 v_i = vu \notin E(G)$）ので ok．
- それ以外の場合，もし $v_{i-1} v_p \in E(G)$ であったとすると，

$$\langle v_1, v_i, v_{i+1}, \ldots, v_{p-1}, v_p, v_{i-1}, v_{i-2}, \ldots, v_2, v_1 \rangle$$

が G のハミルトン閉路となってしまい，G にはハミルトン閉路がないとした仮定に反す．右下図参照．

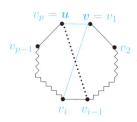

ゆえに，
$$\deg(v_1) \leqq (v_p と隣接しない頂点の数)$$
が成り立ち，これより，
$$\deg(v_p) = (v_p 以外の頂点の数) - (v_p と隣接しない頂点の数)$$
$$\leqq (p-1) - \deg(v_1).$$
すなわち，$\deg(u) + \deg(v) \leqq p - 1$ が成り立つ．これは仮定に反する． □

> **系 8.1** G が位数 $p \geqq 3$ のグラフで，かつ，隣接しない任意の 2 頂点 $u, v \ (u \neq v)$ に対して $\deg(u) + \deg(v) \geqq p - 1$ であるならば，G はハミルトン道をもつ．

[証明] G に新しい頂点 v_0 を付け加え，v_0 と $V(G)$ のすべての頂点とを辺で結んだグラフを $G_0 := G + v_0$ とすると，G_0 は定理 8.1 の条件を満足するので，G_0 にはハミルトン閉路

$$\langle v_0, v_1, \ldots, v_p, v_0 \rangle$$

が存在する．$\langle v_1, \ldots, v_p \rangle$ は G のハミルトン道である． □

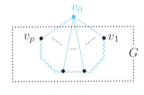

$G_0 = G + v_0$

例 8.1 ハミルトングラフの例と応用

(1) 下図は正多面体をグラフで表したものである．これらのグラフのどれもハミルトングラフである（問：それぞれのハミルトン閉路を示せ）．

正 4 面体　　正 6 面体　　正 8 面体　　正 12 面体　　正 20 面体

正多面体のグラフ

(2) 定理 8.1 (オアの定理) により，任意の整数 $n \geqq 2$ について $K(n, 2n, 3n)$ はハミルトングラフである．なぜなら，

隣接しない 2 頂点の次数の和の最小値 $= 2(n + 2n) = 6n =$ 頂点数

であるから．

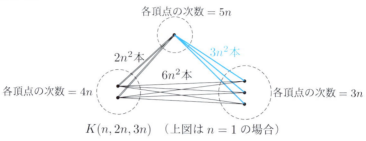

$K(n, 2n, 3n)$ （上図は $n = 1$ の場合）

問 8.1^S　$n = 1$ のときのハミルトン閉路を示せ．

一方，$K(n, 2n, 3n+1)$ はハミルトングラフではない．なぜなら，ハミルトン閉路 H が存在したとすると，ハミルトン閉路上の各頂点の次数は 2 であるから，それを構成する辺は 3 つの部それぞれから $2 \times n, 2 \times 2n, 2 \times (3n+1)$ 本ずつが他の部の頂点に接続していなければならない．このとき，位数が $3n+1$ の部に接続している $2(3n+1)$ 本の H 上の辺は他の 2 つの部に属す $n+2n$ 個の頂点に接続しているはずであるから $2(3n+1) = 2(n+2n)$ でなければならない．これは矛盾である（ただし，ハミルトン道はもつ）．

(3) 定理 8.1, 系 8.1 により，

$p \geqq 3$, $\delta(G) \geqq p/2$ ならば G はハミルトングラフである．

$p \geqq 1$, $\delta(G) \geqq (p-1)/2$ ならば G はハミルトン道をもつ．

この応用例として次の問題を考える．$n-1$ 人 ($n \geqq 2$) を招待してパーティを開くことになった．誰もが自分を含めた参加者の半数以上と知り合いであるなら，主催者も含めて各人の両隣りに知り合いが来るように円形テーブルの座席順を決めることができる．なぜなら，参加者を頂点とし，知り合い同士の 2 人を辺で結んだグラフ G を考えると $\delta(G) \geqq n/2$ が成り立つから．

同様に，誰もが自分を除く参加者の半数以上と知り合いであるなら，主催者も含めて各人の両隣り（両端の人は片隣りだけ）に知り合いが来るように，コの字形テーブルの座席順を決めることができる．

8.1 ハミルトングラフ

問 8.2^S (1) 定理 8.1（オアの定理）を必要十分条件と勘違いしてはいけない．オアの定理の逆が成り立たない例，すなわち，$\deg(u) + \deg(v) \geq p$ が成り立たないようなハミルトングラフの例を示せ．

(2) 隣接しないどの 2 頂点 u, v も $\deg(u) + \deg(v) \geq p - 1$ を満たし，かつハミルトングラフでない例を示せ．

定理 8.1 と同様な証明により，以下のような類似の結果（定理 8.2, 定理 8.3, 問 8.1）を示すことができる：

> **定理 8.2** G を位数が 3 以上の，連結であるがハミルトンでない (p, q) グラフとする．すべての相異なる非隣接頂点 u と v に対して $\deg(u) + \deg(v) \geq m$ が成り立っているならば，G には長さが m 以上の道が存在する．

[証明] G における長さが最大の道を
$$P := \langle v_0, v_1, \ldots, v_k \rangle$$
とする．

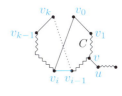

(i) P は長さが最大の道なので，v_0, v_k に隣接するどの頂点も P の点である（問：なぜか？）．

(ii) $v_0 v_i \in E(G), 1 \leq i \leq k \implies v_{i-1} v_k \notin E(G)$ が成り立つ．なぜなら，$v_{i-1} v_k \in E(G)$ だとすると，
$$C := \langle v_0, v_1, \ldots, v_{i-1}, v_k, v_{k-1}, \ldots, v_i, v_0 \rangle$$
は長さが $k+1$ の閉路となり，仮定に反す．

(iii) G はハミルトングラフでないから，C に含まれていない頂点が存在する．したがって，G が連結であることより，C 上の頂点 v と，C に属さない頂点 u で v に隣接するもの ($uv \in E(G)$) が存在する．よって，もし $v_0 v_k \in E(G)$ だとすると，G は長さが $k+1$ の道を含むことになり，仮定に反す．

(iv) 以上より，$v_0 v_k \notin E(G)$ である．また，v_0 に隣接する $\{v_1, \ldots, v_k\}$ の頂点 1 つにつき，v_k に隣接しない $\{v_0, \ldots, v_{k-1}\}$ の頂点が少なくとも 1 つある．よって，$\deg(v_k) \leq k - \deg(v_0)$ が成り立ち，したがって，
$$k \geq \deg(v_0) + \deg(v_k) \geq m$$
である． □

> **定理 8.3** G を $p \geqq 3$ の (p,q) グラフとし, u と v は G の相異なる非隣接頂点で $\deg(u) + \deg(v) \geqq p$ を満たしているとする. このとき, $G + uv$ がハミルトングラフ $\iff G$ がハミルトングラフ, が成り立つ.

[証明] ($\impliedby$) は明らか. ($\implies$) の証明は定理 8.1 の証明と同様である. $\square$

問 8.3 グラフ G のすべての相異なる頂点 u と v の間にハミルトン uv 道が存在するならば, G は**ハミルトン連結** (Hamiltonian-connected) であるという.
(1)^S 位数が 4 以上の任意のハミルトン連結なグラフはハミルトングラフであること, およびハミルトン連結でないハミルトングラフを示せ.
(2) G を位数が p のグラフとするとき, すべての相異なる非隣接頂点 u と v に対して $\deg(u) + \deg(v) \geqq p+1$ が成り立つならば G はハミルトン連結であることを, 定理 8.1, 8.2 と同様に証明せよ.

● 閉包

$G = (V, E)$ を位数が p のグラフとする. 演算 c を次のように定義する:
$$c(G) := (V, E \cup \{uv \mid uv \notin E, \deg(u) + \deg(v) \geqq p\}).$$
また,
$$c^n(G) := \begin{cases} G & (n = 0 \text{ のとき}), \\ c(c^{n-1}(G)) & (n \geqq 1 \text{ のとき}), \end{cases}$$
$$c^*(G) := \bigcup_{n \geqq 0} c^n(G)$$
と定義し, $c^*(G)$ を G の**閉包** (closure) という.

例 8.2 閉包

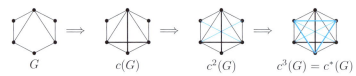

$G \implies c(G) \implies c^2(G) \implies c^3(G) = c^*(G)$ $\square$

> **定理 8.4** G がハミルトングラフ $\iff c^*(G)$ がハミルトングラフ.

問 8.4^S 定理 8.4 を証明せよ.

問 **8.5**^{S} (1) 次の各グラフの閉包を求めよ.
　(a) P_n ($n \geq 1$)　(b) C_n ($n \geq 3$)　(c) $K_{n,n,n}$ ($n \geq 1$)　(d) $\overline{K_n}$ ($n \geq 1$)
(2) $c^*(G) = G$ である G はどのようなグラフか?

● 巡回セールスマン問題

ハミルトン閉路に関連する有名な問題は**巡回セールスマン問題** (traveling salesman problem) である.あるセールスマンが勤務する支店および支店内の彼/彼女が担当する地区の顧客を頂点とし,直接行き来できる交通手段がある,「顧客同士」および「支店と顧客」を辺で結んだグラフを考える.一日でこれらすべての顧客を無駄なく訪問したい(すなわち,支店から出発し,同じ辺を 2 度通ることなくすべての顧客を訪問して支店に戻って来たい).もしこのグラフがハミルトン閉路をもつなら,その順序で訪問すればよい.

問 **8.6**　与えられたグラフがハミルトン閉路をもつか否かを判定するアルゴリズムを考えよ.

この問題は,しらみつぶしにすべての可能性を試してみるという方法(頂点数が n なら $n!$ に比例する時間がかかる)以外に,高速なアルゴリズムが知られていない(n の多項式に比例する時間以下で判定できるアルゴリズムは存在しないであろうと予想されている).もっと一般の,辺に長さがある場合については,第 13 章の"重み付きグラフ"の項で取り上げる.

8.2　因　　子

ハミルトングラフの概念は,グラフの k-因子という概念に拡張できる.一般に,グラフ G の**因子** (factor) とは,G の全域部分グラフ(すべての頂点を含んでいる部分グラフ)のことであり,k 次正則な(すなわち,どの頂点の次数も k であるような)因子を **k-因子**と呼ぶ.したがって,連結グラフ G のハミルトン閉路とは G の 2-因子のことである.

例 8.3　因子

(1) の 1-因子は の 3 つ.

2-因子は だけ.3-因子は だけである.

96　第 8 章　ハミルトングラフ

は 1-因子も 2-因子も 3-因子ももたない.

(2) 4つの同じ大きさの立方体があり，それらのすべての面は赤，青，緑，黒のどれかの色で塗られている．これらを縦に4つ積み重ねて，その縦の4つの側面のどれもが異なる4色で塗られているようにできるかという問題を考える．例えば，4つの立方体が

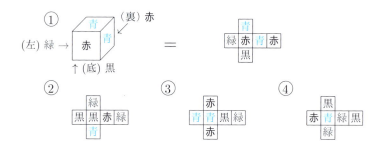

の場合には，

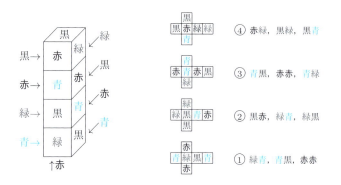

のように重ねればよい．このことは次のようにしてわかる．

4色を頂点とする多辺グラフ（複数の自己ループも許す）を考え，立方体 ⓘ ($i=1,2,3,4$) のある1つの面の色と対面の色とを辺で結び，その辺に記号 i を付けたグラフを考える．

次ページの図に示したような多辺グラフが得られるが，同じ記号が付けられた辺が3個ずつできるので，辺の種類で区別した．

8.2 因　　子

この多辺グラフにおいて，$1, 2, 3, 4$ と記された 4 つの辺を含み共通辺をもたない 2 つの 2-因子（サイクル）を求めればよく，それは右図の二重線の 2-因子と青い太線の 2-因子である．二重線の 2-因子は正面とその裏面の色を下から順に表しており，青太線の 2-因子は両側面の色を下から順に表している．　　　　　　　　　　□

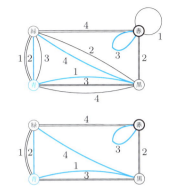

問 8.7^S　会議室が 2 つしかない会社で，いくつかの会議を行なうためのスケジュールを組むことになった．どの会議メンバーも時間に制約はないが 2 つの会議に同時に出席することはできない．どの会議にも欠席者が出ず，最短時間ですべての会議を終了させたい．この問題を解くには，どのようなグラフを考え何を求めればよいか？

● 因子分解

第 6 章で述べたように，グラフ G_1 と G_2 が

$$V = V(G_1) = V(G_2) \text{ かつ } E(G_1) \cap E(G_2) = \emptyset$$

を満たしているとき，

$$G := (V, E(G_1) \cup E(G_2))$$

を G_1 と G_2 の**辺和** (edge sum) といい，$G_1 \oplus G_2$ で表す．G が因子の辺和になっているとき，この辺和を**因子分解** (factorization) という．特に，各因子が k-因子であるとき G は **k-因子分解可能** (k-factorizable) であるという．

例 8.4　因子分解

(1)　任意の 1 次正則グラフは 1-因子分解可能である（各辺が 1-因子である）．左下図．

1 次正則グラフ　　　　　連結成分が偶数長の 2 次正則グラフ

(2) 2次正則グラフが 1-因子をもつ必要十分条件は，どの連結成分も長さが偶数のサイクルであることであり，そのとき 1-因子分解可能である（前ページ (1) の右下図）．例えば，C_4 は 1-因子分解可能であるが，C_5 は 1-因子分解不可能である．

(3) 1-因子を含むような因子分解をもたない 3 次正則グラフが存在する（例えば，左下図）．しかし，切断辺（橋辺）をもたない 3 次正則グラフはどれも 1-因子と 2-因子の辺和に分解できることが知られている（例えば，右下図）．

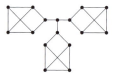
1-因子をもたない 3 次正則グラフ

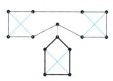
1-因子と 2-因子の辺和
$C_9 \oplus C_5 \oplus 7P_2$

問 8.8^S 例 8.4 (3) の左側の 3 次正則グラフは 1-因子を含むような因子分解をもたないことを示せ．

定理 8.5 K_{2n} $(n \geq 1)$ は 1-因子分解可能である．

[証明] $n = 1$ の場合は明らか．$n \geq 2$ の場合，$V(K_{2n}) := \{v_0, v_1, \ldots, v_{2n-1}\}$ とする．

1. $v_1, v_2, \ldots, v_{2n-1}$ を正 $2n-1$ 角形の頂点とし，v_0 をその中心に置く．
2. すべての頂点を辺で結んだ辺集合が $E(K_{2n})$ である．
3. $F_i := \{v_0 v_i\} \cup \{e \in E(K_{2n}) \mid e \text{ は } v_0 v_i \text{（延長）に垂直}\}$ と定義する．

このとき，$K_{2n} = F_1 \oplus F_2 \oplus \cdots \oplus F_{2n-1}$ であり，各 F_i は K_{2n} の 1-因子である．

例 8.5 K_6 の 1-因子分解
因子分解

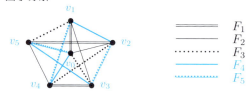

8.2 因　　子

完全グラフの 2-因子分解（ハミルトン閉路）に関しては次の定理が成り立つ：

定理 8.6　K_n $(n \geqq 3)$ は $\lfloor n/2 \rfloor$ 個のハミルトン閉路の辺和である．

例 8.6　K_7 のハミルトン閉路の辺和

問 8.9^S　(1)　K_4 の 1-因子分解を求めよ．
(2)　K_5 をハミルトン閉路の辺和に分解せよ．
(3)　定理 8.6（辺素なハミルトン閉路への分解）は，定理 8.5 の 1-因子分解の求め方と似通った方法で証明することができる．(2) および例 8.6 を参考にして，K_{2n+1} をハミルトン閉路の辺和に分解する方法を考えよ．

問 8.10^S　次の各グラフはいずれもそれなりの謂れがあって有名なグラフである．ハミルトングラフか？

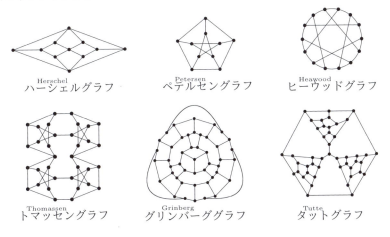

第 8 章 演習問題

問 8.11^S 次のことは正しいか否か，理由を付けて答えよ．また，「ハミルトングラフ」を「オイラーグラフ」に置き換えたことは成り立つか？ オイラーグラフでない場合，何筆書きする必要があるか？
(1) $K_{3,3,3}$ はハミルトングラフである．
(2) $P_{2n} \times P_{2n+1}$ はハミルトングラフである．
(3) 全域閉路をもつグラフはハミルトングラフである．
(4) ハミルトン道をもつ無閉路グラフは P_n だけである．
(5) G_1, G_2 がハミルトングラフなら $G_1 + G_2$ もハミルトングラフである．

問 8.12 G を (p,q) グラフとする．$p \geqq 3$, $q \geqq \dfrac{p^2 - 3p + 6}{2}$ ならば G はハミルトングラフであることを示せ．

問 8.13 ある学校では 7 科目を何人かの先生が教えている．1 日に 1 科目ずつ 1 週間連続して試験を行ないたい．ただし，同じ先生が教えている科目の試験が 2 日続けて行なわれることがないようにしたい．5 科目以上を担当する先生がいなければ，このような試験日程を組めることを示せ．

問 8.14 プリンタが 1 台だけ付いているコンピュータで n 個のプログラムを実行して結果を印刷したい．プログラム i は計算に c_i 分，印刷に p_i 分 かかる．どの i, j に対しても $p_i \geqq c_j$ であるか $p_j \geqq c_i$ であるなら，プリンタが休みなく印刷し続けるようなプログラムの実行順序があることを示せ．

問 8.15 G_1, G_2 がともにハミルトングラフならば，
(1) $G_1 \times G_2$ もハミルトングラフであること，したがって特に，Q_n ($n \geqq 2$) がハミルトングラフであること，および
(2) $G_1[G_2]$ もハミルトングラフであること
を証明せよ．

問 8.16 ハミルトン閉路をもつ任意の 3 次正則グラフは別のハミルトン閉路ももつことを証明せよ．

問 8.17 $n \geqq 1$ のとき，1-因子分解可能であることを n に関する数学的帰納法で証明せよ．
(1) 次数が n の 2 部グラフ (2) Q_n

第9章

2部グラフ

　2つの集団 A, B があり，各集団内のメンバー間のことは考えず，A のメンバーと B のメンバーとの間の関係だけを問題にすることがよくある．例えば，男と女の間の関係，求人と求職者の間の関係 etc. こういった問題は2部グラフによって表すことができる．ここでは，そのような2部グラフの基本的性質について述べる．

9.1　サイクル長による特徴付け

　まず，定義を復習しよう．グラフ $G = (V, E)$ において，頂点集合 V を

$$V = V_1 \cup \cdots \cup V_n, \quad V_i \cap V_j = \emptyset \ (i \neq j), \quad V_i \neq \emptyset \ (i = 1, \ldots, n)$$

と<u>分割</u>でき，

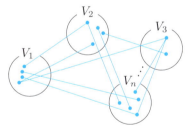

しかも，

　　どの i についても，両端点が同じ V_i の元であるような辺が存在しない

ならば，G を **n 部グラフ** (n-partite graph) といい，

$$G = (V_1, \ldots, V_n, E)$$

と表す．特に重要なのが2部グラフで，次のようなシンプルな特徴付けがある．

> **定理 9.1**　(D.König) (ケーニヒの定理)　自明でないグラフ G が2部グラフであるための必要十分条件は，長さが奇数のサイクルを含んでいないことである．

[証明] G が 2 部グラフ $\iff$ G のどの連結成分も 2 部グラフ，であることに注意すると，G が連結グラフである場合を考えればよい．

($\Longrightarrow$) 2 部グラフ $G = (V_1, V_2, E)$ に道
$$\langle v_0, v_1, \ldots, v_n \rangle$$
が存在したとすると，
- 2 部グラフの性質から，これには V_1, V_2 の元が交互に現れている．
- したがって，v_0 が再び現われるとすると，それは最初の v_0 から偶数番目のところである．
- よって，G にサイクルがあったとするとその長さは偶数である．

($\Longleftarrow$) $v_0 \in V(G)$ を任意に取り，
$$V_1 := \{v \in V(G) \mid d(v_0, v) \text{ は偶数 }\},$$
$$V_2 := V(G) - V_1$$
と定義すると，
- $v_0 \in V_1$．
- G は自明グラフでないから V_2 は空ではない：$V_2 \neq \emptyset$．
- また，明らかに $V_1 \cap V_2 = \emptyset$ である．

以下で，V_2 のどの 2 頂点も隣接していない ことを証明する（V_1 の 2 頂点については，$V_2 \neq \emptyset$ なので，V_2 の任意の点を v_0 として以下の議論と同様に考えればよい）．

$|V_2| = 1$ の場合，成り立つことは明らか．

$|V_2| \geq 2$ の場合，任意の 2 頂点 $u, w \in V_2$ に対し，$uw \notin E(G)$ を証明すればよい．

G は連結であるから $v_0 u$ 道，$v_0 w$ 道が存在する．それらの最短のもの（始点と終点の間の距離を与えるもの）をそれぞれ
$$Q_1 := \langle v_0 = u_0, u_1, \ldots, u_n = u \rangle,$$
$$Q_2 := \langle v_0 = w_0, w_1, \ldots, w_m = w \rangle$$
とする．

$u, w \in V_2$ だから n, m は奇数 である．

$u_i = w_j = x$ となる最大の i, j を考える（i, j は必ず存在する）．

9.1 サイクル長による特徴付け

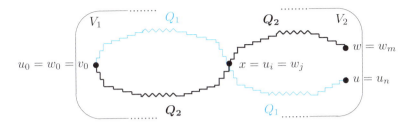

Q_1 の前半の v_0x 道を Q_1' とし，後半の xu 道を Q_1'' とする．また，Q_2 の前半の v_0x 道を Q_2' とし，後半の xw 道を Q_2'' とする：

$$Q_1' := \langle v_0 = u_0, u_1, \ldots, u_i = x \rangle, \quad Q_1'' := \langle x = u_i, u_{i+1}, \ldots, u_n = u \rangle,$$
$$Q_2' := \langle v_0 = w_0, w_1, \ldots, w_j = x \rangle, \quad Q_2'' := \langle x = w_j, w_{j+1}, \ldots, w_m = w \rangle$$

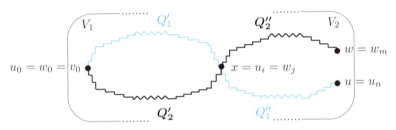

Q_1', Q_2' はともに v_0x 道であるが，Q_1, Q_2 を最短に取ったことより，これらの道の長さは等しい（なぜか？）：

$$|Q_1'| = |Q_2'|.$$

ところが，$|Q_1|$, $|Q_2|$ は奇数だから，

$$|Q_1| + |Q_2| = (|Q_1'| + |Q_1''|) + (|Q_2'| + |Q_2''|) = 偶数$$

である．よって，

$$P := (Q_1'')^{-1} Q_2''$$
$$= \langle u = u_n, u_{n-1}, \ldots, u_i = x \rangle \langle x = w_j, w_{j+1}, \ldots, w_m = w \rangle$$

は長さが偶数の基本 uw 道である．もし $uw \in E(G)$ だとすると $P + uw$ は長さが奇数のサイクルとなり仮定に反するので，$uw \notin E(G)$ でなければならない． □

例 9.1 2部グラフと多辺形・多面体
(1) 2部グラフは n 辺形（n は奇数）を含まない．
(2) **正多面体**（$4, 6, 8, 12, 20$ 面体しかない）の稜を辺とするグラフを考える．
・どのグラフも正則グラフでありハミルトングラフである．
・立方体（正 6 面体）のグラフ $Q_3 = K_2^3$ は 2 部グラフであるが，
・正 4 面体 $K_3 + K_1$，正 8 面体 $K_{2,2,2}$（下図参照），正 12 面体（ハミルトングラフの項（第 8 章）参照），正 20 面体（各面は 3 辺形）のグラフはいずれも奇数長のサイクルを含むので 2 部グラフではない．

正 4 面体　　正 6 面体　　正 8 面体　　正 12 面体　　正 20 面体

正多面体のグラフ

3 部グラフ $K_{2,2,2}$ としての正 8 面体のグラフ

問 9.1^S 英小文字 a～z と数 0～9 を次のように対応させる．a～z にこの順に番号 1～26 を振り，英字○には「○の番号 (mod 10)」を対応させる．このとき，英字と数との対応を 2 部グラフとして表せ．また，このグラフを $G = (\cdots)$ という式で表せ．

問 9.2^S 次のグラフは 2 部グラフか？
(a) P_n ($n \geq 1$)　　(b) C_n ($n \geq 3$)　　(c) K_n ($n \geq 1$)　　(d) Q_n ($n \geq 0$)

9.2　マッチング

ある 2 つの集団に属すメンバーの間の関係は 2 部グラフによって表すことができる．例えば，求職者の集合 A と仕事の集合 B であったとき，求職者 a に仕事 b への適性があるとき a と b の間に辺があるものとして定義されるグラフは 2 部グラフである．この例からも察せられるように，2 部グラフは応用上も有用である．

● 結婚問題

2部グラフの問題として表すことのできる有名な問題の1つに**結婚問題** (stable marriage problem) と呼ばれるものがある[†1].

$A = \{a_1, \ldots, a_n\}$ を未婚の女性の集合, $B = \{b_1, \ldots, b_m\}$ を未婚の男性の集合とする.各女性 $\boldsymbol{a_i}$ には結婚相手として好ましく思っている B の男性が何人かいる.それらの男性の集合を $\boldsymbol{B_i} \subseteq B$ とする. $B_1, \ldots, B_n$ がどのような条件を満たす場合に,すべての女性が1人ずつ結婚相手を選べるであろうか?

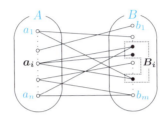

この問題をグラフの問題として一般化しよう.

- グラフ G の2つの辺は,端点を共有していないとき**独立** (independent) であるという.
- G の互いに独立な辺の集合は G の**マッチング** (matching) あるいは**独立辺集合**と呼ばれ,
- 特に,辺の本数が最大のマッチングは G の**最大マッチング** (maximum matching) と呼ばれる.
- M が G のマッチングであり G のどの頂点も M のどれかの辺の端点となっているとき,M を G の**完全マッチング** (perfect matching) という.

$V(G)$ の互いに素な部分集合 V_1 と V_2 に対し,

$$M \subseteq \{v_1 v_2 \mid v_1 \in V_1,\ v_2 \in V_2\}$$

となる $\langle V_1 \cup V_2 \rangle_G$ の完全マッチング M が存在するとき,V_1 と V_2 は**マッチする** (match) という.

[†1] 結婚問題はもともとは次のような形で述べられた.有限集合の族 $\mathcal{A} := \{A_1, \ldots, A_n\}$ に対して,各 A_i から1つずつ元を取ってきて作った集合 $\{a_i \mid a_i \in A_i\ (i = 1, \ldots, n)\}$ を $\mathcal{A}$ の**代表系** (system of representatives) といい,特に,すべての a_i が異なるとき $\mathcal{A}$ の**独立代表系** (system of independent representatives) あるいは**横断** (traversal) という.$\mathcal{A}$ が独立代表系をもつための条件を求めよ.

上述の結婚問題は，$A \cup B$ を頂点集合とし $\{a_ib \mid 1 \leq i \leq n,\ b \in B_i\}$ を辺集合とする 2 部グラフにおいて，A とマッチする B の部分集合が存在するための条件を求めることにほかならない．

例 9.2 マッチング

次のグラフ G_1, G_2 を考える．

(1) G_1 と G_2 の最大マッチングの一例（それぞれ M_1, M_2 とする）を青色の太線で示した．M_1 は G_1 の完全マッチングであるが，M_2 は G_2 の完全マッチングではない．

- 一般に，M が (p, q) グラフのマッチングなら $|M| \leq \lfloor p/2 \rfloor$ である．
- 特に，完全マッチングなら p は偶数であり，$|M| = p/2$ である．

(2) G_2 において，$\{v_1, v_3\}$ と $\{v_2, v_4\}$ はマッチするが，$\{v_1, v_3\}$ と $\{v_2, v_4, v_5\}$, $\{v_1, v_3\}$ と $\{v_4, v_5\}$ はそれぞれマッチしない．

問 9.3^S 次のグラフが完全マッチングをもつのは n がどんな場合か？ 完全マッチングをもたない場合，最大マッチングのサイズは？
 (a) P_n (b) C_n (c) K_n (d) Q_n (e) $P_n \times P_n$

● **マッチングが存在する条件**

最大マッチングを特徴付けるために，2, 3 の用語を準備しよう．

M をグラフ $G = (V, E)$ のマッチングとする．

- M の元を**マッチ辺** (matched edge) といい，$E - M$ の元を**自由辺** (free edge) という．
- M の辺が接続していない頂点を**自由頂点** (free vetex) という．
- G における道のうち，自由辺とマッチ辺が交互に出現するものを（M に関する）**交互道** (alternating path) という．自由辺 1 つだけの道やマッチ辺 1 つだけの道も交互道と考える．

例えば，例 9.2 の G_2 とそのマッチング M_2 において，v_5 だけが M_2 に関する

自由頂点であり，$\langle v_1, v_2 \rangle$ や $\langle v_1, v_3, v_4 \rangle$ や $\langle v_1, v_2, v_3, v_4 \rangle$ や $\langle v_1, v_3, v_4, v_5 \rangle$ などは交互道であり，$\langle v_1, v_2, v_3, v_5 \rangle$ は交互道ではない．

以後，道を，頂点の列としてではなく，辺の集合として考える．例えば，$P = \langle v_1, v_2, v_3, v_4 \rangle$ は $P = \{v_1 v_2, v_2 v_3, v_3 v_4\}$ と考える．

> **補題 9.1** グラフ $G = (V, E)$ において，マッチング M が G の最大マッチングであるための必要十分条件は，M に関して G の相異なる自由頂点間に交互道が存在しないことである．

[証明] ($\Longrightarrow$) M が G の最大マッチングであり，P が G の相異なる2つの自由頂点間の交互道とする．すると，P 上のマッチ辺と自由辺を逆にした $P \triangle M := (P - M) \cup (M - P)$ もやはり G のマッチングであり，しかも $|P \triangle M| = |M| + 1$ が成り立つ．これは M が最大マッチングであることに反す．[($\Longrightarrow$) の証明終わり]

問 9.4 $P \triangle M$ も G のマッチングであり，$|P \triangle M| = |M| + 1$ が成り立つことを説明せよ（下図参照）．

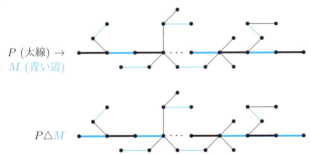

[補題 9.1 の証明の続き] ($\Longleftarrow$) M は G のマッチングであるとし，G の相異なる自由頂点間には M に関する交互道が存在しないと仮定する．M' を G の最大マッチングとする．($\Longrightarrow$) の部分の証明により，M' に関して G の相異なる自由頂点間には交互道が存在しない．

グラフ $G' := (V, M \triangle M')$ を考える．明らかに G' のどの頂点の次数も 2 以下である（なぜか？）から，

① G' のどの連結成分も基本道かサイクルである．

② また，次数 2 の頂点については，それに接続する辺の 1 つは M の辺，他

の 1 つは M' の辺である．ありえる場合（○）とありえない場合（×）のいくつかを下に示した：

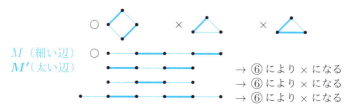

したがって，

③ G' のどの連結成分においても M の辺と M' の辺が交互に隣接している．

①〜③より，G' の連結成分は，

④ 長さが偶数のサイクルであるか，

⑤ M に関しても M' に関しても交互道であるような基本道である．

仮定より，M および M' に関する自由頂点の間には交互道が存在しないので，⑤により，

⑥ G' の連結成分である交互基本道の始点か終点の一方は M に関する自由頂点でなく，もう一方は M' に関する自由頂点でない．

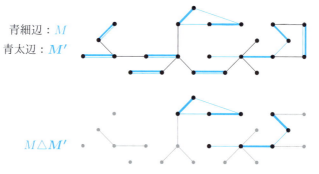

以上の考察より，G' のどの連結成分においても M と M' の辺の本数は等しい．したがって，G' においても M と M' の辺の本数は等しく，$E(G') = (M \cup M') - (M \cap M')$ であるから，G においても M と M' の辺の本数は等しい．よって，M も G の最大マッチングである．　　[($\Longleftarrow$) の証明終わり]

問 9.5^S 補題 9.1 を基にした次の例を参考にして，最大マッチングを求めるアルゴリズムを考えよ．

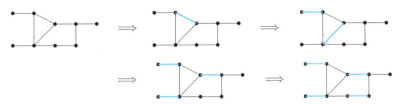

$U \subseteq V(G)$ に対して,

$$\{v \mid u \in U,\ uv \in E(G)\}$$

をグラフ G における U の**近傍** (neighbor) といい, $N[U]$ で表す.

次の定理は結婚問題に対する答である.

> **定理 9.2** (結婚定理) 2部グラフ $G = (V_1, V_2, E)$ において, V_1 とマッチする V_2 の部分集合が存在するための必要十分条件は, V_1 の任意の部分集合 U に対して
> $$|N[U]| \geqq |U|$$
> が成り立つことである.

[証明] ($\Longrightarrow$) V_1 が V_2 のある部分集合にマッチするならば, 任意の $U \subseteq V_1$ に対して $|N[U]| \geqq |U|$ が成り立つことは明らかである.

($\Longleftarrow$) 背理法で証明しよう. そのため, 任意の $U \subseteq V_1$ に対して $|N[U]| \geqq |U|$ が成り立っているにもかかわらず V_1 とマッチする V_2 の部分集合が存在しないと仮定する.

M を G の最大マッチングとする. 仮定より, M に関して自由な頂点 u が V_1 に存在する. u からの交互道が存在するような頂点の集合を A とすると, M は最大マッチングなので, 補題 9.1 より, A に属す自由頂点は u だけである.

$$U := A \cap V_1, \quad U' := A \cap V_2 \tag{9.1}$$

とおくと, A の定義と $A - \{u\}$ のどの頂点も M に関する自由頂点ではないことから, $U - \{u\}$ と U' とは M によってマッチしている. したがって,

$$|U| - 1 = |U'| \quad \text{かつ} \quad U' \subseteq N[U] \tag{9.2}$$

である.

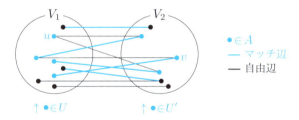

一方,$N[U] = N[A \cap V_1]$ であるから,任意の $v \in N[U]$ に対して G には交互 uv 道が存在するので,

$$N[U] \subseteq U' \quad \text{であり,よって,} \quad N[U] = U' \quad \text{である}. \tag{9.3}$$

(9.2), (9.3) より

$$|N[U]| = |U'| = |U| - 1 < |U|$$

が導かれるが,これは仮定 $|N[U]| \geqq |U|$ に反する. □

系 9.1 2部グラフ $G = (V_1, V_2, E)$ に完全マッチングが存在する必要十分条件は,$|V_1| = |V_2|$ かつ V_1 の任意の部分集合 U に対して $|N[U]| \geqq |U|$ が成り立つことである.

例 9.3 正則なグラフの完全マッチング

2次以上の正則な2部グラフは完全マッチングをもつ.なぜなら,$G = (V_1, V_2, E)$ が k 次正則だとすると,

$$|E| = (V_1 \text{の頂点に接続している辺の総数}) = k|V_1|$$
$$= k|V_2|$$
$$= (V_2 \text{の頂点に接続している辺の総数})$$

であり,$k \neq 0$ だから $|V_1| = |V_2|$ である.$U \subseteq V_1$ に対し,$E_1 := \{uv \in E \mid u \in U\}$ と定義すると,G は k 次正則であるから

$$|E_1| = k|U| \tag{9.4}$$

が成り立つ.同様に,$N[U] \subseteq V_2$ に対し,$E_2 := \{uv \in E \mid v \in N[U]\}$ と定義すると,$E_1 \subseteq E_2$ であるから

$$|E_1| \leqq |E_2| \tag{9.5}$$

が成り立つ.一方,G の正則性から

$$|E_2| = k|N[U]| \tag{9.6}$$

である．(9.4), (9.5), (9.6) より，$|U| \leqq |N[U]|$ が成り立つ．よって，系9.1より，G は完全マッチングをもつ． □

問 9.6^S 5人の求職者 $x_1, \ldots, x_5$ に対して5つの求人 $y_1, \ldots, y_5$（各1人募集）がある．各求職者が就職してもよいと思う求人先は，

$x_1:\{y_1, y_2\}$, $x_2:\{y_1, y_4\}$, $x_3:\{y_1, y_3, y_4, y_5\}$, $x_4:\{y_2, y_4\}$, $x_5:\{y_4, y_5\}$

であり，それぞれの求人先の採用条件に合致する求職者は，

$y_1:\{x_1, x_2\}$, $y_2:\{x_2, x_3, x_4\}$, $y_3:\{x_1, x_3\}$, $y_4:\{x_2, x_4, x_5\}$, $y_5:\{x_3, x_4\}$

であるという．
(1) すべての求職者が望みの求人先に就職できるか？
(2) 人手不足のため，どの求人先でも採用条件を問わないことにした．すべての求人先が1人ずつ，そこに就職を希望している求職者を採用できる可能性はあるか？

 ティータイム

① 次のグラフは2部グラフか？
② 女性（青い頂点）と男性（黒い頂点）全員がカップルとなりうるか？

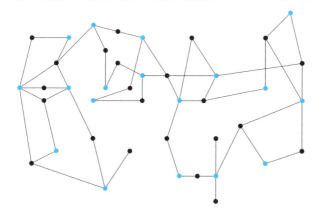

答：① yes ② no

第9章 演習問題

問 9.7 次のグラフの最大マッチングを求めよ．また，完全マッチングは存在するか？
(1) $K_{1,2,3}$ (2) $K_{n,n,n}$
(3) $C_m \times C_n$ (4) 右図

問 9.8 何人かの青年男子と青年女子がいる．これらの男女について，どの男性もちょうど k 人 ($k > 0$) の女性と幼なじみであり，どの女性もちょうど k 人の男性と幼なじみであるという．どの男女も幼なじみと結婚できる可能性があることを示せ．

問 9.9 $|V_1| \neq |V_2|$ である2部グラフはハミルトングラフでないことを示せ．

問 9.10 $(p, p^2/4)$ グラフは長さが奇数の基本閉路を含むか，あるいは，$K_{p/2, p/2}$ と同型であることを証明せよ．

問 9.11 定理9.1（ケーニヒの定理）より，完全2部グラフ $K(n/2, n/2)$ は3辺形を含まない $(n, n^2/4)$ グラフである．一般に，3辺形を含まない (p, q) グラフは $q \leqq p^2/4$ を満たすことを証明せよ．

問 9.12 右のグラフの最大マッチングを1つ求めよ．

問 9.13 閉路をもたないグラフはたかだか1つしか完全マッチングをもたないことを示せ．

問 9.14 2次正則グラフ G が完全マッチングをもつ必要十分条件は，G のどの連結成分も長さが偶数のサイクルであることである．これを示せ．

問 9.15 $\mathcal{I}$ を実数の区間を元とする有限集合とする．$\mathcal{I}$ を頂点集合とし，$\mathcal{I}$ に属す2つの区間 I_1 と I_2 が共通部分をもつとき I_1 と I_2 の間に辺があると定義したグラフ（と同型なグラフ）を**区間グラフ** (interval graph) という．区間グラフが2部グラフであるための条件を求めよ．

第10章
平面グラフ

　紙の上に地図を描いたとき，境界線を辺，境界が交わる所を頂点とするグラフと見ることができる．このグラフではどの辺も交わっていない．このように，平面上に描いたとき辺が交わっていないグラフを平面グラフという．どんな地図も隣り合う国が異なる色となるように4色で塗ることができるかという有名な"4色問題"（第14章で扱う）が平面グラフに対する問題であることからもわかるように，平面グラフは興味深いグラフのクラスの一つである．

10.1 平面グラフと平面的グラフ

　どの2つの辺も交わらないように平面上に描けるグラフを**平面的グラフ** (planar graph) といい，実際に平面上にそのように描かれたグラフを**平面グラフ** (plane graph) と呼ぶ[†1]．

例 10.1　平面グラフと平面的グラフ

　図 (a) は平面グラフではないが図 (b) のように描き直せるので，K_4 は平面的グラフである．

　ところが，図 (c) の K_5 と図 (d) の $K_{3,3}$ は平面上にどのように描いても必ずどれか2つの辺が交わってしまう**非平面的グラフ**の例である．その理由については後ほど述べる（10.3節・定理 10.6）．

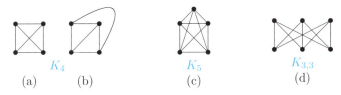

問 10.1　なぜ K_5 や $K_{3,3}$ が平面的グラフでないのか，現時点で理由を考えてみよ．

[†1] 平面的グラフのことを平面グラフと呼ぶこともしばしばある．

平面グラフは平面をいくつかの**領域** (region) に分ける．例えば，例 10.1 の図 (b) のグラフは平面を 4 つの領域に分ける．1 つだけ有界でない領域（右図の░░で示した領域）が必ず存在する（**外領域** (outer region) という）．

本書のレベルでは細かいことは気にしなくてもよいが[†2]，厳密には，領域は次のように定義されるものである．閉区間 $[0, 1] := \{x \in \mathbb{R} \mid 0 \leqq x \leqq 1\}$ から平面 $\mathbb{R}^2$ への連続写像 ℓ の像 $\{\ell(x) \mid x \in [0, 1]\}$ のことを**曲線** (curve) と呼び，$\ell(0), \ell(1)$ をそれぞれその**始点**，**終点**という．始点と終点が一致する ($\ell(0) = \ell(1)$) とき，ℓ を**閉曲線** (closed curve) といい，交点 ($\ell(x_1) = \ell(x_2)$ なる点 $x_1, x_2 \in [0, 1]$ ($x_1 \neq x_2$)) をもたないとき**単純閉曲線**あるいは**ジョルダン閉曲線** (Jordan curve) という．このような定義のもとで，平面の部分集合 R が**領域** (region) であるとは，R の任意の 2 点 $\boldsymbol{x}, \boldsymbol{x}' \in$ R に対して，$\boldsymbol{x}$ と $\boldsymbol{x}'$ を結ぶ曲線 $\ell' : [0, 1] \to$ R, $\ell'(0) = \boldsymbol{x}, \ell'(1) = \boldsymbol{x}'$, が存在することである．

次の一見自明と思われる定理を初めてきちんと証明したのはジョルダン[C.J.Jordan]（1887 年）である[†3]．

> **定理 10.1**　（ジョルダンの閉曲線定理）　平面上の単純閉曲線は，平面を有界な領域（この曲線の**内部**という）と非有界な領域（この曲線の**外部**という）とに分割する．

ここで，単純閉曲線 ℓ が平面を**分割する**とは，内部の点 $\boldsymbol{x}$ と外部の点 $\boldsymbol{x}'$ とを結ぶ曲線は必ず ℓ と交わることをいう．

● オイラーの公式

平面グラフの位数（頂点の個数）p，サイズ（辺の個数）q，領域の個数 r，連結成分の個数 s の間にはどのような関係があるか考えてみよう．

$p = 1 \sim 4$ に対して p, q, r, s を求めてみると次の表が得られる．これから

[†2] 例えば，「連続写像」や「有界」という概念の一般的で厳密な定義は本書のレベルを超えるので省いた．超大雑把にいうと，前者は近いものは近いところに（連続なものは連続であるように）移す写像のことであり，後者はある種の'広がりの大きさ'が有限であることをいう（例えば，円の内部はどの 2 点間の距離も直径以内であるという意味で有界であり，円の外部はいくらでも遠い 2 点があるので有界ではない）．

[†3] ジョルダンが示した証明には誤りがあったが，その後，正しい証明が与えられた．

10.1 平面グラフと平面的グラフ

p, q, r, s の間の線形関係（$ap + bq + cr + ds = e$ を満たす a, b, c, d, e が存在するか？）を考えてみると，$a = 1, b = -1, c = 1, d = -1, e = 1$ が得られる．これは次の定理（定理 10.2）とその系（系 10.1）が成り立つことを示唆している（ただし，成り立つことが証明されたわけではない）．

p	1	2	2	3	3	3	3	4	$\cdots$	4
q	0	0	1	0	1	2	3	0	$\cdots$	6
r	1	1	1	1	1	1	2	1	$\cdots$	4
s	1	2	1	3	2	1	1	4	$\cdots$	1

> **定理 10.2**（オイラー公式：平面グラフに対するオイラーの定理）　任意の連結な平面グラフ G に対して次が成り立つ．
> $$p - q + r = 2 \tag{10.1}$$
> ただし，p, q, r はそれぞれ G の位数，サイズ，領域の個数である．

[証明]　q に関する数学的帰納法で証明する．

(基礎) $q = 0$ の場合，G は連結であるから $p = r = 1$ であり，(10.1) は成り立つ．

問 10.2^S　G が連結でないと，$q = 0$ のとき必ずしも $p = r = 1$ ではないことを示せ．

(帰納ステップ) $q \geqq 1$ の場合，2 つの場合に分けて考える．

① G が次数 1 の頂点 v をもつ場合

$G' := G - v$ を考えると，帰納法の仮定から G' は (10.1) を満たす．G は G' に頂点 v と，v に接続する辺 e を追加したものであり，それによって領域は増えないので，G に対しても (10.1) が成り立つ（下図参照）：

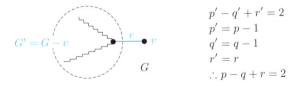

② G が次数 1 の頂点をもたない場合

G にはサイクルが存在する．なぜなら，任意の頂点 u から出発して，辺に

沿って

$$\langle u, \ldots, v', \ldots, v \rangle$$

と，たどれる限りたどったとき，$\deg(v) \geqq 2$ だから v はすでにたどられているはずである（∵ そうでないとすると，さらに先へたどれるはずである）．そのすでにたどられていた頂点を $v' = v$ とすると，

$$\langle v', \ldots, v \rangle$$

はサイクルである．このサイクル上の 1 辺 e' を除去したグラフ $G'' := G - e'$ を考えると，帰納法の仮定により G'' は (10.1) を満たす．すると，除去した e' を元に戻した G においては，辺の個数と領域の個数がそれぞれ 1 だけ増えるので，G もまた (10.1) を満たす（下図参照）．

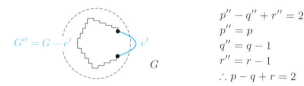

$$\begin{aligned} &p'' - q'' + r'' = 2 \\ &p'' = p \\ &q'' = q - 1 \\ &r'' = r - 1 \\ &\therefore p - q + r = 2 \end{aligned}$$

□

系 10.1 G が平面グラフならば $p - q + r = 1 + k(G)$ である．

[証明] G の連結成分を $G_1, \ldots, G_{k(G)}$ とすると，各 G_i $(1 \leqq i \leqq k(G))$ は平面グラフであるから，

$$p_i - q_i + r_i = 2 \quad (1 \leqq i \leqq k(G))$$

が成り立っている．よって，

$$\sum_{i=1}^{k(G)} p_i - \sum_{i=1}^{k(G)} q_i + \sum_{i=1}^{k(G)} r_i = \sum_{i=1}^{k(G)} 2$$

$$\therefore p - q + r = 2k(G)$$

ただし，各 G_i の外領域は $k(G)$ 回重複してカウントされているので，右辺から $k(G) - 1$ を引く必要がある．よって，求める式が得られる． □

例 10.2 平面グラフにおける $p - q + r$

連結ならば $p - q + r = 2$，連結成分が k 個なら $p - q + r = k + 1$ であることを確認してみよう．

$p=4, q=6, r=4$　　　$p=7, q=8, r=3$　　　$p=5, q=4, r=2, k=2$

問 10.3 領域の境界はサイクルである．左上図のように，すべての領域の境界の長さが等しいグラフはどのような性質をもつか考えよ．そのようなグラフは，10.2 節で再登場する．

面白いことに，① 平面的グラフはどの辺も交差しない<u>直線</u>だけで平面上に描くことができる．例えば，K_4 は例 10.1 (b) のように描くと曲線が必要であるが，直線だけで左上図のように描くこともできる．また，② どんな平面グラフも，指定した領域が外領域になるような平面グラフとして描くことができる．

問 10.4^S ①, ② の理由を， や を例として説明せよ．

問 10.5^S 正整数 k, l, m, n に対し，$k(\overline{K_l} \times (P_m \times P_n))$ の位数，サイズ，領域の個数を求めよ．

10.2 オイラーの多面体定理

多面体とは，3 次元空間 $\mathbb{R}^3$ において，平面上に描けるような（すなわち，平らな）いくつかの多角形によって囲まれた立体のことである．多面体のうち，(i) すべての**面** (face) が合同な正 n 角形でへこみがなく，(ii) どの頂点にも n 個の面が集まっているようなものを**正 n 面体**といい，正 n 面体を総称して**正多面体** (regular polyhedron) という．へこみがないので**凸多面体** (convex polyhedron) ともいう[†4]．

5 面体　　　5 面体の平面グラフ

平面グラフと多面体とは密接な関係がある．上図のように，どの多面体 P にも，P の頂点を頂点とし，P の**稜** (edge) を辺とする連結な平面グラフを対応させることができる．底面には有界でない領域が対応している．

[†4] 多面体 P が凸であるとは，その任意の 2 点を結ぶ線分が P の内部にあることである．

問 10.6^S 多面体を平面グラフとして描く方法を説明せよ．

したがって，平面グラフに対するオイラーの定理より，次の定理が得られる．

> **定理 10.3** （**オイラーの多面体定理**） 多面体の頂点の個数を V, 稜の個数を E, 面の個数を F とすると，
> $$V - E + F = 2 \tag{10.2}$$
> が成り立つ．

この定理により，正多面体は，正 4, 6, 8, 12, 20 面体の 5 つしかないことを示すことができる（後述の定理 10.5）．

正4面体　　正6面体　　正8面体　　正12面体　　正20面体

正多面体のグラフ

● **平面グラフの位数とサイズ**

サイズが $q \geqq 3$, 位数が p の有閉路平面グラフを考える．

> **補題 10.1** (p, q) 平面グラフでは
> $$q \leqq 3p - 6 \tag{10.3}$$
> が成り立つ．

[証明] すべての領域は 3 本以上の辺で囲まれていることと，どの辺もたかだか 2 つの領域の境界になっていることより，次のことに注意する．

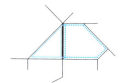 太い辺は青の実線の領域と青の点線の領域の境界なので，これらの領域をカウントする際にダブってカウントされる

よって，領域の個数を r とすると，$2q \geqq 3r$ である．これと，オイラーの公式（定理 10.2）$p - q + r = 2$ とから，求める不等式が得られる． □

10.2 オイラーの多面体定理

平面的グラフ G の隣接していない任意の 2 頂点 u と v に対して $G + uv$ が平面的グラフでなくなってしまうとき，G は**極大平面的** (maximally planar) であるという．したがって，位数が 3 以上の極大平面的グラフの境界は 3 辺形である．そのため，極大平面的グラフは**三角化平面的グラフ** (triangulated planar graph) ともいう．

> **系 10.2** (p, q) 極大平面的グラフでは $q = 3p - 6$ が成り立つ．

例 10.1 で見たように K_5 と $K_{3,3}$ は辺を交差せずに描くことができそうもなかったが，実は「できそうもない」のではなく「本当にできない」．

> **定理 10.4** K_5 も $K_{3,3}$ も平面的グラフではない．

[証明] はじめに，K_5 を考える．

K_5 では $p = 5$, $q = 10$ だから不等式 (10.3) を満たさない．したがって，平面的グラフではない．

次に，$K_{3,3}$ を考える．もし平面的だとすると各領域は 4 本以上の辺で囲まれるので（なぜか？），
$$2q \geqq 4r$$
が成り立つ．これとオイラーの公式 $p - q + r = 2$ より
$$q \leqq 2p - 4$$
が導かれる．ところが，$K_{3,3}$ は $p = 6$, $q = 9$ であるからこの不等式を満たさない． □

さて，正多面体は 5 つしかないことを示すために，次の補題を用意する．

> **補題 10.2** どんな平面グラフも次数が 5 以下の頂点を必ず含む．

[証明] (p, q) 平面グラフ $G = (V, E)$ を考える．

$\underline{p \leqq 2 \text{ の場合}}$，明らかにどの頂点の次数も 1 以下である．

$p \geqq 3$ の場合，補題 10.1 より，$q \leqq 3p - 6$. ゆえに，
$$2q \leqq 6p - 12 \tag{10.4}$$
である．一方，握手補題（定理 2.1）より，$\sum_{v \in V} \deg(v) = 2q$ であるから，もしどの頂点 v の次数も $\deg(v) \geqq 6$ だとすると，
$$2q = \sum_{v \in V} \deg(v) \geqq \sum_{v \in V} 6 = 6p$$
であるが，これは (10.4) と矛盾する． □

定理 10.5 正多面体は，正 4, 6, 8, 12, 20 面体の 5 つだけである．

[証明] 任意の正多面体 P を考え，頂点の個数を V，稜の個数を E，面の個数を F とする．また，

- P の次数 n の頂点の個数を V_n とし，
- P の n 辺形の個数を F_n とする．

(1) オイラーの多面体定理（定理 10.3）より，$V - E + F = 2$ である．
(2) どの領域の境界も 3 辺以上なので，$n \geqq 3$ である．
(3) (2) を考慮すると，$V = \sum_{n \geqq 3} V_n$ である．
(4) 同様に，$F = \sum_{n \geqq 3} F_n$ である．
(5) 握手補題（定理 2.1）と同じ考え方（各頂点は，辺の個数 E をカウントするとき，その両端で 1 度ずつ計 2 回カウントされている）により，$2E = \sum_{n \geqq 3} nV_n$ である．
(6) 同様に（各辺は，2 つの隣り合う領域の境界になっているので，領域の個数をカウントするとき，それら 2 つの領域で 1 度ずつ計 2 回カウントされているから），$2E = \sum_{n \geqq 3} nF_n$ である．
(7) よって，

$$\begin{aligned}
-8 &= -4V + 4E - 4F && \text{((1) の変形)} \\
&= (2E - 4V) + (2E - 4F) && \text{(さらに変形)} \\
&= \left(\sum_{n \geqq 3} nV_n - 4\sum_{n \geqq 3} V_n\right) + \left(\sum_{n \geqq 3} nF_n - 4\sum_{n \geqq 3} F_n\right) \\
&\quad \text{($2E$ に (5) と (6) を代入，V に (3) を代入，F に (4) を代入)} \\
&= \sum_{n \geqq 3}(n-4)V_n + \sum_{n \geqq 3}(n-4)F_n
\end{aligned}$$

が成り立つ．P は正多面体であるから，

となる正整数 s, t が存在する．このとき，
- 領域の境界は3辺以上であるから，$s, t \geq 3$．
- 補題 10.2（平面グラフは次数5以下の頂点を含む）より，$s, t \leq 5$．

一方，上で証明した式より

$$-8 = (s-4)F_s + (t-4)V_t \tag{10.5}$$

であるが，$3 \leq s, t \leq 5$ であることに注意すると，9通りの (s, t) だけを調べればよく，(10.5) を満たすのは以下の5つの場合だけであることがわかる：

$$(F_3 = 4, V_3 = 4), \ (F_3 = 8, V_4 = 6), \ (F_4 = 6, V_3 = 8),$$
$$(F_3 = 20, V_5 = 12), \ (F_5 = 12, V_3 = 20).$$

これらは，5個の正多面体の面の個数と頂点の個数を与えているが，オイラーの多面体定理より，稜の個数も求めることができる． □

問 10.7^S それぞれの正多面体の頂点の個数と各面が何辺形であるかを，定理 10.5 の証明を基に求めよ．

問 10.8^S 次のグラフはいずれも平面的グラフである．位数 p，サイズ q，領域の個数 r を求めよ．
(a) K_n $(n \leq 4)$ (b) P_n (c) C_n (d) $P_m \times P_n$ (e) $C_n + K_1$ $(n \geq 3)$

10.3 平面的グラフの特徴付け

グラフ G から辺 uv を除去し，代わりに1点 w と2辺 uw, wv を付け加えて得られるグラフを G' とする．この操作を

$$G \longmapsto G'$$

と書くことにする[†5]．G' を G の **初等細分** (elementary subdivision) という．これは，辺の中間に新しい頂点（下図の w）を挿入する操作である：

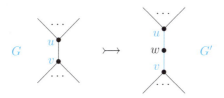

[†5] $\longmapsto$ および後出の $\longleftarrow$ や $\rightleftarrows$ は本書のために導入した記号であり，一般的なものではない．

$\longrightarrow$ の反射推移閉包[†6]$\longrightarrow^*$ は初等細分を 0 回以上繰り返す操作であり，$G \longrightarrow^* G'$ のとき，G' を G の **細分** という．

逆に，G' に 2 辺 uw, wv があり $\deg(w) = 2$ であるとき，G' からこれらの 2 辺を除去し，代わりに辺 uv を付け加えてグラフ G が得られるならば，

$$G \longleftarrow G'$$

と書くことにする：

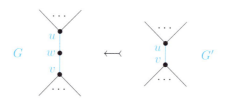

$\longrightarrow$ と $\longleftarrow$ は，互いに他の逆操作である．すなわち，$G \longrightarrow G'$ ならば $G \longleftarrow G'$ が成り立ち，$G \longleftarrow G'$ ならば $G \longrightarrow G'$ が成り立つ．そこで，

$$G \rightleftarrows G' \overset{\text{def}}{\Longleftrightarrow} G \longrightarrow G' \text{ または } G \longleftarrow G'$$

と定義すると，$\rightleftarrows$ はグラフ上の対称的な 2 項関係であり，その反射推移閉包 $\rightleftarrows^*$ は同値関係である．すなわち，任意のグラフ G_1, G_2, G_3 に対して，

(i) $G_1 \rightleftarrows^* G_1$,
(ii) $G_1 \rightleftarrows^* G_2 \Longrightarrow G_2 \rightleftarrows^* G_1$,
(iii) $G_1 \rightleftarrows^* G_2 \wedge G_2 \rightleftarrows^* G_3 \Longrightarrow G_1 \rightleftarrows^* G_3$

が成り立つ．

$G_1 \cong G_2$ であるか，または $G \rightleftarrows^* G_1$ かつ $G \rightleftarrows^* G_2$ となる G が存在するとき，G_1 と G_2 は **位相同型** (homeomorphic) であるという．すなわち，位相同型であるグラフは，頂点間のつながりは変わらないが，辺を自由に伸び縮みさせたグラフである．

例 10.3 細分

[†6] ある操作 R の **反射推移閉包** (reflexive transitive closure) とは，R を 0 回以上任意回数続けて行なうことであり，R^* で表す．

よって，であり，前ページ下部の3つのグラフは互いに位相同型である． □

● 縮約

ところで，⟵ は初等縮約と呼ばれる操作の特別な場合である．**初等縮約** (elementary contraction) とは，任意の隣接する頂点 u と v を同一視する操作（u と v の中間に $\deg(w) = 2$ なる頂点 w がちょうど 1 つだけあるという制約は設けない）であり，厳密には次のように定義される．

グラフ $G = (V, E)$, $G' = (V', E')$ と，G の隣接する頂点 u と v に対して，次の (i)〜(iii) を満たす写像 $\phi : V \to V'$ が存在するとき，G' を G の初等縮約といい，

$$G \to G'$$

と書く[†7]．

(i) $\phi(u) = \phi(v)$ である．すなわち，G' では u と v を同一視する．

(ii) $\{x, y\} \neq \{u, v\} \implies \phi(x) \neq \phi(y)$ である．すなわち，u, v 以外の頂点は同一視しない．

(iii) $\{x, y\} \cap \{u, v\} = \emptyset$ の場合，$\phi(x)\phi(y) \in E' \overset{\text{def}}{\iff} xy \in E$ である．すなわち，u にも v にも接続していない G の辺は，そのまま G' の辺とする．

(iv) $w \notin \{u, v\}$ の場合，$\phi(u)\phi(w) \in E' \overset{\text{def}}{\iff} uw \in E \lor vw \in E$ である．すなわち，u または v に隣接している頂点だけが，G' においても $\phi(u) = \phi(v)$ に隣接する．

(v) 多重辺が生じたら 1 つの辺だけにする．

この定義によると，G' において頂点 $\phi(u) (= \phi(v))$ に自己ループは生じないことに注意する．

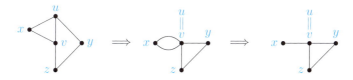

[†7] → は本書のために導入した記号であり，一般的なものではない．

初等縮約を 0 回以上行なってグラフ G からグラフ G' が得られるとき，すなわち，$G \to^* G'$ であるとき，G' を G の**縮約** (contraction) という．H' が G の部分グラフ H の縮約であるとき，H' を G の**縮約部分グラフ** (subcontraction) という．

例 10.4 縮約

以下の図において "$\Rightarrow$" などは 頂点 u と頂点 v を縮約したことを表す．

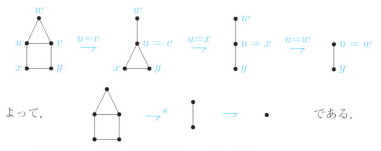

→ の逆操作は一意的には定まらないことに注意する．

平面グラフは，細分と縮約によって次のように特徴付けることができる．

> **定理 10.6** （**クラトウスキー の定理**） グラフ G が平面的である必要十分条件は，G が K_5 または $K_{3,3}$ と位相同型なグラフを部分グラフとして含んでいないことである．

例 10.5 クラトウスキーの定理の応用

(1) $l, m \geqq 3, n \geqq 5$ のとき $K_n, K_{l,m}$ は，K_5 または $K_{3,3}$ を部分グラフとして含むので，クラトウスキーの定理により，平面的グラフではない．

(2) あるアパートの 1 階にある 3 室のそれぞれにガス管，水道管，下水管を引きたい．ガス管と水道管の元栓および排水口がそれぞれ 1 つしかないとするとき，これらの管を平面上に交差することなく設置することはできない．なぜなら，これは 3 室と 3 つの元栓または排水口を頂点とし，管を辺とするグラフ $K_{3,3}$ が平面的グラフか否かを問う問題と同値だからである．

(3) 集積回路を設計する際，いかに回路素子（トランジスタなど）を配置すれば配線を交差させないですむかという問題はグラフの平面性判定問題である．

クラトウスキーの定理と類似の次の定理も成り立つ：

> **定理 10.7** （ワーグナーの定理）　グラフ G が平面的である必要十分条件は，K_5 も $K_{3,3}$ も G の縮約部分グラフでないことである．

例 10.6　平面グラフのサイズ（辺の本数）と領域の個数の間の関係の応用

$n \leq 3$ のとき，Q_n は平面的グラフである．しかし，$n \geq 4$ のとき，Q_n は平面的グラフではない．このことを証明しよう．

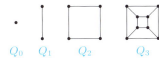

Q_0　Q_1　Q_2　Q_3

なぜなら，Q_4 $(n \geq 4)$ が平面グラフとして描けたとすると，どの領域も 4 辺形であるから，$2q = 4r$ である．これと $p - q + r = 2$ より，$q = 2p - 4$ が導かれる．

一方，Q_n では $p = 2^n, q = n2^{n-1}$ であるから，$n2^{n-1} = 2^{n+1} - 4$ でなければならないが，$n \geq 4$ のときこれは成り立たないので，Q_n $(n \geq 4)$ は平面的グラフでない．

Q_4 が平面的グラフでないことは，クラトウスキーの定理（定理 10.6）により，Q_4 は $K_{3,3}$ と位相同型な部分グラフを含んでいる ことを示すことによってもいえる．実際，$K_{3,3}$ と位相同型な，Q_4 の部分グラフを下図に示す（2 部グラフ $K_{3,3}$ は●の部と○の部の 2 つの部からなり，黒い頂点●はこれら 2 つの部の頂点同士を結ぶ辺の細分になっている）．

問 10.9^S　$C_4 \times C_5$ は平面的グラフでないことを証明せよ．

問 10.10^S　$K_l, K_{m,n}$ が平面的グラフになるような m, n を求めよ．

10.4　双対グラフ

$G = (V, E)$ を平面グラフとする．G の**双対グラフ** (dual graph)（あるいは単に**双対**）G^* を次のように定義する：

$$G^* := (\{r^* \mid r \text{ は } G \text{ の領域}\}, \{e^* \mid e \in E\}).$$

すなわち，G^* の1つの頂点は G の1つの領域を表す．ただし，G^* の辺は，
$$e^* := r_1^* r_2^* \overset{\text{def}}{\Longleftrightarrow} e \text{ は } r_1 \text{ と } r_2 \text{ の共通の境界}$$
を満たしているものとする．

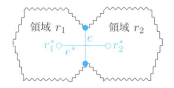

もし $e \in E$ が橋辺（切断辺）だと，e の両側の領域は同じもの（r とする）であるから，$e^* \in E^*$ は r^* と r^* を結ぶ自己ループとなる．すなわち，厳密には G^* はグラフではなく，多重辺や自己ループをもちうる多辺グラフである．

例 10.7 正8面体のグラフ G_8 とその双対グラフ G_8^*

G_8^* は正6面体のグラフになっている（確認せよ．何を確かめればよいか？）．

この例からわかるように，一般に，平面グラフ G の双対は，辺 $e^* = r_1^* r_2^*$ が辺 e と交差するように描けば平面グラフとして描くことができる．□

最後に，双対グラフに関する基本的性質を述べておこう．どれもほとんど明らかなものばかりである．

定理 10.8 $G = (V, E)$ を平面グラフとし，$G^* = (V^*, E^*)$ をその双対とする．

(1) G^* は平面的グラフである．

(2) （G が連結であるかないかにかかわらず，）G^* は連結である．

(3) G が連結ならば，$|V^*| = G$ の領域の個数，$|E^*| = |E|$，G^*の領域の個数 $= |V|$ である．

(4) G が連結ならば，G^* の双対 $(G^*)^*$ は G と同型である．

問 **10.11**^{S} 定理 10.8 の (1)〜(4) を証明せよ.

> **定理 10.9** $G = (V, E)$ を連結な平面グラフとするとき, G が 2 部グラフである必要十分条件はその双対 G^* がオイラーグラフであることである.

[証明] ($\Longrightarrow$) G が 2 部グラフなら, ケーニヒの定理 (定理 9.1) より, G には長さが奇数のサイクルはないので, G^* のどの頂点も偶頂点である. よって, オイラーの定理 (定理 7.1) より, G^* はオイラーグラフである.

($\Longleftarrow$) G^* がオイラーグラフなら, オイラーの定理より, G^* のどの頂点の次数も偶数なので, G のどの領域もその境界となっている辺は偶数本である (下図参照). よって, G のどのサイクルも長さが偶数なので, ケーニヒの定理より G は 2 部グラフである. □

太線は G の領域
v^* は G^* の頂点
青色の辺は G^* の辺
青色の辺の本数 = v^* の次数
　　　　　　　 = 太線の領域の境界の辺の本数

例 10.8 定理 10.9 を確かめる

2 部グラフの双対グラフがオイラーグラフであること, オイラーグラフの双対グラフが 2 部グラフであることを例で見てみよう. (1) の 2 部グラフの 2 つの部を●と○で, (2) の 2 部グラフの 2 つの部を●と○で示した.

(1) 2 部グラフの双対グラフ　　(2) オイラーグラフの双対グラフ

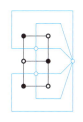 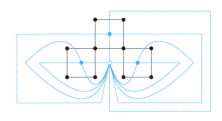

問 **10.12**^{S} 次の平面的グラフそれぞれを平面グラフとして描き, その双対グラフを示せ. 　(a) C_3 　(b) P_3 　(c) $C_4 + K_1$ 　(d) $2P_2 + K_1$

第 10 章　演習問題

問 10.13 $G_0 \to^* G_1$ かつ $G_0 \to^* G_2$ なる G_0 が存在するとき，グラフ G_1 と G_2 は同源位相同型であるということにする（【注】一般的な用語ではない）．
(1) 同源位相同型であるという関係はグラフ上の同値関係であることを示せ．
(2) G と G' が同源位相同型であることと位相同型であることとは同値であることを証明せよ．

問 10.14 グラフ G' がグラフ G の細分であるならば，G は G' の縮約であることを証明せよ．

問 10.15 (1) K_4, $K_{2,3}$ と位相同型な Q_3 の部分グラフを示せ．
(2) ペテルセングラフ（問 8.10 参照）は平面的グラフではないことを示せ（$K_{3,3}$ と位相同型な部分グラフを示せ）．

問 10.16 次のうち，平面的グラフはどれか？　また，位数 p, サイズ q, 領域の個数 r が定まる場合は求めよ．
(a) 連結な無閉路グラフ　　(b) $C_n + P_2$　　(c) $P_3 + P_3$　　(d) $K_3 \times K_3$
(e) 7 重連結グラフ　　(f) $K_3 \boxplus K_3$

問 10.17^S G を連結な (p, q) 平面グラフとする．次のことを示せ．
(a) G のどの領域も 5 辺形で $p = 8$ なら $q = 10$, $r = 4$.
(b) $p \geqq 3$ で G のどの領域も 3 辺形でないなら $q \leq 2p - 4$.
(c) $p \geqq 3$ で G が 2 部グラフであるなら $q \leq 2p - 4$.

問 10.18 G とその双対グラフ G^* が同型であるとき，G は**自己双対** (self-dual) であるという．
(1) 問 10.12 のグラフのうち，自己双対であるものはどれか？
(2) G が自己双対である (p, q) グラフなら，$2p = q + 2$ が成り立つことを示せ．

問 10.19 任意の真部分グラフが平面的であるような非平面的グラフは**臨界** (critical) であるという．
(1) K_n, $K_{m,n}$ が臨界であるような m, n を求めよ．
(2) 平面性に関して臨界なグラフは連結であることを証明せよ．

第11章

木

この章では，連結で閉路をもたないグラフについて考察する．このようなグラフは，ある特定の頂点を指定して '根' とし，それ以外の頂点を '節'，辺を '枝'，次数が 1 の頂点を '葉' とする '木' のように描くことができるので，実際にグラフ用語でも「木」と呼び，実用上も応用範囲の広い役立つ概念である．

11.1 自由木

無閉路グラフ（したがって，サイクルを含んでいない）を森 (forest) とか林といい，連結な無閉路グラフを木 (tree)[†1] という．したがって，森の連結成分はそれぞれ木である．

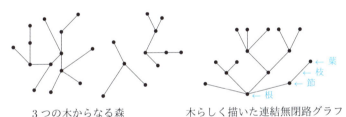

3つの木からなる森　　　木らしく描いた連結無閉路グラフ

木はコンピュータサイエンスのあらゆる領域に登場するきわめて重要な概念である．木の特徴付けのいくつかを次の定理にまとめて述べる．

定理 11.1 G を (p, q) グラフとする．次の (1)〜(7) は同値である．
(1) G は木である．すなわち，連結で閉路がない．
(2) G は連結で，G のどの辺も切断辺（橋辺）である．
(3) G は連結で，$p = q + 1$ である．
(4) G にはサイクルがなく，$p = q + 1$ である．

[†1] 後ほど定義される根付き木と区別するため，自由木 (free tree) ということもある．

(5) G には閉路がなく，$p = q+1$ である．
(6) G のどの2頂点の間にも基本道がちょうど1つだけ存在する．
(7) G にはサイクルがなく，G の隣接しない2頂点間のどこに辺を付け加えてもサイクルができる．

[証明] (1) $\Longrightarrow$ (2)：連結で閉路がない $\Longrightarrow$ 連結でどの辺も切断辺

G を木とし，$e := uv \in E(G)$ が切断辺でないとすると，$G - e$ は連結のままである．よって，$G - e$ には基本 uv 道 P が存在する．このとき，$P + e$ は G のサイクルとなり，G が無閉路グラフであることに矛盾する（右図）．

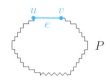

(2) $\Longrightarrow$ (3)：連結でどの辺も切断辺 $\Longrightarrow$ 連結で $p = q+1$

p に関する数学的帰納法で $p = q+1$ であることを証明する．

<u>$p = 1$ の場合</u>，明らかに $q = 0$ であるから ok.

<u>$p \geqq 2$ の場合</u>，G のどの辺 e に対しても $G - e$ は2つの連結成分 G_1, G_2 に分かれる：

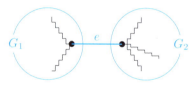

G_1, G_2 それぞれにおいて，どの辺も切断辺であるから，帰納法の仮定により，
$$|V(G_i)| = |E(G_i)| + 1 \quad (i = 1, 2)$$
である．よって，
$$p = |V(G)| = |V(G_1)| + |V(G_2)|$$
$$= |E(G_1)| + |E(G_2)| + 2 = |E(G)| + 1 = q+1$$
であるから，ok.

(3) $\Longrightarrow$ (4)：連結で $p = q+1$ $\Longrightarrow$ サイクルがなく $p = q+1$

サイクルがないことを背理法で示す．すなわち，G にサイクルがあると仮定し，矛盾を導く．サイクルの1つを
$$C := \langle v_1, v_2, \ldots, v_n = v_1 \rangle$$

とする．明らかに，

$$C \text{ 上の頂点の個数と辺の本数は等しい．} \tag{11.1}$$

G は連結であるから，C の上にないどの頂点 u に対しても，C 上のある頂点 v_i から u へ至る C と辺素な道 P が存在する（右図）．なぜなら，まず，C 上の任意の頂点から u への基本道 P' をとり，それが C と u 以外の頂点を共有していたら，その共有頂点の中で u に最も近いものを v_i とすればよい．このとき，

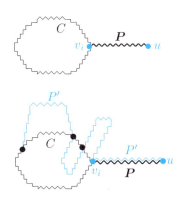

$$P \text{ 上の辺の本数と頂点の個数（v_i を除く）は等しい．} \tag{11.2}$$

このことに注意し，P を可能な限り延長する．その結果，<u>C 上の頂点 v_j に到達した場合</u>，

$$P \text{ 上の辺の本数} > P \text{ 上の頂点の個数（v_i, v_j は除く）} \tag{11.3}$$

であり，<u>そうでない場合</u>，

$$P \text{ 上の辺の本数} = P \text{ 上の頂点の個数} \tag{11.4}$$

である．(11.3), (11.4) より，<u>つねに</u>

$$P \text{ 上の辺の本数} \geqq P \text{ 上の頂点の個数} \tag{11.5}$$

が成り立っていることがわかる．

この操作の結果，<u>C 上にも P 上にもない点 u' がまだ残っていたら</u>，C 上または P 上の点から C とも P とも辺素な u' への基本道が取れる．この基本道を可能な限り延長すると，上述と同様な理由でこの基本道の上では <u>辺の本数 $\geqq$ 頂点の個数</u> が成り立っている．

このことをすべての頂点がカウントされるまで繰り返すと，$|E(G)| \geqq |V(G)|$ であることが導かれ，それは仮定 $p = q + 1$ に反す．

(4) $\Longrightarrow$ (5)：サイクルがなく $p = q + 1$ $\Longrightarrow$ 閉路がなく $p = q + 1$
明らか．

(5) $\Longrightarrow$ (6)：閉路がなく $p = q+1 \Longrightarrow$ どの 2 頂点間にも基本道がちょうど 1 つ存在する

- G は k 個の連結成分 $G_1, G_2, \ldots, G_k$ をもつとする．
- G_i を (p_i, q_i) グラフとすると，(1) $\Longrightarrow$ (3) の証明はすでに済んでいるので，G_i が木であることから $p_i = q_i + 1$ であることが導かれる．
- よって，

$$p = \sum_{i=1}^{k} p_i = \sum_{i=1}^{k} (q_i + 1) = \sum_{i=1}^{k} q_i + \sum_{i=1}^{k} 1 = q + k$$

であり，

- これと仮定 $p = q + 1$ より $k = 1$ を得る．すなわち，G は連結である．
- よって，G のどの 2 頂点間にも道が 1 本以上存在する．
- もし，ある 2 頂点 u と v の間に 2 つの基本道が存在したとすると，それらは G におけるサイクルになり，G が無閉路であることに反す．

(6) $\Longrightarrow$ (7)：どの 2 頂点間にも基本道がちょうど 1 つ存在する $\Longrightarrow$ サイクルがなく，隣接しないどの 2 頂点間に辺を付け加えてもサイクルが生じる

G にサイクルがあるとすると，このサイクル上の 2 頂点間には 2 つの異なる基本道が存在することになってしまう．よって，G にサイクルはない．

一方，どの非隣接な 2 頂点 u, v 間にも基本道があるのだから，これに辺 uv を付け加えるとサイクルができる．

(7) $\Longrightarrow$ (1)：サイクルがなく，隣接しないどの 2 頂点間に辺を付け加えてもサイクルが生じる $\Longrightarrow$ 連結で閉路がない

G にはサイクルがないので閉路はない．G が連結でないとすると，ある 2 頂点 u と v の間には道が存在しない．ゆえに，辺 uv を付け加えてもサイクルはできず，仮定に反す． □

系 11.1 頂点の個数が p の森 G は $p - k(G)$ 本の辺をもつ．

[証明] 森 G の連結成分を $G_1, \ldots, G_{k(G)}$ とすると，それぞれは木であるから，G_i を (p_i, q_i) グラフだとすると，

$$p_i = q_i + 1 \quad (1 \leq i \leq k(G))$$

である．よって，

$$q = \sum_{i=1}^{k(G)} q_i = \sum_{i=1}^{k(G)} p_i - \sum_{i=1}^{k(G)} 1 = p - k(G).$$

例 11.1 森は木の集まりである

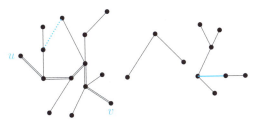

3本の木（＝森の連結成分）からなる森

定理 11.1 から導かれることであるが，上図を見れば，木が次の性質をもっていることが容易に納得できる．

- 閉路がなくて連結．
- どの辺（例えば，上図の太い青色の辺）を削除しても非連結になる．
- どの2頂点間にも道がちょうど1本だけある（例えば，上図の二重線の道）．
- 隣接しないどの2頂点間に辺（例えば，上図の点線の青色の辺）を追加してもサイクルが生じる．
- 頂点の個数 ＝ 辺の本数 ＋ 木の本数（例えば，上図では $24 = 21 + 3$）．

11.2 根付き木

コンピュータサイエンスにおいて '木' といえば，自由木において1つの頂点を '根' として指定した '根付き木' を指すのが普通である．木の頂点はノード（節，node）と呼ばれ，辺は枝 (branch) と呼ばれることもある．

きちんと定義しよう．G を木とし，$r \in V(G)$ とするとき，順序対

$$T = (G, r)$$

を根付き木 (rooted tree) といい，r を T の根 (root) という．

- 根 r から任意の頂点 x へはちょうど1つの道があり，y がこの道の上の頂点であるとき，y は x の祖先 (ancestor) あるいは先祖であるといい，x は y の子孫 (descendant) であるという．この定義より，x は x 自身の先

祖であり子孫である．
- 特に，yx が辺である場合には y を x の**親** (parent) といい，x を y の**子** (child) という．
- y と z の親が同じとき，y と z は**兄弟** (sibring) という．
- 子をもたない頂点を**葉** (leaf) といい（ときには，**外点** (exterior node) ともいう），葉でない頂点を**内点** (interior node) という．

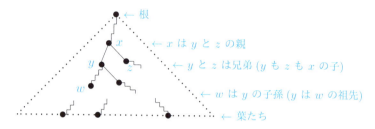

x の子孫（x 自身を含む）全体が成す T の部分グラフ[†2]を x を根とする T の**部分木** (subtree) という．

例 11.2　木は根を上に葉を下に描く（自然界の樹木とは上下が逆さま）

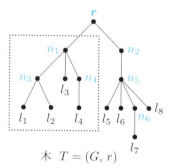

T の 根：r
T の 葉：$l_1 \sim l_8$
r の 子：n_1 と n_2
n_1 は n_3, l_3, n_4 の 親
n_3, l_3, n_4 は互いに 兄弟
n_5 の 子孫：$n_5, n_6, l_5 \sim l_8$
l_8 の 祖先：l_8, n_5, n_2, r
□の部分は n_1 を根とする T の 部分木

● 順序木

一般に，木では子同士の間の関係は何も定められていない．例えば，次ページの図 (a) と (b) は，

[†2] 正確にいうと，$U_x := \{z \in V(G) \mid z\text{ は }x\text{ の子孫}\}$ から生成される誘導部分グラフ $\langle U_x \rangle_G$ に対し，x を根とした根付き木 $(\langle U_x \rangle_G, x)$ のこと．

11.2 根付き木

- グラフとして同型なので<u>自由木として見た場合</u>には両者は同じ木であると考えるが，
- <u>根付き木として見た場合</u>でもやはり同じ木であると考える．

これに対し，<u>子の間に並ぶ順序が定められている木</u>のことを**順序木** (ordered tree) という．

- <u>順序木として見た場合</u>，図の (a) と (b) は異なるものである．

特に断わらなくても，木といえば根付き順序木を指すのが普通である．

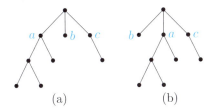

● n 分木・2 分木

どの頂点もたかだか n 人の子しかもっていない根付き木を **n 分木** (n-ary tree) という．n 分木のうち特に重要なのは 2 分木である．

根付き 2 分順序木においては，図的に左側に書かれる子を**左の子** (left child)，右側に書かれる子を**右の子** (right child) といい，子が 1 人しかいない場合でもそれが左の子か右の子かを区別する[†3]．

例えば，下図の (c) と (d) を 2 分順序木と見る場合，(c) には右の子がなく，(d) には左の子がない，異なる木である．

2 分順序木の場合，子が一人の場合でも，図のように左の子か右の子か区別できるように描く

問 11.1^S 次のそれぞれの場合について，位数（ノードの個数）が 3 のものをすべて示せ．　(a) 自由木　(b) 根付き木　(c) 順序木　(d) 位置木

頂点 x の左の子を根とする部分木を x の**左部分木** (left subtree)，右の子を根とする部分木を**右部分木** (right subtree) という．

[†3] 一般に，2 分木に限らず，子の位置が「左から何番目の子」と指定されている木のことを**位置木** (positional tree) という．位置木では子の存在しない位置が許される．文献によっては（本書でも），2 分木といえば 2 分位置木のことを指す．

● 木の高さ，深さ

根付き木 $T = (G, r)$ において，根 r から頂点 x への距離を x の**深さ**といい（**レベル** (level) ともいう），$\mathbf{depth}(x)$ で表し，

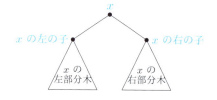

$$\max\{\mathrm{depth}(x) \mid x \in V(G)\}$$

を T の**高さ**といい，$\mathbf{height}(T)$ で表す．

また，x を根とする部分木の高さを x の**標高** (altitude) ということがある．

例 11.3 左/右部分木，高さ，標高

次の木 $T = (G, r)$ において，

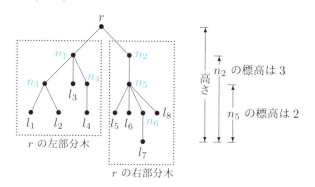

深さ 2 の頂点は n_3, l_3, n_4, n_5 の 4 個あり，T の高さは 4 である．

n_1 を根とする部分木の高さは 2 なので，n_1 の標高は 2 である．

n_2 を根とする部分木の高さは 3 なので，n_2 の標高は 3 である．

問 11.2^S 次の条件をすべて満たす木を描け．
(i) 2 分順序木，(ii) 高さは 4，(iii) 根の子は 2 人，
(iv) 根以外のどの内点も子は 1 人，(v) ノード a は葉で深さは 2，
(vi) ノード b の標高は 3

● 正則木，完全木

葉以外の<u>すべての頂点</u>にちょうど n 人の子がいる根付き木を**正則 n 分木** (regular n-ary tree) といい，<u>すべての葉</u>が同じ深さにある正則 n 分木を**完全 n 分木** (complete n-ary tree) という．

11.2 根付き木

例 11.4 正則木/完全木とその深さと標高

高さ3の完全2分木

高さ4の不完全正則3分木

高さ2の2分順序木のうち，完全木は1個，正則木は3個，非正則なものは18個ある（列挙してみよ）．

高さ2の完全2分木　　　　　　高さ2の正則2分木

木のノードの個数に関する次の定理は，証明は容易であるが有用である．

定理 11.2 T を位数 p の n 分木とする．次の式が成り立つ．
(1) $\mathrm{height}(T) \geqq \lceil \log_n((n-1)p+1) \rceil - 1$
(2) $\mathrm{height}(T) \geqq \lceil \log_n(T \text{の葉の数}) \rceil$
(3) T が正則ならば，$(n-1)(T\text{の内点の個数}) = (T\text{の葉の数}) - 1$

[証明] $\mathrm{height}(T) = h$ とする．

(1), (2) T のノードの個数および葉の数が最も多いのは完全 n 分木のときで，このとき次の式が成り立つ：

$$\text{ノードの個数} = \sum_{i=0}^{h} (\text{深さ } i \text{ の頂点の個数}) = \sum_{i=0}^{h} n^i = (n^{h+1} - 1)/(n-1),$$

$$\text{葉の数} = n^h.$$

よって，一般には，

$$T \text{ のノードの個数} = p \leqq (n^{h+1} - 1)/(n-1),$$

$$T \text{ の葉の数} \leqq n^h$$

である．すなわち，

$$p \leqq (n^{h+1} - 1)/(n-1), \quad \text{葉の数} \leqq n^h,$$
$$\therefore \quad n^{h+1} \geqq p(n-1) + 1, \quad n^h \geqq \text{葉の数},$$
$$\therefore \quad h + 1 \geqq \log_n((n-1)p + 1), \quad h \geqq \log_n(\text{葉の数}).$$

(3) 正則 n 分木を，n 人の選手が対戦し，そのうちの 1 人だけが勝ち残るゲームの大会トーナメント表と考える（葉は参加者，どの内点（葉以外の頂点）w についてもその n 人の子たちは 1 ゲームの対戦者で w はその勝ち残り者，根は優勝者をそれぞれ表す）．

$n = 2$ の場合を右図に示す：

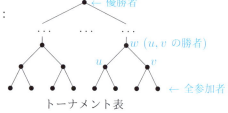

トーナメント表

各内点にそのゲームにおける $n-1$ 人の敗者を対応させると，大会の優勝者 1 人を除く (葉の数 -1) 人はどれかの内点に一意的に対応する． □

正則とは限らない n 分木の場合，正則である場合の関係

$$(n-1)(T \text{の内点の個数}) = (T \text{の葉の数}) - 1$$

において，各内点に対応する敗者は $n-1$ 人以下なので，次の関係が成り立つ．

系 11.2 $(n-1)(\text{内点の個数}) \geqq (\text{葉の数} - 1)$.

問 11.3^S 2 分木において，子が 2 人の内点の個数を葉の数で表せ．

例 11.5 木の高さ，葉の数，ノードの個数の間の関係の応用

(1) n チームが参加してトーナメント方式で行なわれる野球大会を考えよう．トーナメント表は，参加チームを葉，勝利チームを内点，優勝チームを根とする正則 2 分木で表される．この木の高さは優勝までに必要な試合数の最大値を表しており，それは $\lceil \log_2 n \rceil$ である．また，内点の個数は試合総数に等しく，それは $n - 1$ である．

11.2 根付き木

(2) 9個の電化製品がある.これらを,出力口が3個付いている分電器を何個か使って,1つしかないコンセントに接続するのに必要な分電器の個数を求めよう.電化製品を葉,コンセントを根,分電器を内点とし,接続関係を親子関係とする根付き木を考えれば,定理11.2の(3)により

$$(3-1)\cdot 分電器の個数 = 9-1$$

だから,分電器は4個必要なことがわかる.

最後に,定理11.2をもう少し一般的に証明してみよう.

● **木の有向グラフによる表現**

次の例のように,親から子へ有向辺がある有向グラフを考える[†4].

この有向グラフは,次の条件を満たしている:

- 辺が1本も入っていない頂点●が1つだけある → 根.
- 根からどの頂点へも道がちょうど1つある.
- 根以外のどの頂点も辺が1本だけ入っている.
- 辺が1本も出ていない頂点◎がいくつかある → 葉.

有向グラフにおいて,頂点 v へ入っている辺の本数を **in-deg(v)** で表し,出ている辺の本数を **out-deg(v)** で表すと次の定理が成り立つ.

定理 11.3 (木に対する握手補題) $G=(V,E)$ を木を表している有向グラフとするとき,次が成り立つ.

$$\sum_{v \in V} \text{in-deg}(v) = \sum_{v \in V} \text{out-deg}(v) = |V|-1$$

[証明] $\sum_{v \in V} \text{in-deg}(v)$ は 各頂点へ入っている辺の総数 であり,
$\sum_{v \in V} \text{out-deg}(v)$ は 各頂点から出ている辺の総数 であるが,それらは当然等しく,それは辺の総数である.

一方,根以外の頂点にはちょうど1本ずつ辺が入っているので,辺の総数は $|V|-1$ である. □

[†4] 有向グラフとは辺に向きがあるグラフのことで,第12章で詳しく学ぶ.

> **系 11.3** 木においては，(辺の本数 q) = (ノードの個数 p) $- 1$.

> **系 11.4** $\sum_{v:内点} (\text{out-deg}(v) - 1) = 葉の数 - 1$.

[証明] 定理 11.3 の 2 つ目の等式 $\sum_{v \in V} \text{out-deg}(v) - |V| + 1 = 0$ より，

$$\sum_{v \in V}(\text{out-deg}(v) - 1) + 1 = 0. \tag{11.6}$$

よって，v が葉ならば out-deg$(v) = 0$ であることに注意すると，

$$(11.6) \text{の左辺} = \sum_{v:内点}(\text{out-deg}(v) - 1) + \sum_{v:葉}(\text{out-deg}(v) - 1) + 1$$

$$= \sum_{v:内点}(\text{out-deg}(v) - 1) - (葉の数) + 1$$

$$= (11.6) \text{の右辺} = 0.$$

ゆえに，

$$\sum_{v:内点}(\text{out-deg}(v) - 1) = 葉の数 - 1. \qquad \square$$

> **系 11.5** 木においては，葉の数 $- 1 = \sum_{v:内点}(v \text{ の子の人数} - 1)$.

> **系 11.6** 正則 n 分木では，$(n-1)(\text{内点の個数}) = (葉の数) - 1$.

> **系 11.7** 2 分木において，(子が 2 人の内点の個数) = (葉の数) $- 1$.

● 言語による木の表現

以前定義した順序木の定義は厳密とは言い難い．そこで，言語を用いた厳密な定義を 1 つ紹介しておこう．

n を自然数とし，$1, 2, \ldots, n$ それぞれを記号と考えたアルファベットを

$$[\boldsymbol{n}] := \{1, 2, \ldots, n\}$$

11.2 根付き木

で表す．$[n]^*$ の部分集合 $\mathcal{D}$ が次の 3 条件を満たすとき，$\mathcal{D}$ を（n 分木の）**樹形**と呼ぶ．

(i) $\lambda \in \mathcal{D}$．（λ は木の根を表す）

(ii) どの $x \in \mathcal{D}$ のどのプレフィックスも $\mathcal{D}$ の元である．（x のプレフィックスは x の先祖を表す）

(iii) 任意の $x \in \mathcal{D}$，任意の自然数 i に対して，$xi \in \mathcal{D}$ ならば $1 \leqq j \leqq i$ であるどんな j についても $xj \in \mathcal{D}$ である．（xj は x の j 番目の子を表す）

(i) は (ii) より導かれる冗長な条件である．

(iii) は欠けた子がないことをいっており，条件 (iii) をなくすと位置木の定義が得られる．

例 11.6 木の樹形表現

$T := \{\lambda, 1, 2, 3, 11, 12, 21, 31, 32, 33, 211, 212, 321\}$

の樹形表現は右図のようになる．　□

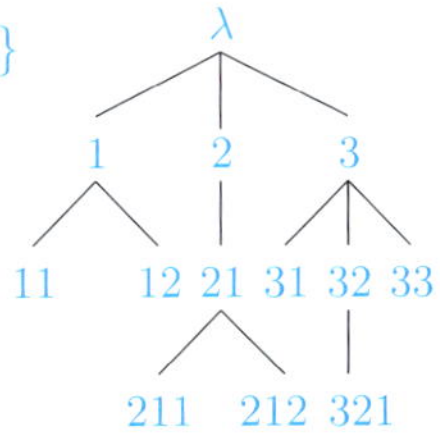

問 11.4^S 樹形

$T_1 := \{\lambda, 1, 2, 11, 12, 21, 22, 23, 121, 211, 212, 231, 232, 233\}$

の左から 2 つ目の葉 ℓ のところに樹形

$$T_2 := \{\lambda, 1, 2, 3, 21, 22\}$$

を接ぎ木してできる樹形を $T_3 := T_1 \cup \{\ell x \mid x \in T_2\}$ とする．

(1) T_1 と T_3 を描け．

(2) $\max\{|x| \mid x \in T_1\}$ は何を表すか？　また，$\max_{x \in T_1}|\{y \mid xy \in T_1\}|$ は何を表すか？

第 11 章 演習問題

問 **11.5**^{S} 次数 4 の頂点が 1 個，次数 3 の頂点が 2 個，次数 2 の頂点が 3 個の木において，次数 1 の頂点は何個か？

問 **11.6**^{S} (1) n が偶数のとき，正則 n 分木のノードは奇数個であることを示せ．
(2) 高さ h の正則 n 分木は何個以上の葉をもつか？

問 **11.7** $G := P_n \times P_n$ とする．
(1) G から何本かの辺を除いて自由木にするには，最少何本の辺を除けばよいか？
(2) (1) で求めた自由木の 1 頂点を根に指定して根付き木としたい．木の高さを最小とするにはどの頂点を根とすればよいか？ また，そのときの木の高さを求めよ．

問 **11.8** 木の中心は 1 個または隣接する 2 頂点であることを示せ．

問 **11.9** G が木のとき，$\mathrm{d}(u,v) = \mathrm{diam}(G)$ ならば uv 道は G の中心を通ることを示せ．木でない場合はどうか？

問 **11.10** 根付き n 分位置木を $[n]^*$ の部分集合として言語で表すとき，木 T_1 に木 T_2 を接ぎ木する演算 $\oplus$ を定義しよう．
$$x \in T_1,\ xa \notin T_1\ (x \in [n]^*,\ a \in [n])$$
であるとき，xa を**接ぎ木可能部位**といい，T_1 の接ぎ木可能部位 xa において T_2 を接ぎ木して得られる木を次のように定義する：
$$T_1 \oplus_{xa} T_2 := T_1 \cup \{xat \mid t \in T_2\}$$
(1) 3 分位置木 $T_1 = \{\lambda, 1, 2, 3, 11, 12, 13, 21, 22, 211, 212, 213, 222\}$ および 2 分順序木 $T_2 = \{\lambda, 1, 11, 12\}$ を考える．
  (a) T_1, T_2 をそれぞれ図示せよ． (b) T_1 の接ぎ木可能部位をすべて示せ．
  (c) $T_1 \oplus_{221} T_2$ を図示せよ．
(2) T および T' を 2 分順序木とし，$x \in T$ とする．
  (d) $|x|, \max\{|x| \mid x \in T\}$ はそれぞれ何を表すか？ グラフの用語で答えよ．
  (e) T が正則であるための条件，T において T' が x の左部分木であるための条件，をそれぞれ $\{1,2\}$ 上の言語を用いた式で表せ．

問 **11.11** (1) 次の根付き木を樹形表現で表せ．ただし，青色の頂点を根とする．
  (a) $(\overline{K_4} + K_1)[P_2]$ (b) G_2（下図） (c) $G_3 := (G_3' \cup G_3'') + u_2 v_2$（下図）
(2) $3G_3$ のように，根付き木の '森' の場合，どのように言語で表したらよいか？ 自分なりの定義を与えよ．

第12章 有向グラフ

これまで扱ってきた'グラフ'は辺に'向き'がないものであったが，ここでは辺に向きがあるグラフを考える．それが有向グラフである．有向グラフは，2項関係（2つのものの間の関係）を図的に表す一つの方法でもある．

12.1 基本的諸定義

簡単にいうと，有向グラフとは辺に向きがあるグラフのことであるが，形式的には次のように定義する．

有向グラフ (directed graph) とは，空でない有限集合 V と，$V \times V$ の部分集合 $E \subseteq V \times V$ との対 $G = (V, E)$ のことである．**ダイグラフ** (digraph) ともいうが，これは英語名の <u>di</u>rected <u>graph</u> を合成して作った造語である．単に'グラフ'といった場合は無向グラフのことであり，有向グラフは必ず'有向'を付けて有向グラフという．

- 無向グラフと同様に V の元は**頂点**とか単に**点**と呼ばれ，
- E の元 (u, v) は辺と呼ばれるが，辺に向きがあることを強調して**有向辺** (directed edge) とか**弧** (arc) と呼ぶこともある．

有向グラフの辺 (u, v) を図的に表すときは，頂点 u から頂点 v へ向かって矢印 → を描く：

無向グラフと同様に，位数（頂点の個数）が p でサイズ（辺の本数）が q の有向グラフを **(p, q) 有向グラフ**という．一般に，

$$0 \leqq q \leqq p^2$$

である点は無向グラフと違う．その理由は，有向グラフでは頂点 v から出た矢印が自分自身へ戻っているような辺 (v, v) も許されるからである．このような

辺を**自己ループ** (self-loop) という[†1]．

自己ループ (v,v)

例 12.1 有向グラフ

$G = (\{a,b,c,d,e\}, \{(a,a), (a,b), (a,c), (b,c), (c,b), (e,c)\})$ は $(5,6)$ 有向グラフであり，次のように図示される．d は孤立点である．

● 隣接・接続・次数

$e = (u,v)$ が辺であるとき，頂点 u は頂点 v へ**隣接**しているとか，v は u から隣接しているという．有向グラフでは辺に向きがあるので，このようにどちら向きに隣接しているかがわかるようにいう．

また，辺 e は頂点 v へ**接続**しているとか，e は u から接続しているという．e' が頂点 v から頂点 w へ向かう辺であるとき，e から e' へ**隣接**しているともいう．

$$u \xrightarrow{e} v \xrightarrow{e'} w$$

頂点 u の**入次数** (in-degree) とは u へ接続している辺の本数のことであり，**出次数** (out-degree) とは u から接続している辺の本数のことであり，それぞれ

$$\mathbf{in\text{-}deg}(u) \text{ あるいは } \deg^+(u), \quad \mathbf{out\text{-}deg}(u) \text{ あるいは } \deg^-(u)$$

で表す．

in-deg(u) 本 $\Big\{ \cdots \to u \leftarrow \cdots \Big\}$ out-deg(u) 本

また，入次数と出次数の和 $\mathbf{deg}(u) := \text{in-deg}(u) + \text{out-deg}(u)$ を u の**次数** (degree) という．

例 12.2 隣接・接続・次数

例 12.1 の G において，
- 辺 (a,b) は頂点 a から頂点 b へ接続し，

[†1] 自己ループが許されていないものだけを有向グラフと定義することもある．

- 頂点 a は頂点 b へ（b は a から）隣接している.
- また，辺 (a,a) は辺 (a,b) へ隣接しており，(a,b) は (b,c) へ，(a,c) は (c,b) へ，(b,c) は (c,b) へ隣接している.

次数については，例えば，
$$\text{in-deg}(a) = 1, \quad \text{out-deg}(a) = 3, \quad \deg(a) = 4,$$
$$\text{in-deg}(b) = 2, \quad \text{out-deg}(b) = 1, \quad \deg(b) = 3,$$
$$\text{in-deg}(d) = 0, \quad \text{out-deg}(d) = 0, \quad \deg(d) = 0$$

である．自己ループは入次数にも出次数にもカウントされる． ◻

問 12.1^S　例 12.1 のグラフにおいて，すべての頂点の中で入次数が最大なものと出次数が最小のものを求めよ．

12.2 有向グラフと 2 項関係

数学において 2 項関係（特に，その特別な場合としての "順序" と "同値関係"）は非常に重要な概念であるが，有向グラフ $G = (V, E)$ は実は集合 V の上の 2 項関係 E にほかならない．

2 項関係の定義をしよう．集合 $A_1, A_2, \ldots, A_n$ の直積 $A_1 \times A_2 \times \cdots \times A_n$ の部分集合のことを **n 項関係**（n-ary relation）という．例えば，A を男の集合，B を女の集合とするとき，
$$\{(a,b,c) \mid c \text{ は父 } a \text{ と母 } b \text{ の子である}\} \subseteq A \times B \times (A \cup B)$$
は '両親と子' を表す 3 項関係である．

n 項関係の中でも特に重要なのは $n = 2$ の場合である．集合 A に対し，直積 $A \times A$ の部分集合 $R \subseteq A \times A$ を **A の上の 2 項関係**という．$(a,b) \in R$ であるとき a と b は **R の関係にある**といい，
$$a\,R\,b$$
とも書く．

関係には「向き」がある．a の側から見た b との関係 R も，b の側から見ると a との関係である．b の側から見た関係は
$$R^{-1} := \{(b,a) \mid a \in A,\ b \in B,\ (a,b) \in R\}$$
と定義できる．これを **R の逆関係**（inverse of R）という．定義より明らかに $(R^{-1})^{-1} = R$ である．

例 12.3 2 項関係

(1) 「親とその子」を表す関係を P とする（すなわち，a が b の親なら $(a,b) \in P$ である）とき，P^{-1} は「子とその親」を表す関係である．つまり，b が a の子であるなら $(b,a) \in P^{-1}$ である．

(2) 集合 $\{a,b,c\}$ の上の 2 項関係
$$R := \{(a,a), (a,b), (a,c), (b,a), (c,a)\}$$
において，例えば $(a,a), (a,b) \in R$ であることはそれぞれ aRa, aRb と書いてもよい．この例の場合，R は $R^{-1} = R$ を満たしているから，$aR^{-1}a$, $bR^{-1}a$ でもある．

(3) 定義により，集合 A に対し，$\emptyset$ も，$A \times A$ も，$\{(a,a) \mid a \in A\}$ も A の上の 2 項関係である．これらをそれぞれ A の空関係，全関係，恒等関係と呼ぶ．A の上の恒等関係は記号 id_A（id は identity の頭文字）で表す．

問 12.2^S 3 項関係や 4 項関係の具体的な例を挙げよ．

● 関係の合成

$R \subseteq A \times B$, $S \subseteq B \times C$ のとき，R と S の合成 (composition) $S \circ R$ を
$$S \circ R := \{(a,c) \in A \times C \mid b \in B \text{ が存在し}, aRb \text{ かつ } bSc\}$$
で定義する．合成のことを積 (product) ともいう．

特に，$R \subseteq A \times A$ のとき，R の n 乗 R^n を
$$R^n := \begin{cases} id_A & (n = 0 \text{ のとき}), \\ R^{n-1} \circ R & (n > 0 \text{ のとき}) \end{cases}$$
と定義する．また，R の反射推移閉包 (reflexive transitive closure) R^* と推移閉包 (transitive closure) R^+ を
$$R^* := \bigcup_{n \geq 0} R^n, \quad R^+ := \bigcup_{n \geq 1} R^n$$
と定義する．

例 12.4 2 項関係の合成など

2 つの集合を $A = \{a,b,c,d,e\}$, $B = \{x,y,z,w\}$ とし，R を A の上の 2 項関係 $R := \{(a,a), (a,b), (a,c), (b,c), (c,d)\}$ とする．このとき，S を A から B への 2 項関係 $S := \{(a,w), (b,x), (c,y), (c,z)\}$ とすると，

12.2 有向グラフと 2 項関係

$$S \circ R = \{(a,w), (a,x), (a,y), (a,z), (b,y), (b,z)\},$$
$$R^{-1} = \{(a,a), (b,a), (c,a), (c,b), (d,c)\},$$
$$R^2 = R \circ R = \{(a,a), (a,b), (a,c), (a,d), (b,d)\},$$
$$R^+ = \{(a,a), (a,b), (a,c), (a,d), (b,c), (b,d), (c,d)\},$$
$$R^* = R^+ \cup \{(b,b), (c,c), (d,d), (e,e)\}$$

である．R^2, R^+, R^* の求め方については，後述の定理 12.1 も参照せよ．□

問 12.3^S (1) 例 12.3 (1) において，xP^2y は何を表すか？
(2) $R^1 = R$ であることを証明せよ．
(3) $(R^{-1})^2 = (R^2)^{-1}$ であることを証明せよ．

● 同値関係

第 1 章で述べたように，集合 A の上の 2 項関係 R が次の 3 つの条件を満たすとき，R を**同値関係** (equivalence relation) という．

> (i) **反射律**：任意の $a \in A$ に対して aRa が成り立つ．
> (ii) **対称律**：任意の $a, b \in A$ に対して $aRb \implies bRa$ が成り立つ．
> (iii) **推移律**：任意の $a, b, c \in A$ に対して $aRb \land bRc \implies aRc$ が成り立つ．

$a \in A$ とするとき，a の**同値類** (eqivalence class) とは a と R の関係にあるような A の元からなる集合のことであり，$[a]_R$（あるいは，単に $[a]$）で表す．

問 12.4^S (1) 例 1.4 (3), (4) の $\sim$ および $\equiv_m$ が同値関係であることを証明せよ．
(2) $f(x) = \sin x \ (-\infty < x < \infty)$ のときの $\sim$ の同値類 $[0]_\sim$，および $\equiv_3$ の同値類 $[1]_{\equiv_3}$ を求めよ．

● 順序

A の上の 2 項関係 R が次の性質を満たすとき，R を A の上の**半順序** (partial order) という．半順序は $\leq$ に相当するものである[†2]．

[†2] $<$ に相当する順序は次の性質を満たす 2 項関係 R' のことであり，**擬順序** (quasi-order) ということがある．
 (i') 非反射律：任意の $a \in A$ に対して $aR'a$ は成り立たない．このことを $a\overline{R'}a$ と書く．
 (ii') 非対称律：任意の $a, b \in A$ に対して，$aR'b \implies b\overline{R'}a$.
 (iii') 推移律：任意の $a, b, c \in A$ に対して，$aR'b \land bR'c \implies aR'c$.
 (i')～(iii') が成り立つような 2 項関係 R' に対して，$xR'y$ または $x = y$ であるとき xRy であると定義すれば (i)～(iii) が成り立つ．このように，半順序 R と擬順序 R' は本質的に同じものであって，等号を含むか否かの区別を明瞭にしたいとき以外は両者を区別する必要はない．

(i) **反射律**： 任意の $a \in A$ に対して aRa が成り立つ．
(ii) **反対称律**： 任意の $a, b \in A$ に対して，$aRb \wedge bRa \implies a = b$ が成り立つ．
(iii) **推移律**： 任意の $a, b, c \in A$ に対して，$aRb \wedge bRc \implies aRc$ が成り立つ．

半順序集合 $\leqq$ が定義された集合 A の元 a, b は，$a \leqq b$ または $b \leqq a$ のいずれかが成り立つならば**比較可能** (comparable) であるといい，任意の 2 元が比較可能であるような半順序のことを**全順序** (total order) あるいは**線形順序** (linear order) という．全順序が定義されている集合では，その要素すべてを順序通りに一列に並べることができる．

例 12.5 半順序・全順序
(1) 実数 $\mathbb{R}$ の上の大小関係 $\leqq$ は全順序である（半順序でもある）．
(2) 集合の間の包含関係 $\subseteq$ は半順序である．$|A| \geqq 2$ なら，A の部分集合には比較不能なものがあるので，$\subseteq$ は 2^A の上の全順序ではない．
(3) 自然数の間の 2 項関係 | を

$$n \mid m \overset{\text{def}}{\iff} n \text{ は } m \text{ を割り切る}$$

と定義すると，| は $\mathbb{N}$ の上の全順序ではない半順序である．例えば，n, m が素数なら | の下で n と m は比較不能である． □

問 12.5^S 例 12.5 の $\subseteq$ と | が半順序であることを証明せよ．また，比較不能な例を示せ．

● 2 項関係の有向グラフ

有限集合 A の上の 2 項関係 $R \subseteq A \times A$ は，A を頂点の集合とし，$(a, b) \in R$ のとき 頂点 a から頂点 b への辺があるとする有向グラフ $G = (A, R)$ と同一視できる：

$$(a, b) \in R \iff \overset{a \quad b}{\bullet \to \bullet}$$

例 12.6 2 項関係を有向グラフで表す
(1) $A = \{u, v, w, x, y, z\}$ の上の 2 項関係（半順序）$R = \{(u, u), (u, v), (u, w), (u, y), (v, v), (v, w), (w, w), (x, x), (x, y), (y, y), (z, z)\}$ を表す有向グラフは

次のようになる．

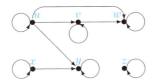

このグラフには次のような特徴がある：
- どの頂点にも自己ループがある（半順序の反射律のため）．
- どの2頂点間にも辺がないか，あるなら一方から他方へのみである（反対称律）．
- 頂点 u と v の間と頂点 v と w の間に辺があると，u と w の間にも辺がある（推移律）．

(2) 有限集合 A の上の全関係を表す有向グラフは $(A, A \times A)$ である．頂点の個数 $|A|$ が $1, 2, 3$ の場合を以下に示す．

(3) A の上の恒等関係 id_A を表す有向グラフは，自己ループ付きの $|A|$ 個の頂点だけからなる $(|A|, |A|)$ 有向グラフであり，空関係は $(|A|, 0)$ 有向グラフである． ◻

一般に，有向グラフ $G = (V, E)$ において，E を V の上の2項関係と見たとき E が性質 $\mathcal{P}$ をもつならば，G は性質 $\mathcal{P}$ をもつ有向グラフであるという．例えば，
- E が対称律を満たすとき，すなわち，どの頂点間においても，もし辺があるなら必ず両向きに辺があるとき，G は対称的有向グラフであるという．
- 完全有向グラフとは，どの2頂点 u と v（$u = v$ の場合を含む）の間にも辺 (u, v) か辺 (v, u) の少なくとも一方がある ような有向グラフのことである．したがって，どの頂点にも自己ループがあるので，完全有向グラフは反射的である．
- どの頂点にも自己ループがあり，どの2頂点の間にも両向きに辺がある有向グラフは反射的かつ対称的かつ推移的であり，同値類を表している．例えば，上例 (2) の有向グラフ（G_1, G_2, G_3 とする）は対称的な完全有向グラフであり，G_i は i 個の点からなる同値類を表している．

問 12.6^S 次のことは正しいか？
- すべての頂点に自己ループがあるならば反射的有向グラフである．
- どの 2 頂点間にも高々 1 本しか辺がない有向グラフは反対称的有向グラフである．
- 推移的有向グラフでは，頂点 u から頂点 v への道があれば，辺 (u, v) もある．

問 12.7^S G が対称的な完全有向グラフのとき，$p = |V(G)|$, $q = |E(G)|$ とすると，$\square \leqq q \leqq \square$ である（p で表せ）．

問 12.8^S R は有限集合 A の上の同値関係で，R の同値類は $[a]_R$ と $[b]_R$ の 2 個だけで $|[a]_R| = |[b]_R|$ である．$|A| = 2n$ のとき，有向グラフ $G = (A, R)$ の辺の本数を求めよ．

12.3 有向グラフの道・連結性

G の頂点を有限個並べた列

$$P := \langle v_0, v_1, \cdots, v_n \rangle$$

（ただし，各 $1 \leqq i \leqq n$ について $(v_{i-1}, v_i) \in E$）

のことを v_0 から v_n への**道**といい[†3]，n をこの道 P の**長さ**というのは無向グラフと同様であるが，有向グラフの場合，道は G の頂点の上を辺の矢印の向きに沿ってたどった経路である．道の始点，終点，単純道，基本道，閉路，基本閉路なども無向グラフと同様に定義される．ただし，有向グラフの場合，<u>長さ 1 以上の基本閉路をサイクルと定義する（自己ループは長さが 1 のサイクル）</u>．

例 12.7 道と閉路

下図の G における道，閉路などの例を挙げよう：

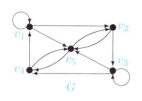

道： $\langle v_1, v_1, v_2, v_3, v_5, v_2, v_3, v_4, v_5 \rangle$
単純道： $\langle v_1, v_1, v_2, v_3, v_4, v_5 \rangle$
基本道： $\langle v_1, v_2, v_3, v_4, v_5 \rangle$
閉路： $\langle v_1, v_2, v_5, v_2, v_3, v_5, v_2, v_3, v_4, v_1 \rangle$
単純閉路： $\langle v_1, v_2, v_5, v_2, v_3, v_4, v_1 \rangle$
サイクル： $\langle v_1, v_2, v_3, v_4, v_1 \rangle$ □

2 項関係の累乗，推移閉包，反射推移閉包と有向グラフの道の長さとの関係を次の定理に述べる．

[†3] '有向' という形容詞を付けて呼ぶこともある．

12.3 有向グラフの道・連結性

定理 12.1 R を A の上の 2 項関係, $G = (A, R)$ をその有向グラフとする. 次のことが成り立つ.
(1) $x R^n y \iff G$ において, x から y への長さ n の道が存在する.
(2) $x R^* y \iff G$ において, x から y への道が存在する.
(3) $x R^+ y \iff G$ において, x から y への長さ 1 以上の道が存在する.

例 12.8 2 項関係と有向グラフ

例 12.7 の有向グラフは,
$$A = \{v_1, v_2, v_3, v_4, v_5\}$$
の上の 2 項関係
$$R = \{(v_1, v_1), (v_1, v_2), (v_1, v_5), (v_2, v_3), (v_2, v_5), (v_3, v_3),$$
$$(v_3, v_4), (v_3, v_5), (v_4, v_1), (v_4, v_5), (v_5, v_2), (v_5, v_4)\} \subseteq A \times A$$
を表している.

例えば v_1 から v_4 へは長さ 5 の道 $\langle v_1, v_2, v_3, v_3, v_5, v_4 \rangle$ が存在し, $v_1 R^5 v_4$ である. また, $v_1 R^* v_1$, $v_1 R^+ v_2$, $v_1 R^2 v_3 R^* v_3 R v_5 R^2 v_1$ などが成り立つ. □

● 連結性

連結とは「辺でつながっている」という意味であるのは無向グラフと同じであるが, 無向グラフと違い有向グラフの場合, 以下に述べるような 3 種類の連結性が考えられる. まず, 頂点 u から頂点 v への道が存在するとき, u から v へ**到達可能** (reachable) であるという.

- G のどの 2 頂点を取っても少なくとも一方から他方へ到達可能であるならば, G は**片方向連結** (unilateral) であるという.
- G のどの 2 頂点を取っても互いに一方から他方へ到達可能であるならば, G は**強連結** (strongly connected) であるという.
- $G = (V, E)$ において, E を V の上の 2 項関係と見たとき, 元々ある辺だけでなく, それらと逆向きの辺をさらに付け加えてできる有向グラフ $(V, E \cup E^{-1})$ が強連結となるならば G は**弱連結** (weakly connected) であるという. すなわち, 弱連結とは, 矢印の向きを無視して辺をたどれば, どの 2 頂点も互いに一方から他方へ到達可能なことである.
- 弱連結でさえもないとき, **非連結**であるという.

G の ××× 連結な部分有向グラフの中で極大なもの,すなわち,どの頂点を追加してもどの辺を追加しても ××× 連結でなくなってしまうようなものを G の ××× **連結成分** (××× connected component) という.

例 **12.9** 連結性

(1) 位数 3 の有向グラフでそれぞれの連結性の例を示そう.

非連結 　　　弱連結 　　　片方向連結 　　　強連結

(2) 下図において,強連結成分などを破線で囲って示した.強連結成分同士,弱連結成分同士は交わらない.

強連結成分 　　　片方向連結成分 　　　弱連結成分

問 **12.9**^{S} 強連結成分同士,弱連結成分同士が交わらない理由を説明せよ.

強連結/片方向連結の特徴付けを次の定理に述べる.**全域道**(**全域閉路**)とはすべての頂点を通過する道(閉路)のことである.

定理 **12.2** (1) G が片方向連結 $\iff$ G には全域道が存在する.
(2) G が強連結 $\iff$ G には全域閉路が存在する.

[証明] (1) を証明すれば (2) は (1) から導かれる.

($\impliedby$) は自明なので,($\implies$) を証明する.

u, v を G の任意の 2 頂点とする.G は片方向連結なので,u から v への道 P または v から u への道が存在する.前者の場合を考える(後者の場合も証明はまったく同様).以下,頂点 a から頂点 b への道が存在すること(および,そのような道の一つ)を

$$a \rightsquigarrow b$$

で表す.P が全域道でない場合,P 上にない頂点 w が存在する.w を含むように道 P を拡張できることを示す.

G の片方向連結性より，$u \leadsto w$ または $w \leadsto u$ が成り立っていることに注意する．

<u>場合 1</u>：$w \leadsto u$ のとき，$w \leadsto u$ に P を継ぎ足したものが求める道である．

<u>場合 2</u>：$u \leadsto w$ のとき，次の 2 つの場合がある．片方向連結性より，$v \leadsto w$ または $w \leadsto v$ が成り立っている．

<u>場合 2.1</u>：$v \leadsto w$ のとき，P に $v \leadsto w$ を継ぎ足したものが求める道である．

<u>場合 2.2</u>：$v \leadsto w$ でなく，$w \leadsto v$ のとき，$u \leadsto v$ の上の頂点 x で次の条件を満たすものを考える（必ず存在し，$u \leadsto x$ である）．

(a) x は $x \leadsto w$ となる P の上の頂点のうち最も v に近いものである．

(b) P の上で x から隣接する頂点を z とする（必ず存在する）と，(a) により $w \leadsto z$ である．右図参照．

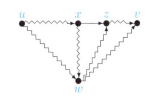

$u \leadsto x$ に $x \leadsto w, w \leadsto z, z \leadsto v$ をこの順に継ぎ足したものが求める道である．

P の上にない頂点が存在する限りこのような操作を繰り返すと，いずれすべての頂点を含む u から v への道が得られる． □

問 12.10^S　例 12.1 の有向グラフの強連結成分，片方向連結成分，弱連結成分をそれぞれ求めよ．

12.4 有向オイラーグラフ・有向ハミルトングラフ

第 7 章のオイラーグラフや第 8 章のハミルトングラフに関する各種の性質は有向グラフに対しても類似のことが成り立つ．以下でその典型的な例として定理 7.1 と定理 8.1 の有向グラフ版について述べる．

まず，オイラーグラフの特徴付けについてであるが，有向グラフの場合には，オイラー道において始点と終点が一致しないならば，始点においても終点においても通過するときに入る辺と出る辺の個数が相殺されるので，始点から出ている辺は入っている辺よりも 1 本多く，同時に終点に入っている辺は出ている辺よりも 1 本多い．よって，定理 7.1 より次の系が得られる：

> **系 12.1** 有向グラフ（有向多辺グラフでもよい）G がオイラー道 をもつための必要十分条件は，
> (1) G が連結で，
> (2-1) すべての頂点の入次数と出次数が等しいか，または
> (2-2) 2つの頂点 v_1 と v_2 以外のすべての頂点の入次数と出次数が等しく，かつ
> (3) $\text{out-deg}(v_1) = \text{in-deg}(v_1) + 1, \text{in-deg}(v_2) = \text{out-deg}(v_2) + 1$ が成り立つことである．v_1, v_2 はオイラー道の始点と終点になる．
>
> 特に，G が オイラー閉路 をもつための必要十分条件は，すべての頂点の入次数と出次数が等しいことである．

次にハミルトングラフについてであるが，有向グラフに対しても定理 8.1, 系 8.1 と同様な結果が知られている：

> **定理 12.3** (1) G が位数 p の強連結な有向グラフで，隣接しない任意の2頂点 u,v ($u \neq v$) に対して $\deg(u) + \deg(v) \geq 2p - 1$ であるならば，G はハミルトン閉路をもつ．したがって特に，完全有向グラフはハミルトン道をもつ．
> (2) G が位数 p の有向グラフで，隣接しない任意の2頂点 u,v ($u \neq v$) に対して $\deg(u) + \deg(v) \geq 2p - 3$ であるならば，G はハミルトン道をもつ．
>
> どの2頂点 u,v 間にも，辺 (u,v) または辺 (v,u) のどちらか1つだけがある有向グラフのことを **トーナメント** (tournament) という．
> (3) 任意のトーナメントはハミルトン道をもつ．
> (4) 位数が3以上のトーナメントがハミルトングラフである必要十分条件は強連結なことである．

第12章 演習問題

問 12.11 （有向グラフに対する握手補題） 有向グラフ $G = (V, E)$ において，次の式が成り立つことを示せ：

$$\sum_{v \in V} \text{in-deg}(v) = \sum_{v \in V} \text{out-deg}(v) = |E|$$

問 12.12 半順序集合の有向グラフについて，次の各問に答えよ．
(1) $(2^{\{a,b\}}, \subseteq)$ を有向グラフとして描け．
(2) $(2^{\{a,b,c\}}, \subseteq)$ を有向グラフと見たときの位数とサイズはいくつか？
(3) 半順序の有向グラフの特徴を列挙せよ．

問 12.13 次の有向グラフについて答えよ．
(1) 最大の入次数と最小の出次数および最大次数と最小次数を求めよ．
(2) 強連結成分，片方向連結成分，弱連結成分を求めよ．

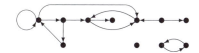

問 12.14 正しいか否か？
(1) 有向グラフのすべての辺の向きをなくしたものは無向グラフである．
(2) 同値関係の有向グラフの連結成分は強連結である．
(3) 半順序の有向グラフの連結成分は片方向連結である．

問 12.15^S 有向グラフ $G = (V, E)$ の頂点集合が $V = \{v_1, \ldots, v_p\}$ であるとき，0 または 1 を成分とする p 次正方行列 $A = (a_{ij})$ を次のように定義し，G の**隣接行列**という．

$$a_{ij} = \begin{cases} 1 & ((v_i, v_j) \in E \text{ のとき}), \\ 0 & ((v_i, v_j) \notin E \text{ のとき}). \end{cases}$$

(1) 右の有向グラフの隣接行列を求めよ．
(2) 隣接行列の行の和，列の和はどんなことを表しているか？
(3) 次の定理を証明せよ．

> **定理 12.4** $V = \{v_1, \ldots, v_p\}$ である有向グラフ $G = (V, E)$ の隣接行列を A とすると，A^n の (i, j) 成分は G における v_i から v_j への長さ n の相異なる道の個数である．

(4) G が強連結であるための条件を G の隣接行列を使って述べよ．

問 12.16 無向グラフと同様に，有向グラフ $G_1 = (V_1, E_1)$ が $G_2 = (V_2, E_2)$ と '同型' であることを定義し，$(3, 3)$ 有向グラフを同型なものを除いて列挙せよ．

第13章 ラベル付きグラフ

　ある事柄をグラフで表すとき，頂点や辺は単なる隣接関係以上の何らかの情報をもっていることが多い．このような情報を頂点や辺のラベル（名札）として付け加えたグラフをラベル付きグラフといい，とても有用である．

13.1 頂点や辺が情報をもつグラフ

　頂点や辺にラベル（名札）と呼ばれる情報を付け加えたグラフを**ラベル付きグラフ** (labelled graph) という．特に，ラベルが数値の場合には**重み付きグラフ** (weighted graph) ともいう．形式的には，ラベル付きグラフは

$$G = (V, E, f, g), \quad f: V \to L_V, \quad g: E \to L_E$$

によって定義される．ここで，
- G は有向あるいは無向グラフであり，
- f, g はそれぞれ頂点，辺に付ける**ラベル** (label) あるいは**重み** (weight) を指定する関数であり，
- L_V と L_E は使うことのできるラベル（あるいは重み）の集合である．
- ラベルは数，記号，文字列など何でもよい．

頂点のみにラベル付けする場合は (V, E, f) によって，辺のみにラベル付けする場合は (V, E, g) によって表す．

例 13.1 いろいろなラベル付きグラフ

　(1) 100 円のジュースを販売する自動販売機における硬貨の投入状況は次ページの図のような重み付き有向グラフ (V, E, f, g) で表すことができる．使用可能硬貨は 10 円，50 円，100 円のみとする．

$$L_V := \{0\,円, 10\,円, \ldots, 100\,円\}, \quad L_E := \{10\,円, 50\,円, 100\,円\}$$

であり，$f: V \to L_V, g: E \to L_E$ である．図において，例えば，

$$f(\boldsymbol{u}) = 0 \text{円}, \quad f(\boldsymbol{v}) = 10 \text{円}, \quad g((\boldsymbol{u}, \boldsymbol{v})) = 10 \text{円}$$

のようにラベルが付けられている．

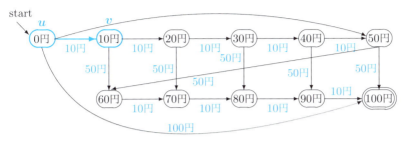

(2) 左下図は，都市間の交通網を表す重み付きグラフである．頂点は都市，辺は道路，それに付けられた重みは距離をそれぞれ表す．

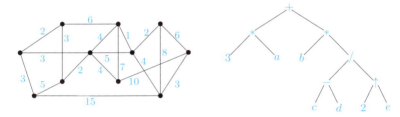

(3) 数式は**オペランド**（operand，被演算数：演算の対象になるもの）を葉とし，演算子を内点とする根付き順序木で表すことができる．例えば，右上図のラベル付きグラフは

$$3 * a + b * ((c - d)/(2 \uparrow e))$$

を表す（↑は累乗演算）．木が演算順序も表していることに注意したい． □

問 13.1^S $a * (x + y + z)/b * c$ を上例 (3) のように木で表せ．この場合，結合順位が同じ演算子はどのように扱ったらよいか？

● ラベル付き有向グラフ

有向グラフの場合も，辺や頂点にラベルを付けたものを考えることができ，それも有用である．

問 13.2^S (1) ラベル付きグラフで表すのが適した問題をいくつか挙げよ．
(2) ラベル付き無向グラフよりもラベル付き有向グラフで表した方がよい問題の例を挙げよ．

例 13.2　渡河問題をラベル付きグラフを使って解く

1匹の犬と1匹の猿を連れ，1カゴのバナナをもった男が河を渡ろうとしている．

(1) 渡河用には小さなボートが1隻あるだけで，
(2) ボートは男が漕がなければならない．
(3) 重量制限のため，男以外には犬・猿のどちらかだけ，またはバナナしか乗せることができない．
(4) 犬と猿（けんかをする），猿とバナナ（猿はバナナを食べてしまう）はこの組合せで岸に残しておくことができない．

このような条件の下で，向こう岸に渡る方法を求めたい．この問題を解くために，可能な状態（両岸に何と何がいるか）を頂点とするグラフを考える．

- 「両岸に何と何がいるか」を頂点にラベルとして付ける．
- ある状態から別の状態へ移りうるとき辺で結び，その辺には男がボートに乗せるものをラベルとして付ける（ラベルの付いていない辺は何も乗せていないことを表す．'空'を表すラベルが付いていると考えるとよい）．

始めの状態（start で示している）から目的状態（◎ で示している）へ至る道が渡河方法を表す．

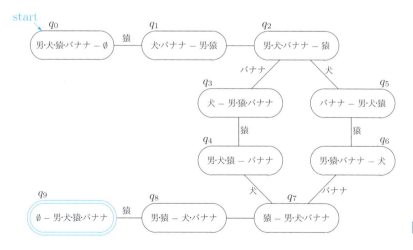

● 重み付きグラフにおける距離

第4章では，グラフ G の2点 u と v の間の距離 $d(u,v)$ を「最短の uv 道の長さ」として定義したが，これは各辺の長さ（すなわち，その辺の両端である2頂点間の距離）を1としたものにほかならない．

当然のことながら，各辺の長さが必ずしも1でない場合についても考えたい．そのような場合を表すのが重み付きグラフである．長さは負や0ではないので，G の辺に付ける重みは正の実数とする．すなわち $G = (V, E)$, $w : E \to \mathbb{R}_{>0}$ を考える．u と v の間の距離 $d(u,v)$ は「すべての uv 道を考え，それらの道を構成する辺の重みの和の最小値」と定義する：

$$d(u, v) := \min\left\{\sum_{i=0}^{n-1} w(u_i u_{i+1}) \;\middle|\; \langle u = u_0, u_1, \ldots, u_n = v \rangle \text{ は } uv \text{ 道}\right\}.$$

しかし，この定義だと，d は必ずしも距離の性質を満たさない．

問 13.3[S] "$d(u,v) = 0 \iff u = v$" が成り立たない例，三角不等式が成り立たない例を示せ．

そこで，"$d(u,v) = 0 \iff u = v$" も三角不等式も成り立つような重み付きグラフ G をメトリックグラフ (metric graph)[†1]と呼ぶことにする．

G がメトリックグラフならば，第4章で定義したのと同様に，頂点 $v \in V(G)$ の離心数 $e(v)$，G の半径 $\mathrm{rad}(G)$ と直径 $\mathrm{diam}(G)$ を定義することができる．

問 13.4[S] メトリックグラフにおいて，直径と半径の間で $\mathrm{rad}(G) \leqq \mathrm{diam}(G) \leqq 2 \cdot \mathrm{rad}(G)$ が成り立つか？

13.2 有限オートマトン

例 13.1 (1) や例 13.2 のように，
- 出発頂点（start → ○ で示されている）と
- 目的頂点（◎ で示されている）が指定されていて，
- 辺にラベルが付いている有向グラフあるいは有向多辺グラフ

によって表されるシステムを<u>非決定性</u>有限オートマトンといい，対応するラベル付き有向（多辺）グラフをその遷移グラフと呼ぶ（例 13.2 の無向グラフは対称的な有向グラフと考えることができる）．

[†1] 本書だけで用いる用語であり，一般的な用語ではない．

形式的には，遷移グラフを使わずに次のように定義する．**有限オートマトン** (finite automaton) とは 5 項組
$$M = (Q, \Sigma, \delta, q_0, F)$$
によって指定されるシステムのことである．

(1) Q は有限アルファベット（すなわち，記号の集合）であり，Q の元を**状態** (state) という．

  (i) 特に，$q_0 \in Q$ は**初期状態** (initial state) と呼ばれる特別な状態であり，

  (ii) Q の元のいくつかを**受理状態** (accepting state) として指定しておく．F はそのような受理状態の集合である ($F \subseteq Q$).

(2) Σ も有限アルファベットであり，Σ を**入力アルファベット** (input alphabet) といい，Σ の元を**入力記号** (input symbol) という．

(3) δ は $Q \times \Sigma$ から Q への関数であり，これを**状態遷移関数** (next-state function) という．$\delta(q,a)$ が定義されていない $(q,a) \in Q \times \Sigma$ があってもよいとする（一般に，このように定義域の点の中に関数値が定義されていないものもある関数を**部分関数** (partial function) という．部分関数でないことを明示する場合には**全域関数** (total function) ともいう）．

  (iii) $\delta(p,a) = q$ は，M の現在の状態が p であるときに Σ の元である文字 a を読んだら状態を q に変える（すなわち，p から q に**遷移** (move) する）ことを表す．

● 決定性と非決定性

有限オートマトンのことを **決定性 有限オートマトン** (deterministic finite automaton, **DFA**) ともいう．

これに対し，δ を $Q \times \Sigma$ から 2^Q への（部分）関数に拡張したものを **非決定性有限オートマトン** (nondeterministic finite automaton, **NFA**) という．非決定性有限オートマトンの場合，$\delta(p,a) = \{q_1, \ldots, q_m\}$ は，状態 p から状態 $q_1, \ldots, q_m$ のどれへ遷移してもよいことを表す．

決定性有限オートマトンは非決定性有限オートマトンの特別な場合（どの p, a に対しても $|\delta(p,a)| \leq 1$ であるもの）であることに注意する．

13.2 有限オートマトン

● **遷移グラフ（遷移図）**

（決定性あるいは非決定性の）有限オートマトン M は，状態を頂点とし，

$$p \xrightarrow{a} q \quad \overset{\text{def}}{\iff} \quad \delta(p, a) = q \quad \text{(DFA の場合)}$$

$$p \xrightarrow{a} q \quad \overset{\text{def}}{\iff} \quad q \in \delta(p, a) \quad \text{(NFA の場合)}$$

によって，有向辺とそのラベルが定義される多辺有向グラフによって表すことができる．特に，初期状態および受理状態をそれぞれ

初期状態： $\text{start} \to \bigcirc$ （あるいは，単に $\to \bigcirc$），

受理状態： ◎

によって示す．このようなラベル付き有向グラフを M の**遷移グラフ**とか**遷移図** (transition diagram) という．

● **有限オートマトンが受理する語・言語**

初期状態から受理状態へ至る道

$$p := \langle q_0, q_1, \ldots, q_n \rangle \quad (q_n \in F)$$

において

$$\delta(q_{i-1}, a_i) = q_i \quad (1 \leq i \leq n)$$

が成り立っているとき（すなわち，$q_0, q_1, \ldots, q_n$ の順に矢印の向きに沿って辺をたどったとき，それらの辺に付けられたラベルが出現順に $a_1, \ldots, a_n$ であるとき），

$$q_0 \xrightarrow{a_1} q_1 \xrightarrow{a_2} \cdots \xrightarrow{a_n} q_n$$

$a_1 \cdots a_n$ を p 上の**ラベル列**と呼ぶことにする．$n = 0$ のとき $a_1 \cdots a_n$ は空語 λ を意味する．

M が**受理** (accept) する言語を次のように定義する：

$$L(M) := \{w \in \Sigma^* \mid w \text{ は初期状態から受理状態への道の上のラベル列}\}$$

例 13.3 有限オートマトンの遷移図

(1) 例 13.1 (1) は有限オートマトン

$$M_1 := (Q_1, \Sigma_1, \delta_1, 0\text{円}, \{100\text{円}\})$$

の遷移図である．M_1 は決定性有限オートマトンである．ただし，

$Q_1 = \{0\text{円}, 10\text{円}, \ldots, 100\text{円}\}, \quad \Sigma_1 = \{10\text{円}, 50\text{円}, 100\text{円}\},$

$\delta_1(0\text{円}, 10\text{円}) = 10\text{円}, \ldots, \delta_1(50\text{円}, 50\text{円}) = 100\text{円}, \delta_1(0\text{円}, 100\text{円}) = 100\text{円}$

である．M_1 は 9 個の語だけからなる次の言語を受理する：

$$L(M_1) = \{\overbrace{10\text{円}\cdots 10\text{円}}^{10}, \overbrace{10\text{円}\cdots 10\text{円}}^{i} 50\text{円} \overbrace{10\text{円}\cdots 10\text{円}}^{j},$$
$$50\text{円}\, 50\text{円}, 100\text{円} \quad | \quad i + j = 5\}$$

(2) $M_2 := (\{q_0, q_1\}, \{0, 1\}, \delta_2, q_0, \{q_1\})$ は言語

$$L(M_2) = \{w \in \{0,1\}^* \mid w \text{ の中には } 1 \text{ が奇数個}\}$$

を受理する決定性有限オートマトンである．M_2 の遷移表と遷移図を下に示す：

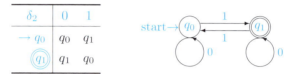

遷移関数の定義域・値域は有限集合であるから，この例のように表で表すことができる．これを**遷移表** (transition table) とか**状態遷移表**という．

(3) 下図の M_3 と M_4 はどちらも言語 $(aab)^*a$ を受理するが，M_3 は NFA であり M_4 は DFA である（M_4 の，状態遷移関数は全域関数である．部分関数でもよいならば，M_4 と等価な，状態が 3 個の DFA も存在する → 問 13.14）．この例のように，頂点に付けたラベル（＝状態の名前）を省略してもよい．

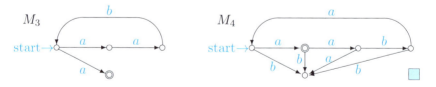

問 13.5^S　例 13.2 のラベル付きグラフは有限オートマトンの遷移図である．ただし，辺にラベルが付いていない所が 2 箇所あるが，そこには空語 λ が付いていると考える（このような有限オートマトンを**空動作を有する**有限オートマトンという）[†2]．

[†2] この場合，状態遷移関数 δ は $Q \times (\Sigma \cup \{\lambda\})$ から Q への関数であると定義する．辺をたどったときのラベル列が $a_1 \cdots a_n$ で $a_i = \lambda$ だったら，このラベル列は $a_1 \cdots a_{i-1} a_{i+1} \cdots a_n$ である．空動作を有する有限オートマトンは，空動作を有しない等価な有限オートマトンに変換できる．

(1) DFA か NFA か？
(2) 状態遷移表を書け．
(3) このオートマトンが受理する言語を示せ．

問 **13.6**^{S} (1) 次の有限オートマトン（いずれも DFA）が受理する言語を求めよ．

(2) (1) の有限オートマトンの状態遷移表を書け．

同じ言語を受理する有限オートマトンは**等価** (equivalent) であるという．
有限オートマトンを次のように拡張および制限する．

1. 拡張：初期状態を q_0 1 つだけでなく，複数個の初期状態を許す．
2. 制限 1：受理状態の個数を 1 個だけに制限する．
3. 制限 2：入力 λ による遷移を許さない．

> **定理 13.1** 上記の拡張や制限をしても有限オートマトンの能力は変わらない．すなわち，等価な有限オートマトンが存在する．

問 **13.7**^{S} (1) 上記の拡張をした次の NFA と等価な，初期状態が 1 つだけの NFA を求めよ．ただし，空動作があってもよい．
(2) (1) から空動作をなくして等価な NFA と DFA を求めよ．

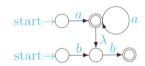

> **定理 13.2** 任意の非決定性有限オートマトンは，等価な決定性有限オートマトンへ変換することができる．

第13章 演習問題

問 13.8 次の式を 2 分木で表せ．ただし，演算の結合優先度は $\uparrow$; $*$; $+, -$ の順とする（$+$ と $-$ の優先順位は同じ）．
(a) $-(-a*x-b)$ (b) $(a+3)*x\uparrow x\uparrow x-2*b*(x-y)$

問 13.9 3 組の夫婦が旅の途中で河に出会った．そこには 2 人乗りのボートが 1 隻しかなかった．どの男も嫉妬深く自分の妻を男だけの中に残しておくことができない．3 組の夫婦が河を渡る方法をラベル付きグラフを用いて考えよ．

問 13.10^S 次の有限オートマトンが受理する言語を求めよ．

問 13.11 次の空動作を有す NFA と等価な空動作を有しない NFA を求めよ．また，それと等価な DFA を求めよ．

問 13.12 次の言語を受理する（決定性/非決定性）有限オートマトンを示せ．
(a) $\{000, 01, 110\}$ (b) $\{a, b\}^*$ (c) $\{a^{3i}b^{2j} \mid i, j \geq 0\}$
(d) 00 で始まり 11 で終わる語の全体
(e) 0 も 1 も偶数個ずつ含んでいる語の全体
(f) $\{x \in \{1, 2, \ldots, 9\}\{0, 1, \ldots, 9\}^* \mid $ 10 進数 x は 3 の倍数 $\}$

問 13.13 人間の疲労度を「元気」，「少し疲れている」，「疲れている」の 3 レベルに分け，「食事を取る」，「勉強する」，「遊ぶ」，「寝る」によって疲労度がどう変わるかをまとめたものが次の表である．

	食事	勉強	遊ぶ	寝る
元気	元気	少疲	元気	元気
少疲	元気	疲労	少疲	元気
疲労	少疲	疲労	疲労	元気

元気の状態から食事，勉強，遊び，就寝を繰り返して再び元気の状態に戻るまでの行動のパターンすべてを求めよ．

問 13.14^S 例 13.3(3) の 3 状態 DFA（M_4' とする）を求めよ．

第14章 グラフの彩色

ここでは，グラフの頂点や辺や領域に色を付けることを考える．なかでも，平面グラフの隣り合う領域 (= 地図上の国) が異なる色となるように4色で塗り分けられるかという問題は '4色問題' として知られ，グラフに対する史上最初の彩色問題であり，長いこと未解決であった有名な問題である．

14.1 頂点の彩色

隣接するどの2頂点も異なる色となるように頂点に色をラベル付けすることを**彩色** (coloring) という．
- n 色を用いた彩色を **n-彩色** (n-coloring) といい，
- n 色以下で彩色できるとき **n-彩色可能** (n-colorable) であるという．
- グラフ G が n-彩色可能であるような n の最小値を G の**染色数** (chromatic number) といい，

$$\overset{\text{カイ}}{\chi}(G)$$

で表す．

より正確には，次の条件を満たす全射 $c_V : V \to \{1, \ldots, n\}$ のことを $G = (V, E)$ の n-彩色という：

$$uv \in E \implies c_V(u) \neq c_V(v).$$

例 14.1 頂点の彩色
(1) $\chi(K_n) = n$
(2) $\chi(Star_n) = 2$
(3) $\chi(P_n) = \begin{cases} 1 & (n = 1) \\ 2 & (n \geq 2) \end{cases}$

$\chi(K_4) = 4 \qquad \chi(Star_8) = 2$

$\chi(P_5) = 2$

(4) $\chi(C_n) = \begin{cases} 2 & (n \text{ が偶数}) \\ 3 & (n \text{ が奇数}) \end{cases}$

$\chi(C_4) = 2$

$\chi(C_5) = 3$

(5) $\chi(W_n) = \begin{cases} 3 & (n \text{ が偶数}) \\ 4 & (n \text{ が奇数}) \end{cases}$

$\chi(W_3) = 4$ $\chi(W_4) = 3$

(6) $\chi(G_1 \boxplus G_2 \boxplus \cdots \boxplus G_n) = \max\{\chi(G_i) \mid 1 \leqq i \leqq n\}$ □

問 14.1^S 染色数を求めよ．$\chi(G) = m$ とする．
(a) 木 (b) 森 (c) $G + K_1$ (d) $G \times P_n$ (e) $G \times C_n$

次の定理は，2部グラフの特徴付けについてのケーニヒの定理（定理 9.1）に対応するものである：

> **定理 14.1** （ケーニヒの彩色定理$^{\text{D.König}}$）　自明でないグラフ $G = (V, E)$ が 2-彩色可能（すなわち，$\chi(G) = 2$）である必要十分条件は，G が 2 部グラフであることである．

［証明］（$\Longrightarrow$）$\chi(G) = 2$ なら，隣接する頂点は異なる色で塗ることができる．色 1 で塗られる頂点の集合を V_1 とし，色 2 で塗られる頂点の集合を V_2 とすると，明らかに，$V = V_1 \cup V_2, V_1 \cap V_2 = \emptyset$ であり，

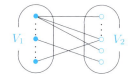

彩色の条件より，辺は V_1 の頂点と V_2 の頂点の間にしかない．よって，G は V_1, V_2 を部とする 2 部グラフである（左図）．

（$\Longleftarrow$）G の 2 つの部を V_1, V_2 とする．このとき，V_1 の頂点は色 1 で塗り，V_2 の頂点は色 2 で塗れば，彩色の条件を満たしているので，G は 2-彩色可能であり，かつ G が 1 色で塗れないことは明らかである． □

ケーニヒの定理（定理 9.1）より，次の系がただちに得られる．

> **系 14.1** 任意のグラフ G に対して，$\chi(G) \geqq 3 \iff G$ は長さが奇数のサイクルを含む．

● 彩色問題の難しさ

定理 14.1 より，与えられたグラフが 2 色で彩色可能か否かは効率よく判定することができる．すなわち，G が奇数長のサイクルをもつか否かを判定できればよいが，それは各頂点を始点として深さ優先探索[†1]を行なうことにより，頂点の個数に関して多項式時間で実行できる．これに対し，$k \geq 3$ のとき，ちょうど k 色で彩色できるか否かを多項式時間で判定するアルゴリズムはおそらく存在しないであろうと予想されている（このように，多項式時間では解けないであろうと予想されている問題の多くは **NP 完全** (NP-complete)[†2] と呼ばれる部類に属す）．既出の「G はハミルトングラフか？」を判定する問題も NP 完全であることが知られている．一方，「G はオイラーグラフか？」を判定する問題は **P** に属す，アルゴリズム的には 'やさしい' 問題である．

問 14.2^S G がオイラーグラフか否かを判定する問題は **P** に属すことを示せ．また，2 色で彩色可能か否かを判定するアルゴリズムを考えてみよ（やや難）．

さて，染色数の上界については，次の定理が成り立つ：

> **定理 14.2**（ブルックスの定理 (1)）(R.L.Brooks) 任意のグラフ $G = (V, E)$ に対して，$\chi(G) \leq \Delta(G) + 1$ が成り立つ．

[証明] $p = |V|$ に関する帰納法で示す．

<u>$p = 1$ の場合</u>．$G = K_1$ であるから，$\chi(G) = 1$，$\Delta(G) = 0$ であり，成り立っている．

<u>$p \geq 2$ の場合</u>．v を G の任意の頂点とし，$G' := G - v$ とする．帰納法の仮定から，G' は $\Delta(G') + 1$ 色で彩色できる．2 つの場合に分けて考える：

[†1] 深さ優先探索については第 15 章で述べるが，簡単にいうと，辺に沿って先へ先へとたどっていき，行き詰まったら最小限だけ後戻りして探索を続ける方法である．

[†2] n に関して**多項式時間** (polynomial time) であるとは，n の多項式（ある正整数 k に対して n^k）に比例する時間以下であることをいう（第 15 章で述べる O 記法を使うなら，実行時間 $= O(n^k)$ と表すことができる）．答が yes か no かを多項式時間で判定できるアルゴリズムが存在する問題のクラスを **P** という．一方，3-彩色可能性問題を例にして述べると，グラフ G が 3-彩色可能か否かを判定するわけではなく，このように彩色すればよいと推測して示したどんな具体的彩色もそれが本当に G の 3-彩色になっているかどうかを多項式時間で判定できるアルゴリズムが存在するか否かという問題を考える．そのようなアルゴリズムが存在する問題のクラスを **NP** という．2-彩色可能性問題は **P** に属し，3-彩色可能性問題は **NP** に属すかどうかはわかっていない（グラフの場合には，n は位数あるいはサイズである）．一般に $\mathbf{P} \subseteq \mathbf{NP}$ であるが，$\mathbf{P} \subsetneq \mathbf{NP}$ であるかどうかはわかっていない．NP 完全問題は，**NP** に属す問題の中でも最も難しい部類に属す問題である（どれでもよいから，NP 完全問題のどれか 1 つでも **P** に属すことが証明できれば，**NP** に属すすべての問題が **P** に属してしまうことが知られている）．

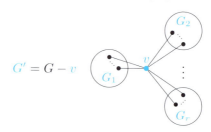

$G' = G - v$

場合 1： $\Delta(G') = \Delta(G)$ のとき，G において，$\deg(v) \leqq \Delta(G)$ だから，$\Delta(G)+1$ 色の中に v と隣接している頂点には使っていない色が少なくとも 1 色あるので，この色を使って v を塗れば G は $\Delta(G)+1$ 色で彩色される．

場合 2： $\Delta(G') \neq \Delta(G)$ のとき，当然 $\Delta(G') < \Delta(G)$ であるから，v には G' で使われていない色を塗ればよい． □

完全グラフでは $\chi(K_n) = n = \Delta(K_n)+1$ であるが，実は完全グラフ以外の場合には，染色数をもっと厳しく評価することができる．

> **定理 14.3** （ブルックスの定理 (2)）　G が長さが奇数のサイクルでもなく完全グラフでもない連結グラフならば，$\chi(G) \leqq \Delta(G)$ である．

グラフ G の部分グラフで完全グラフであるものを G の**クリーク** (clique) という．位数が最大のクリークを**最大クリーク** (maximum clique) といい，最大クリークの位数を**クリーク数**という．G のクリーク数を $\omega(G)$ で表す．

例 14.2　クリークとクリーク数
(1) $\omega(G_1) = k$ ならば，G_1 は位数が $1, 2, \ldots, k$ のクリークのどれも含む．
(2) $\omega(G_2) = 5$：

G_2　青が最大クリーク

□

G が K_n を部分グラフとして含むならば $\chi(G) \geqq n$ であるから，一般のグラフ G に対して次が成り立つ：

$$\chi(G) \geqq \omega(G).$$

問 14.3^S　クリーク数を求めよ．
(a) $K_{n,n}$　(b) $K_n + K_n$　(c) $K_n \times K_n$　(d) $G_1 \boxplus G_2 \boxplus \cdots \boxplus G_n$　(e) $P_4 + G$

証明はしないが，次のような彩色数に関する特徴付けが知られている．しかし，この条件が成り立つかどうかを判定することは難しい[†3]．

補題 14.1 G が誘導部分グラフとして P_4 を含まないならば $\chi(G) = \omega(G)$ である．

定理 14.4 G が n-彩色可能である必要十分条件は，G が P_4 も K_{n+1} も誘導部分グラフとして含まないようなグラフの部分グラフになっていることである．

問 14.4^S 定理 14.4 の ($\Longleftarrow$) を証明せよ．

例 14.3 染色数

(1) 定理 14.2, 14.3 より，G が連結グラフなら，

$$\chi(G) = \Delta(G) + 1 \iff G \text{ は完全グラフまたは奇数長のサイクル}.$$

(2) 右のグラフ G を考える．

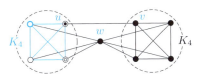

G は K_4 を部分グラフとして含んでいるので，$\chi(G) \geq 4$ であり，G の 2 つの部分グラフ K_4 は 4 色で彩色しなければならない．

もし $\chi(G) = 4$ だとすると，w は u 以外の K_4 のどの頂点とも隣接しているので，w は u と同じ色で彩色するしかない．同様に，w は v と同じ色で彩色するしかない．よって，u と v は同じ色で彩色されている．しかし，u と v は隣接しているのでこれは許されない．ゆえに，$\chi(G) \geq 5$ である．

定理 14.3 によると $\chi(G) \leq 6$ であるが，実際は $\chi(G) = 5$ である（このように，定理は一般の場合を述べたものであるから，すべての場合に対して最良値を与えるわけではない）． ◼

問 14.5^S 例 14.3 (2) の G を 5 色で彩色せよ．

[†3] 実際，与えられたグラフの最大クリークを求める問題は NP 完全問題である．

14.2 辺 の 彩 色

次の条件を満たす全射 $c_E : E \to \{1, \ldots, n\}$ のことを $G = (V, E)$ の **n-辺彩色**という：

$$c_E(uv) = c_E(u'v') \implies \{u, v\} \cap \{u', v'\} = \emptyset \qquad (*)$$

$(*)$ の対偶を図示すると次のようになる：

$$\underset{u}{\bullet} \underline{\qquad} \underset{v=u'}{\bullet} \underline{\qquad} \underset{v'}{\bullet}$$

すなわち，頂点の彩色と同様に，隣接する辺が異なる色となるようにグラフの各辺に色をラベル付けすることを**辺彩色** (edge-coloring) といい，n 色使うときそれを **n-辺彩色**という．グラフ G が n-辺彩色可能であるような n の最小値を G の**辺染色数** (edge chromatic number) といい，

$$\chi'(G)$$

で表す[†4]．

例 **14.4** 辺の彩色
 (1) 頂点や辺に付けられた数字/英字は色番号/色名．彩色は一意的ではない．

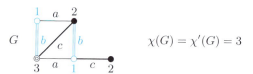

$\chi(G) = \chi'(G) = 3$

 (2) $\chi(P_1) = 1$, $n \geqq 2$ のとき $\chi(P_n) = 2$.
  $\chi'(P_1) = 0$, $\chi'(P_2) = 1$, $n \geqq 3$ のとき $\chi'(P_n) = 2$.
 (3) $\chi(C_{2n}) = \chi'(C_{2n}) = 2$, $\chi(C_{2n+1}) = \chi'(C_{2n+1}) = 3$.
 (4) G が自明でない木（根だけでない木）ならば $\chi(G) = 2$.
 ∵ 適当な頂点を根とする根付き木として G を見て，根からの距離が偶数の点を色 1 で，奇数の点を色 2 で塗ればよい．
  一方，辺彩色はどの 1 頂点に接続する辺も異なる色で塗らなければならないので $\Delta(G)$ 色必要かつ $\Delta(G)$ 色あれば十分なので，$\chi'(G) = \Delta(G)$. ∎

[†4] 辺染色数を表す記号は文献によってまちまちである．$\chi'(G)$ の他には，$\chi_1(G)$, $\chi_e(G)$ などが使われる．

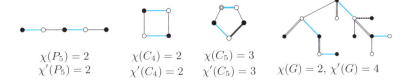

$\chi(P_5)=2$　　$\chi(C_4)=2$　　$\chi(C_5)=3$　　$\chi(G)=2, \chi'(G)=4$
$\chi'(P_5)=2$　　$\chi'(C_4)=2$　　$\chi'(C_5)=3$

問 14.6^S 辺染色数を求めよ．
(a) $K_{1,2,3}$　(b) $Star_n$　(c) W_n　(d) $G_1 \boxplus G_2 \boxplus \cdots \boxplus G_n$　(e) $P_n + K_1$

次の定理の一部 ((1)(a), (2)(a)) は既出の定理の再掲である．

定理 14.5　　(1) 一般のグラフ G の染色数と辺染色数
(a) （ブルックスの定理[R.L.Brooks]）$\chi(G) \leq \Delta(G)+1$．特に，G が奇数長のサイクルでも完全グラフでもない連結グラフならば $\chi(G) \leq \Delta(G)$．
(b) （ビジングの定理[V.G.Vizing]）$\Delta(G) \leq \chi'(G) \leq \Delta(G)+1$．
(2) 2 部グラフの染色数と辺染色数
(a) （ケーニヒの定理[D.König]）G が 2 部グラフ $\iff \chi(G) \leq 2$．
(b) G が 2 部グラフ $\implies \chi'(G) = \Delta(G)$．

定理 14.5 の未証明の部分 ((1)(b) と (2)(b)) の証明はかなり難しいので省略するが，いずれの証明においても以下に述べる**ケンペの鎖** (Kempe chain) と呼ばれる手法が有効である[†5]．例で説明しよう．

例 14.5　ケンペの鎖法

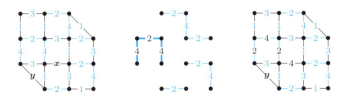

左上のグラフ G を考える．すでに部分的に彩色した結果を色の番号で記してある．しかし，x と y には色 1～4 のどれも塗ることができない．
色 1 と色 3 は x の辺の両端で使われているので，x の色を 2 か 4 に代える

[†5] ケンペ[A.B.Kempe]は 1880 年に 4 色問題の証明を発表したが，10 年後の 1890 年に誤りが発見された．しかし，ケンペが使った手法は有用で，5 色定理が最初に証明されたときにも使われた．

ことを考える（以下では，4に代えてみる）．色が2または4である辺からなる辺集合を$H(2,4)$とし，$H(2,4)$のGにおける誘導部分グラフを考えると，前ページ下部中央図の連結成分が得られる．ここで，xの色を4としたときに辺彩色の条件を満たすように，xの一方の端に接続している連結成分（太い辺のもの）の彩色2と4を入れ替える．こうして得られるGの彩色においてはxの色を4とすることができる（前ページ下部右図）．この例では，偶々であるがyの色を4とすることができ，Gの4-辺彩色が得られる（yは4で彩色する）． □

問 14.7^S 例 14.5 の G において，x よりも先に辺 y にケンペの鎖法を適用して G の 4-辺彩色を求めよ．

例 14.6 定理 14.5 の応用

(1) 明らかに $\chi(K_n) = n$ であるのに対して，
$$\chi'(K_n) = \begin{cases} n-1 & (n\text{ が偶数のとき}) \\ n & (n\text{ が奇数のとき}) \end{cases}$$
である．ただし，$\chi'(K_1) = 0$．

まず，$\chi'(K_n) = n$（n が奇数の場合）を証明しよう．

定理 14.5 (1) (b) より，$n-1 \leq \chi'(K_n) \leq n$ である．n が奇数の場合には，もし $\chi'(K_n) = n-1$ だとすると，辺の総数は $n(n-1)/2$ なので，鳩の巣原理[†6]より，少なくとも $\lceil n/2 \rceil$ 本の辺が同じ色でなければならない．この $\lceil n/2 \rceil$ 本の辺は頂点を共有していないから，K_n には $2\lceil n/2 \rceil = n+1$ 個の頂点があることになり，矛盾．よって，n が奇数なら $\chi'(K_n) = n$ である．

次に，n が偶数の場合は，K_n は K_{n-1} のすべての頂点と，他の1点 v とを辺で結んだグラフであると考える（右図）．上で証明したように，K_{n-1} は $n-1$ 色で辺彩色できるので，K_{n-1} の任意の頂点 u を考えたとき，K_{n-1} において u に接続している $n-2$ 本の辺に用いられている $n-2$ 色とは別の1色を使って辺 uv を彩色すればよい．こうすれば u, v のペアごとに辺 uv の色は違ったものになり，使われる色の総数は $n-1$ である．

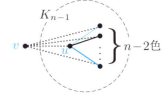

[†6] $k+1$ 羽の鳩を k 個しかない巣に入れるには，どれかの巣に2羽以上入れる必要があること．

(2) パーティの参加者達は，嫌い合う者同士は同じグループに入らないようにいくつかの話の輪を作る．どの人も嫌い合う相手が多くても5人であるならば，話の輪は少ないときには5つ以下となる．なぜなら，パーティの参加者を頂点とし，嫌い合う者同士を辺で結んだグラフ G を考えると，$\Delta(G) \leqq 5$ である．同じ話の輪に入る者同士は同じ色になるように G を彩色すれば $\chi(G)$ は，できる話の輪の最小数を表す．$|V(G)| \leqq 6$ ならば (1) より G は5-彩色可能だし，$|V(G)| \geqq 7$ ならば仮定より G は完全グラフでもないしサイクルでもないので定理 14.5 (1)(a) が適用でき，$\chi'(G) \leqq \Delta(G) \leqq 5$ である．

(3) $\Delta(K_{m,n}) = \max\{m,n\}$ であるから，定理 14.5 (2)(b) より $\chi'(K_{m,n}) = \max\{m,n\}$ である． □

14.3 領域の彩色

グラフの彩色に関してはもう一つの概念がある．それは平面グラフの領域の彩色である．平面グラフ G のすべての領域を，境界線を境に隣接するどの2つの領域も異なる色になるように n 色以下で彩色できるとき G は **n-領域彩色可能** (n-region colorable) であるといい，このような n の最小値を G の**領域染色数** (region chromatic number) といい，本書では次の記号で表す[†7]：

$$\chi''(G)$$

領域染色数は，次のような歴史上有名な問題と深い関わりがある．それは，平面上に描かれたどんな地図も，隣り合うどの2国も異なる色となるように4色以下で彩色できるかどうかを問う問題で，**4色問題** (Four Color Problem) と呼ばれている．この問題は 1852 年に F.Guthrie ガスリーによって提起されて以来，1976 年に K.Appel W.Haken アッペルとハーケンによって肯定的に解決[†8]されるまで 120 年以上に亘りグラフ理論における最も有名な未解決問題であった．

> **定理 14.6** （**4色定理**） すべての平面グラフ G は 4-領域彩色可能である．すなわち，$\chi''(G) \leqq 4$．

[†7] $\chi^*(G)$ が使われることもある．

[†8] 138 ページに及ぶ長大な論文の出版は 1977 年．証明の最終段階では，ある種の部分グラフについて調べるために高速コンピュータで 1200 時間を超える計算が必要だった．

4色定理の証明の難しさに比べ，平面グラフが5色で領域彩色可能であることを証明するのはさほど難しいことではない．その準備として，領域の彩色と頂点の彩色の間の関係について述べておこう．

平面グラフ G の**双対** G^* については第10章（平面グラフ）で述べた．

(i) 平面グラフの双対は平面的グラフである（定理10.8）．
    したがって，
(ii) 平面グラフ G の領域染色数を求める問題は G^* の（頂点の）染色数を求める問題と同値である．

問 14.8^S 上記の (ii)，すなわち $\chi''(G) = k \iff \chi(G^*) = k$ であることを証明せよ．

よって，次の定理から，すべての平面グラフは 5-領域彩色可能であることが導かれる．

定理 14.7 G が平面グラフならば $\chi(G) \leqq 5$ である．

[証明] 位数 p に関する帰納法で証明する．

$p \leqq 5$ の場合，明らかに成り立つ．

位数が $p \geqq 6$ の場合，補題10.2より，G には次数が5以下の頂点 v が存在する．$G' := G - v$ とする．帰納法の仮定から，G' は 5-彩色可能である．G における v の隣接頂点を $v_1 \sim v_i$ ($i \leqq 5$) とする．G' の彩色に使った色の1つが $v_1 \sim v_i$ のどれにも使われていなかったら，それで v を彩色すれば G を 5色で彩色できることになるので，$v_1 \sim v_5$ はそれぞれ異なる5色で塗られていると仮定してよい．

$v_1 \sim v_5$ は右図のように時計回りに配置されているとし，v_i は色 i で塗られているものとする．

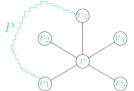

色1または色3で塗られた頂点の集合から誘導される，G' の部分グラフを H とする．

場合1：v_1 および v_3 が H の異なる連結成分に属す場合．この場合には，v_1 を含む連結成分の各頂点の色（1と3）を入れ替えると（したがって，v_1 の色

は 3 になる)．v に隣接するどの頂点も色 1 で塗られていないような G' の彩色が得られる．したがって，v を色 1 で塗れば，G の 5-彩色が得られる．

<u>場合 2</u>：v_1 と v_3 が H の同じ連結成分に属す場合．この場合には，v_1 から v_3 へ至る道で，その上のどの頂点も色 1 または 3 で塗られているような道 P が存在する．この道の前後に辺 vv_1, v_3v を付けるとサイクル C になる．$v_1 \sim v_5$ の配置の仕方より，v_2, v_4, v_5 のすべてがこのサイクル C の内部に入ることはない．例えば，前ページ下図のように v_2 がサイクル C の内部にある場合，どの v_2v_4 道も C と交差するが，G は平面グラフだから，そのような交差は頂点のところでしか起こらない．他の場合も同様．

したがって，G' における v_2v_4 道は色 2, 色 4 以外の色も使っている．色 2 または 4 が塗られた頂点によって誘導される G の部分グラフを F とする．v_2 を含んでいる F の連結成分において，すべての頂点の色（色 2 または 4）を入れ替えると（したがって，v_2 の色は 4 になる），v に隣接するどの頂点も色 2 で塗られていないような G' の 5-彩色が得られる．したがって，v を色 2 で塗れば，G の 5-彩色が得られる． □

系 14.2 (**5 色定理**) G が平面グラフならば $\chi''(G) \leqq 5$ である．

最後に，頂点にも辺にも色を塗り，隣接する頂点や辺，かつ接続する辺と頂点についても異なる色となるように彩色することを**全彩色** (total coloring) といい，それに必要な最小の彩色数を**全染色数** (total chromatic number) といい，χ_{total} で表す[†9]．

$$\chi_{total}(G) \geqq \Delta(G) + 1$$

であるが，上界については $\chi_{total}(G) \leqq \Delta(G) + 2$ という予想はあるが，2016 年の時点で未解決である．

[†9] χ_{total} は本書だけの記法である．

第14章 演習問題

問 14.9^S (1) サイクルのないグラフは 2-彩色可能であることを示せ.
(2) 長さが偶数のサイクルしかないグラフは 2-彩色可能であることを示せ.

問 14.10 有限平面内で交わらない直線だけで作られた領域を塗り分けるには 2 色あれば十分であることを示せ.

問 14.11 日本地図を見て,隣接する県が異なる色となるように日本地図を塗るには何色必要か調べよ.

問 14.12 どの頂点も偶頂点の平面グラフは 2-領域彩色可能であることを示せ.

問 14.13^S 次のグラフの染色数 (χ),辺染色数 (χ') を求めよ.平面的グラフの場合には,平面グラフを描きその領域染色数 (χ'') も求めよ.
(a) $\overline{K_3}$ (b) $P_3 + P_3$ (c) $C_3 \times C_3$
(d) $P_3 \times P_3$ (e) $K_{1,2,3}$ (f) Q_3

問 14.14 9 人の学生が次のような科目を取りたいと考えている.1 科目 1 クラスしかないとき,全員が望むように受講できるためには最低何時限必要か?

学生	希望科目	学生	希望科目	学生	希望科目
桜井	物理, 数学, 英語	山田	物理, 地学, 音楽	佐藤	地学, 歴史
鈴木	音楽, 国語	近藤	数学, 歴史, 生物	斉藤	物理, 地学
三井	歴史, 国語, 数学	高橋	数学, 地学	太田	物理, 生物

問 14.15^S 次の定理を位数 $p = |V|$ に関する数学的帰納法で証明せよ.

> **定理 14.8** (**6 色定理**) $G = (V, E)$ が平面グラフならば $\chi(G) \leq 6$ である.よって,$\chi''(G) \leq 6$.

問 14.16^S 次の定理を証明せよ.

> **定理 14.9** $G = (V, E)$ が 2-領域彩色可能であるための必要十分条件は,G がオイラーグラフであることである.

問 14.17 $\Delta(G) \leq 2$ であるグラフ G すべてに対して,全彩色予想が成り立つことを確認せよ.

第 14 章 演習問題

ティータイム

ハミルトン閉路/道があれば求めよ．

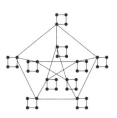

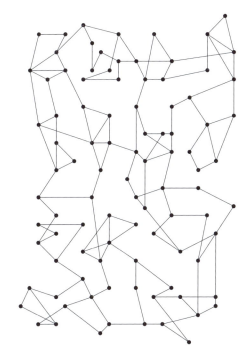

答：① ハミルトン，② 非ハミルトン（ヒント：ペテルセングラフ）
③ ハミルトン（ヒント：16 分割せよ）

第15章
グラフアルゴリズム（1）
—— グラフ上の巡回とデータ構造としての木

　グラフはいろんな問題を表現する手段として非常に有用である．本章と次章では，グラフによって表現された問題をいくつか取り上げ，それを解くためのアルゴリズムについて考える．

15.1　グラフ上の巡回

　ラベル付きグラフの章（第13章）で見たように，いろんな事柄や問題をグラフで表現したとき，頂点や辺には何らかのデータや情報が付随していることがほとんどである．このような場合，それらの情報のすべてを調べることが不可欠なこともしばしば起こる．例えば，各頂点が都市を，辺が都市間を結ぶ高速道の有無を表し，頂点には都市の人口が，辺には高速道の距離がラベルとして付けられたグラフがあるとき，人口が最大の都市を求めるためにはすべての頂点にアクセスしてそのラベルとして付随している人口データを調べなければならないし，A市からB市へ最短距離で行く道を探すには，すべての辺を調べてその付随データである距離を知る必要がある．いずれの場合も，目的を達成するための**アルゴリズム**（algorithm; 計算手順のこと）は，グラフの全頂点あるいは全辺を何らかの方法で系統的にたどる必要がある．グラフ上を系統的にたどることを**巡回** (traverse) という．巡回のアルゴリズムとして，以下に述べる2つ（深さ優先探索と幅優先探索）が特に有用である．

● 深さ優先探索

　$G = (V, E)$ を有向グラフとする（以下の議論は無向グラフの場合へも自然に拡張される）．$(u, v) \in E$ であるとき，u を v の**親**，v を u の**子**という．また，$(u, v_1) \in E$ かつ $(u, v_2) \in E$ であるとき，v_1 と v_2（つまり，親が同じ頂点）は**兄弟**であるということにする（巡回における便宜的な用語）．

深さ優先探索とは，v, v の子，v の子の子，… というように親子関係を優先させて頂点をたどっていく方法である．行き詰まったら（すなわち，子がいないかすでに一度たどられた子しかいない頂点に到達したら），たどってきた道筋を最小限逆戻りして別の方向へたどり直す（このことを**バックトラック** (backtracking) と呼ぶ）．すべての子孫をたどり終わって巡回を始めた頂点まで戻ってきたときに巡回は終了する．

このように，深さ優先探索 (**DFS**：<u>D</u>epth <u>F</u>irst <u>S</u>earch) という名称は，頂点のつながりを先へ先へと深くたどっていくことに由来する．

例 **15.1** 深さ優先探索では兄弟のどれを優先させるかも決めておく

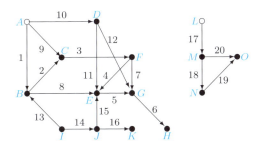

上図の有向グラフにおいて，A を出発頂点として DFS してみよう．まず，A には子が 3 人 (B, C, D) いるので，どの子を先にたどったらよいのかを決めておく必要がある．この例では，頂点を表している文字（頂点に付けられたラベル）がアルファベット順で若い方を優先させることにしよう．

辺に付けた数値が巡回順である．
(1) $1 \to 2 \to 3 \to 4 \to 5 \to 6$ とたどったところで行き詰まるので，
(2) $6 \to 5 \to 4$ とバックトラックして，
(3) 辺 FG を 7 番目にたどるが，再び行き詰まるので，
(4) $7 \to 3 \to 2$ とバックトラックして，辺 BE を 8 番目にたどる …，

といった具合である．こうして，辺 DG を 12 番目にたどるとそれら以上たどれなくなるので，バックトラックすると出発頂点 A にまで戻る．そのとき，A から接続する辺のどれもすでにたどられたことがわかるので，A から到達可能な部分有向グラフ（A からの道がある部分）の DFS は終わる．

まだ，たどられていない部分有向グラフが残っているので，例えば頂点 I から DFS を再開し，さらに L から DFS を行なうと全 DFS が終了する．

● アルゴリズムの記述法

深さ優先探索の手順は次のように再帰的な**手続き** (procedure) として書くことができる．手続きとは手順（アルゴリズム）を記述したもの（プログラム）のことで，一般に，手続きは何らかのパラメータ（引数ともいう）に関して記述する．p という名前の手続きがパラメータ $x_1, \ldots, x_n$ に関するものであり，手続き p の内容を記述した部分が Q であるとき，これを

$$\begin{aligned}&\textbf{procedure } p(x_1, \ldots, x_n)\\&\textbf{begin}\\&\quad Q\\&\textbf{end}\end{aligned}$$

と書く．

手続き p の本体 Q の中で p 自身を参照する（呼出しを行なう）ことが許される．すなわち，記述 Q の中に

$$p(a_1, \ldots, a_n) \text{ を実行せよ}$$

という記述が現われてもよい．これは，「$p(x_1, \ldots, x_n)$ のパラメータ $x_1, \ldots, x_n$（p の**仮引数**という）のところをそれぞれ $a_1, \ldots, a_n$（これらを p の**実引数**という）で置き換えて得られる Q」を実行せよという意味である．このように自分自身を呼び出すことを**再帰呼出し** (recursive call) という．

場合によっては，Q の中で計算した値を手続き自身が取る値とする（このような手続きを**関数** (function) ともいう）ことや，引数を介して計算結果を返してもらうこともある[†1]．両者を混用することもあるが，それは文脈から判断できるので本書では特に明記はしない．

[†1] この場合には実引数の場所を仮引数に渡して，呼び出す側と呼ばれる側がその場所を共有するので，**アドレス呼出し** (call by address) とか**参照呼出し** (call by reference) という．前述のように値を渡すだけの場合を**値呼出し** (call by value) という．

15.1 グラフ上の巡回

procedure DFS(v)　/* 頂点 v から DFS を開始する */
begin
　1. すでに v がたどられていたらこの手続きを終了する.
　2. そうでなかったら, v をたどり, "たどった" という印を v に付ける.
　3. v のすべての子 u について DFS(u) を実行する.
end

/* と */ の間に書いたものは "注釈" で, 手続きの実行には影響しない.

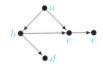

左図の有向グラフ G に上記の手続き DFS(a) を適用して, 頂点 a を出発点として G を巡回してみよう. DFS が実行される順序を下図に示した.

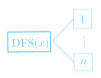

は, DFS(x) を実行すると $\boxed{1}$, ..., $\boxed{n}$ がこの順序で実行されることを表す.

$\boxed{}$ の右肩に付けた数字は, この $\boxed{}$ が実行される順番を示している. これは, この木を上側の子を優先して深さ優先探索でたどった順序に等しい.

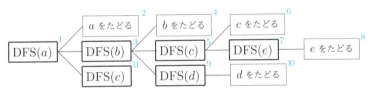

問 15.1^S　次の再帰的手続き（関数）$f(n)$ は何を計算しているか（$f(n)$ の値は何か）？ $f(123)$ が実行される順序を表す木を示せ.

procedure $f(n)$　/* n は正整数 */
begin
　1. $n < 10$ なら n を関数値として計算を終了する.
　2. $n \geq 10$ なら $f(n$ を 10 で割った商$)$ を計算し,
　　　$f(n$ を 10 で割った商$) + (n$ を 10 で割った余り$)$ を関数値として終了.
end

● 幅優先探索

さて, DFS が親子関係優先の巡回法であったのに対し, **幅優先探索**は兄弟関係優先の巡回法である. すなわち,

v, vの子すべて, vの孫のすべて, ...

という順（すなわち, v からの距離の順）にたどる方法である．幅優先探索 (**BFS**：<u>B</u>readth <u>F</u>irst <u>S</u>earch) という名称は, 頂点の横方向のつながりを優先することに由来する．

例 15.2　幅優先探索

例 15.1 と同じ有向グラフを BFS で巡回してみよう．この例では, 兄弟たちのうちではアルファベットの若い方を優先した[†2]．

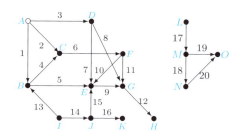

深さ優先探索も幅優先探索もグラフの (頂点の個数) + (辺の本数) に比例した時間で実行を終えることができる, きわめて高速なアルゴリズムである[†3]．

● 発見時刻と終了時刻

<u>有向グラフを DFS したとき</u>, 頂点 v が初めてたどられるのが n ステップ目であるとき, n を v の**発見時刻** (discovery time) といい, $d[v]$ で表す．また, v の子孫をすべてたどり終わったのちバックトラックして v に戻ってきたときが m ステップ目であるとき m を v の**終了時刻** (finishing time) といい, $f[v]$ で表す．発見時刻と終了時刻を併記するときは

$$d[v]/f[v]$$

で表す．
この定義は不正確（不明瞭）なので, 発見時刻や終了時刻も明確になるように, DFS のきちんとした定義を以下に示しておく．

[†2] BFS の場合には, あるノードの子たち（兄弟）は同時に（同じ時刻に）たどるという考え方をすることもある．この場合には, 後述の発見時刻は始点からの距離になる．

[†3] このように, 実行時間が問題の大きさ（例えば, グラフの場合には頂点の個数や辺の個数）の 1 次関数で抑えられるアルゴリズムを総称して**線形時間**アルゴリズム (linear time algorithm) という．

procedure DFS(G)　/* G を DFS するメインルーチン */
begin
　　1. すべての頂点 $v \in V(G)$ に対して，
　　　　$color[v] = $ WHITE; $parent[v] = $ NIL とせよ．
　　　　/* $color[v] = $ WHITE は v が未だ発見されていないことを表す */
　　　　/* $parent[v]$ は v の親を表し，NIL は親がいないことを表す */
　　2. $time \leftarrow 0$ とせよ．/* $time$ は時刻を表す */
　　3. すべての頂点 $v \in V(G)$ に対して，
　　　　もし $color[v] = $ WHITE だったら visit(v) を実行せよ．
end

procedure visit(u)　/* u から先の DFS を行なう */
　　1. $color[u] = $ GRAY とせよ．
　　　　/* $color[u] = $ GRAY は u がちょうど今発見されたことを表す */
　　2. $d[u] \leftarrow time$ とし，そのあと $time$ を 1 増やせ．
　　3. u から接続する すべての 辺 $(u,v) \in E(G)$ に対して，3.1. を実行せよ．
　　　　3.1. もし $color[v] = $ WHITE であったならば
　　　　　　$parent[v] = u$ とし，引き続いて visit(v) を実行せよ．
　　　　　　/* v の親 u が確定し，引き続いて v から先の DFS を行なう */
　　4. $color[u] \leftarrow $ BLACK とせよ．
　　　　/* $color[u] = $ BLACK は u から先の DFS が終了したことを表す */
　　5. $f[u] \leftarrow time$ としてから $time$ を 1 増やせ．
end

有向辺 (u,v) は[†4]，DFS において，

- u が初めて発見された頂点である場合に **DFS 木辺** (tree edge) といい (後述の 'DFS 木' の辺となる)，
- 自分の子孫へ向かう辺である (v が u の子孫である) 場合に **前進辺** (forward edge) といい (DFS 木辺も前進辺の一種となりうるが，DFS 木辺でないものだけを前進辺と呼ぶことにする)，
- 先祖 (すでに発見済みである頂点) へ向かう辺である場合に **後退辺** (backward edge) といい (自己ループは後退辺と考える)，
- 先祖-子孫関係がない辺の場合に **横断辺** (cross edge) という．

発見時刻と終了時刻の間に次の関係が成り立っていることは容易に確認できる．

[†4] 無向グラフの場合にもあえて発見時刻や終了時刻を定義するのであれば，辺 uv は初めてそれをたどる方向に向きがある有向辺だと考えるとよい (問 15.10 参照)．

定理 15.1 （発見時刻, 終了時刻による辺の種類の特徴付け）

(1) (u, v) は DFS 木辺または前進辺 $\iff d[u] < d[v] < f[v] < f[u]$.
(2) (u, v) は後退辺 $\iff d[v] < d[u] < f[u] < f[v]$.
(3) (u, v) は横断辺 $\iff d[v] < f[v] < d[u] < f[u]$.

G の DFS 木辺すべてからなる部分有向グラフは DFS の始点を根とする根付き木（の有向グラフ表現）の集まりである．これを G の **DFS 森** (DFS forest) という（弱連結成分が 1 個だけのときには **DFS 木**という）．

例 15.3　発見時刻と終了時刻

a を始点として DFS した場合の例を下図に示した（優先順は頂点のラベルのアルファベット順）．DFS 木辺を黒色の細い辺で，前進辺を青色の細い辺で，後退辺を太い辺で，横断辺を破線の辺で示した．　□

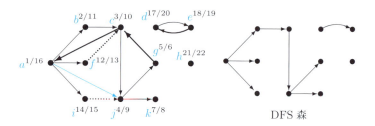

DFS 森

問 15.2^S　次の無向グラフを DFS と BFS でたどれ．DFS の場合，発見時刻と終了時刻も求めよ．　　(a) C_n　　(b) K_n　　(c) 根付き木

15.2　2 分木の巡回

2 分木（正確には，2 分配置木）を巡回する方法にも，DFS, BFS があるのは勿論であるが，DFS には次の基本形とその変形が 2 つある．

procedure traverse(T):　/* 2 分配置木 T を巡回する */
begin
　① T の根 r をたどる．
　② r に左の子があるなら，traverse(r の左部分木) を実行する．
　③ r に右の子があるなら，traverse(r の右部分木) を実行する．
end

15.2 2分木の巡回

(1) **前順序**(先行順,行きがけ順:pre-order)では,上記の traverse(T) の通り ①②③ の順で実行する.

(2) **中順序**(中間順,通りすがり順:in-order)では,traverse(T) を②①③の順で実行する.

(3) **後順序**(後行順,帰りがけ順:post-order)では,traverse(T) を②③①の順で実行する.

これらは,①の根をたどることを②,③より前に行なうか(前順序),後で行なうか(後順序),それとも②,③の中間とするか(中順序)だけが違う.

例 15.4 2分木の巡回

(1) たどられる順番をノードの脇に示した.

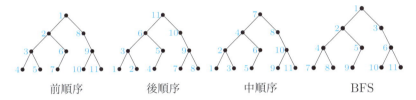

前順序　　　　後順序　　　　中順序　　　　BFS

DFS は前順序と同じものである.

(2) 右図の2分木 (a) を考える.

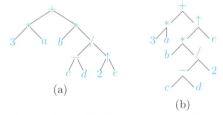

これを前順序,中順序,後順序それぞれによって巡回したとき,たどられた順に頂点のラベルを並べると次のようになる:

前順序：$+ * 3a * b / - cd \uparrow 2e$ 　　(前置記法)

中順序：$3 * a + b * c - d/2 \uparrow e$ 　　(中置記法)

後順序：$3a * bcd - 2e \uparrow / * +$ 　　(後置記法)

この木が表している式 $3 * a + b * ((c-d)/(2 \uparrow e))$ は括弧を無視すれば中順序による巡回と同じである.これは2項演算子 $+, -, *, /, \uparrow$ をオペランドの中間に置く**中置記法** (infix notation) であり,この場合には括弧を省略するこ

とはできない．なぜなら，$3*a+((b*(c-d)/2)\uparrow e)$ を表す 2 分木（前ページの図 (2)(b)）を中順序で巡回しても同じラベル列が得られ，括弧がないと両者を区別できないからである．この意味で中置記法には曖昧さがある．これに対し，**前置記法** (prefix notation) と**後置記法** (ostfix notation) にはそのような曖昧さはない．すなわち，括弧が不要である[5]．

● **2分探索木**

$\leqq$ を集合 L の上の全順序とする．ラベル付き 2 分順序木 $T=(V,E,f)$, $f:V\to L$, が次の条件を満たすとき，T を L の **2分探索木** (binary search tree) という（一意的には定まらない）．

（条件）f は全単射で，

① T の任意の頂点 v,

② v の左部分木内の任意の頂点 v_l,

③ v の右部分木内の任意の頂点 v_r

は $f(v_l)\leqq f(v)\leqq f(v_r)$ を満たす．

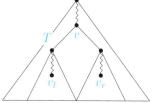

例 15.5 2分探索木

次のデータ集合の元をノードのラベルとする．葉の深さができるだけバランスした 2 分探索木の一例を下図に示した．

$$\{5, 20, 35, 100, 60, 55, 25, 10, 85, 90, 40, 50\}$$

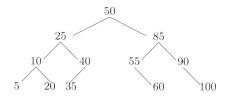

与えられたデータ x が 2 分探索木 T 内にあるかどうかを探すには，次のアルゴリズムに従えばよい．このアルゴリズムはノードに付随する情報を値として返すので手続き (procedure) ではなく，関数 (function) とした．関数が値 ◯ を返すとともに実行を終了することを **return** ◯ で表す．また，

---

[5] 前置記法は**ポーランド記法** (Polish notation) とも呼ばれ（ポーランドの数学者ルカジービッチ J.Lukasiewicz に因む），後置記法は**逆ポーランド記法** (reverse Polish notation) と呼ばれることもある．

15.2 2分木の巡回

$$\textbf{if } P \textbf{ then } Q_1 \textbf{ else } Q_2 \textbf{ end}$$

は "条件 P が成り立つ場合には Q_1 を実行し,成り立たない場合には Q_2 を実行せよ" を表す.**else** Q_2 がない場合には,条件 P が成り立つ場合には Q_1 が実行されるが,成り立たない場合には何も行なわれない.

```
function binary_search(x, T)   /* T において x を探す */
begin
    if T が空 then return "x は T 内にない" end.
    /* 以下, T が空でないとき */
    T の根の所のデータ (キー) を y とする.
    if x = y then return "y の付随情報" end.
        /* 通常, y は付随する情報ももっているので,それを関数値とする */
    /* 以下, x ≠ y のとき */
    if x < y then binary_search(x, T の左部分木)
             else binary_search(x, T の右部分木) end.
end
```

問 15.3^S 関数 binary_search を参考にして,2分探索木にデータを挿入する方法を考えよ.さらに,そのデータ挿入法を使って2分探索木を作る方法を考えよ.次の例を参考にせよ.

例 15.6 2分探索木のオンライン(データが入力されるたびの)作成

データ集合 $\{50, 20, 80, 10, 60, 85, 15\}$ が与えられたとき,1つずつデータを読むごとにそれまでに作られた2分探索木に挿入していく.

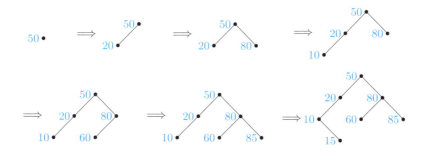

問 15.4^S 例 15.6 の方法だと n 個のデータの2分探索木を作るのに $O(n \log n)$ 時間かかり(この方法は,最悪でも平均でもかかる時間は $O(n \log n)$ である.なぜか?),しかも作られた木は左右が必ずしもバランスしていない.左右がバランスした2分探索木を作る方法を考えよ.

2 分探索木を中順序で巡回することによってソーティングを行なうことができる．なぜなら，どの頂点 v についても，v の左（右）部分木に属すどの頂点も中間順では必ず v よりも前に（後で）たどられ，しかも，左（右）部分木内のどの頂点のラベルも v のラベルより小さい（大きい）からである．この方法で行なうソーティングの実行時間は，データの個数が n のとき 最悪の場合には $O(n^2)$ であるが，平均 $O(n \log n)$ である．

$f(n) = O(g(n))$ であるとは，ある定数 $c > 0$ が存在して，有限個の例外を除いて $f(n) \leqq cg(n)$ が成り立つことである．形式的に定義するなら，

$$f(n) = O(g(n)) \overset{\text{def}}{\iff} \exists c > 0 \, \exists n_0 \in \mathbb{N} \, \forall n \geqq n_0 \, [\, f(n) \leqq cg(n) \,]$$

である．すなわち，有限個の例外（n_0 未満の n）を除き，それ以外の n に対しては $f(n)$ は $g(n)$ の定数倍以下である．このような記法を **O 記法** (big-Oh notation) という．n が十分大きくなるときの漸近的な振舞いを記述する記法なので，同様な他の記法も含めて**漸近記法** (asymptotic notation) という．

例 15.7 O 記法

(1) $c = 6$ で，$n \geqq n_0 := 6$ ならば $5n + 6 \leqq cn$ であるから，$5n + 6 = O(n)$ である．さらに，$c = 1$ として $n \geqq 6$ ならば $5n + 6 \leqq cn^2$ なので，$5n + 6 = O(n^2)$ でもある．

(2) もっと一般に，自然数を係数とする k 次多項式 $p(n) = a_k n^k + \cdots + a_1 n + a_0 \, (a_k \neq 0)$ に対して，$p(n) = O(n^k)$ である．なぜなら，$c = a_k + \cdots + a_1 + a_0$ とすると，$p(n) \leqq cn^k$ となるから．

(3) 任意の定数 $c > 0$ に対して，$c = O(1)$．

(4) $\log_2 n$ は底の変換をすると自然対数 $\log n$ の定数倍になるから $O(\log_2 n) = O(\log n)$ である（つまり，O 記法を使う際には，対数の底は何でもよい）．

(5) $f(n) = O(g(n))$ ならば，任意の $c \in \mathbb{R}_{>0}$ に対して $f(n) = O(cg(n))$ である．また，$f(n) = O(g(n))$ かつ $g(n) = O(h(n))$ であるならば，$f(n) = O(h(n))$ である．例えば，明らかに $f(n) = O(f(n))$ なので，$n = O(\frac{1}{5}n)$，$n = O(500n)$．また，$n + 3 = O(n^2 - 7)$，$n^2 - 7 = O(0.03n^3)$ であることから $n + 3 = O(0.03n^3)$ である，など．　■

問 15.5^S 次のそれぞれをできるだけ精密な O 記法で表せ.
(1) $3n^2 - 2n + 1$ (2) $\sin n$ (3) $\sum_{i=1}^{100} i$ (4) $\sum_{i=1}^{n} i$ (5) $\log n!$

15.3 ヒープと優先順位キュー

グラフに対するアルゴリズムの実行の各段階で重みが最大/最小の辺を効率よく求めることが必要なことがよくある(例えば,次章で学ぶ最小全域木を求めるクラスカルやプリムのアルゴリズムとか,最短道を求めるダイクストラのアルゴリズムなど).このような処理を効率よく**実装**(implementation, プログラム化)するためにはデータの表し方(データ構造)が重要であり,有用なデータ構造の1つに優先順位キューがある.**優先順位キュー**(priority queue)は,順序があるデータを保持し,その中の最大値/最小値を取り出すことがいつでも効率よく行なえるものである.その具体的な実現法の一つとして,ヒープと呼ばれるデータ構造について以下で述べる.

データ構造(data structure)とは,複雑な構造をもったデータのこと,あるいはそのようなデータが有する構造のことである.データ構造がどのようなものであるかは,それをどのように扱うことができるかといういくつかの'操作'を示すことによって説明することができる.前節で学んだ2分探索木もデータ構造の一つであるが,2分探索木の場合には,

(i) その作り方,
(ii) 与えられたデータを2分探索木から探し出す方法,
(ii) データを追加するときに2分探索木であることが保たれるように木を修正する方法,
(iv) 同様に,データを削除したときに木を修正する方法

などが基本的な操作である.

ヒープは,2分探索木と同様に'木'を基にした有用なデータ構造である.

ヒープ(heap)とは,右図のような構造をした2分木である.もっと正確に定義すると,ヒープとは

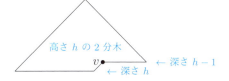

- 深さ h の右端の葉の親 v 以外のどの内点も子を 2 人もつ 2 分配置木であり (v は子が 1 人か 2 人で，1 人の場合は左の子である)，
- どの葉の深さも木の高さ h に等しいかまたは $h-1$ であり，
- 深さ h の葉はどれも最も左端から隙間なく存在しており，
- 各頂点にはデータがラベル付けされていて，次の性質を満たしているもののことである：

  ヒープ特性：どの頂点においても，親に付随するデータの値は子に付随するデータの値以下である．

例 15.8　数値をラベルとするヒープ
ノードの肩に付けた数字は，後述の配列表現をしたときの配列要素の添え字である．

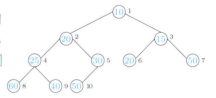

問 15.6^S　ヒープを第 11 章の例 11.6 の樹形表現によって表せ．

ヒープ H を BFS したときに i 番目にたどられるノードを $H[i]$ で表す．したがって，ヒープの根 は $H[1]$ であり，$H[i]$ の左の子 は $H[2i]$，右の子 は $H[2i+1]$ である．

ヒープのノードの個数が n のとき，"$2i < n$" は「i には左の子がいる」ことを表し，"$2i+1 > n$" は「i には右の子がいない」ことを表す．また，"$H[\lfloor i/2 \rfloor]$" は「i の親」を表す．

● 最小値

ヒープの性質から，ヒープの根のラベルは，すべてのラベルの中の最小値であることに注意する．したがって，データをラベル付けしたヒープにおいては，全データの中の最小値を $O(1)$ 時間で取り出すことができる．最小値を取り出した結果，空いた根にはヒープ末尾（最も右端の葉）のデータを移す（ヒープのノード数も 1 減らす）．それによってヒープ特性が満たされなくなるので，以下に示した reheapify(H,n) に従って修正を施し，ヒープに戻しておく．この操作にかかる時間は，最悪でもヒープの高さ height(H) に比例する時間である：

$$O(\text{height}(H)) = O(\log (H \text{ のノード数})).$$

15.3 ヒープと優先順位キュー

procedure reheapify(H, n)　/* n はヒープのノードの個数 */
begin
 1. $i \leftarrow 1$ とする.
 2. $H[i]$ に子があり，かつ，$H[i]$ のラベルが 2 人の子のどちらかの
  ラベルより大きい限り，以下のことを根から葉に向かって進める.
  2.1. 小さい方のラベルをもつ子を $H[j]$ とする.
  2.2. $H[j]$ のラベルと $H[i]$ のラベルを入れ替える.
  2.3. $i \leftarrow j$ として 2 へ戻る.
end

● ヒープへの挿入

一方，与えられたデータ $x_1, \ldots, x_n$ に対するヒープ H は以下のように作ることができる．空のヒープから始め，heap_insert($H, i-1, x_i$) を $i = 1 \sim n$ について実行する．heap_insert(H, n, x) では，ノードの個数が n の既存ヒープ H の末尾（右端の葉のところ）にデータ x を追加挿入し，その結果崩れるヒープ特性を，葉から根に向かって修正していく：

procedure heap_insert(H, n, x)
begin
 1. $i \leftarrow n+1$; $H[i] \leftarrow x$ とする．/* データ x を挿入 */
 2. $H[i]$ に親（$H[j]$ とする）があり，そのラベルが $H[i]$ のラベルより
  大きい限り，以下の 2.1 を繰り返す．/* 葉から根へ向かって進行する */
  2.1 $H[j]$ と $H[i]$ を入れ替え，$i \leftarrow j$ とする.
end

procedure heapify($H, \langle x_1, \ldots, x_n \rangle$)
/* データ $\langle x_1, \ldots, x_n \rangle$ をもつヒープを作る（H は参照渡しの引数）*/
begin
 1. $k \leftarrow 0$ とする.
  /* k はこれから作るヒープ H の要素の個数．H は最初は空 */
 2. $i = 1 \sim n$ に対して以下の 2.1 を繰り返す.
  2.1 heap_insert(H, k, x_i); $k \leftarrow k+1$ とする.
 3. H が求めるヒープである.
end

reheapify(H, n) および heap_insert(H, n, x) は木の高さ $O(\lfloor \log_2 n \rfloor)$ に比例する時間で実行でき，heapify($H, \langle x_1, \ldots, x_n \rangle$) は $O(n)$ 時間で実行できる効率的な方法である.

ヒープを使って，ソーティングを効率よく $O(n \log n)$ 時間で行なうことができる．これを**ヒープソート** (heap sort) と呼ぶ.

procedure heap_sort($\langle x_1, \ldots, x_n \rangle$)　　/* $\langle x_1, \ldots, x_n \rangle$ を昇順にソートする */
begin
  1. heapify($H, \langle x_1, \ldots, x_n \rangle$) を実行する．/* n はヒープ H の要素の個数 */
     /* H は参照渡しの引数なので，heapify の実行結果が渡される */
  2. $i = 1 \sim n$ に対して以下の 2.1 を繰り返す．
  2. $n > 0$ の間，以下の 2.1～2.3 を繰り返す．
     2.1 $H[1]$ を出力する．
     2.2 $H[1] \leftarrow H[n]; n \leftarrow n - 1$ とする．
         /* H の末尾の要素は切り捨てられ，H の要素数は $n - 1$ になる */
     2.3 reheapify(H, n) を実行する．
end

> **例 15.9**　ヒープソート

$\{50, 20, 80, 10, 60, 85, 15, 5\}$ が与えられたとき，ヒープソートがどのように進行するかを見てみよう．途中を一部省略した．

① まず，heapify($\langle 50, 20, 80, 10, 60, 85, 15, 5 \rangle$) を実行してヒープを作る：

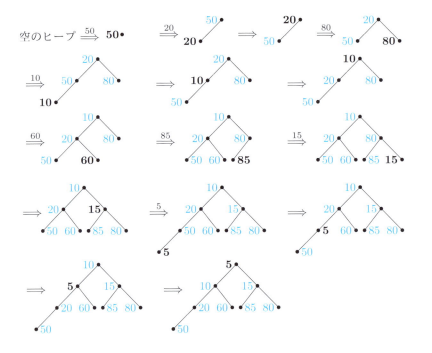

15.3 ヒープと優先順位キュー

② 次に，ヒープの根の要素を出力し，ヒープ末尾の要素を根に移し，ヒープを修正する．

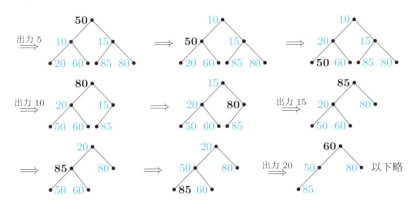

問 15.7^S 例 15.9 の残りを実行せよ．

● 優先順位キュー

ヒープでは，どのノードにおいても親に付随する値の方が子たちに付随する値よりも小さい．このようなヒープを**最小ヒープ** (minimum heap) という．これに対し，「小さい」を「大きい」としてヒープを定義することもでき，そのようなヒープを**最大ヒープ**という．最大ヒープにおいては，根のところの値は最大値である．

最大/最小ヒープを使えばいつでも最大値/最小値を（ノードの個数とは無関係の）定数時間で求めることができ，データの挿入や削除にかかる時間も高速 ($O(\log n)$) である．

銀行のカウンターでは受け付け順が早いほど優先され，1つのコンピュータ上で複数のジョブを並列処理する場合には優先順位を付けて処理する順序を変えることがあるなど，扱う対象の間に優先順位がある場合にはヒープを用いると効率よく処理を行なうことができる．このようなデータ構造を一般に**優先順位キュー**という．

第15章 演習問題

問 15.8 BFS に対しても発見時刻，終了時刻，BFS 木（BFS 森）を定義し，その性質を考察せよ．

問 15.9 (1) 例 15.1 の有向グラフ上を，I を出発点として DFS および BFS で巡回せよ（アルファベット順が後の文字を優先させよ）．
(2) 例 15.1 の有向グラフの各辺の向きをなくして得られる無向グラフ上を，(1) と同じ優先条件で I を出発点として DFS および BFS で巡回せよ．

問 15.10^S 無向グラフ $G = (V, E)$ を考える．ただし，$V = \{a, b, c, d, e, f, g, h\}$，$E = \{ab, ac, ad, ag, be, bf, cf, dg, ef, eh\}$ である．
(1) a を出発点として G を DFS し（アルファベットの若い頂点を優先してたどる），各頂点 $v \in V$ に対して，v の発見時刻（初めてたどられた時刻）$d[v]$ と v の終了時刻（v からたどることのできる頂点をすべてたどり終わった時刻）$f[v]$ を，G を図示して記入せよ．
(2) G の DFS 木を示せ．
(3) (2)で求めた DFS 木（T とする）の高さ height(T) を求め，前進辺，後退辺，横断辺を区別せよ（これらは辺に向きが定まっていないと定義できないので，それぞれの辺は初めてたどった方向に向きがある有向辺だと考えよ）．

問 15.11^S どんな無向グラフの DFS（前問参照）においても，横断辺は存在しないことを証明せよ．

問 15.12 (p, q) 有向グラフ G の DFS に関して以下の問に答えよ．
(1) v が G の切断点である必要十分条件は，G の DFS 木において次の条件を満たす後退辺 (u, w) が存在しないことである： (i) u は v の子孫かつ (ii) w は v の真の祖先．
(2) (1)を使い，G のすべての切断点を $O(q)$ 時間で求めるアルゴリズムを考えよ．
(3) e が G の切断辺である必要十分条件は e がサイクル上にないことである（定理 5.1）．このことを使い，G のすべての切断辺を $O(q)$ 時間で求めるアルゴリズムを考えよ．
(4) G の 2 重連結成分をすべて求める $O(q)$ 時間アルゴリズムを考えよ．具体的には，G のすべての辺に，それが何番目の 2 重連結成分に属すかを表す番号を付けるアルゴリズムを考えよ．

問 15.13 次の再帰的手続き（関数）$g(x)$ は何を計算しているか？ $g(x)$ の値を言葉で述べ，$g(abcde)$ の実行順を表す木を示せ．ただし，$x/2$ は x の前半の $\lfloor |x|/2 \rfloor$ 文字からなる文字列を表し，$2\backslash x$ は x の後半の $\lceil |x|/2 \rceil$ 文字からなる文字列を表すものとする．

```
procedure g(x)   /* x は空でない文字列 */
begin
  1. |x| = 1 ならば 1 を関数値として計算を終了する.
  2. |x| ≧ 2 ならば g(x/2) と g(2\x) をこの順に計算し,
     g(x/2) + g(2\x) を関数値として計算を終了する.
end
```

問 15.14^S 右図の 2 分木を前順序, 中順序, 後順序でたどることにより, ポーランド記法, 通常の記法, 逆ポーランド記法の数式を求めよ.

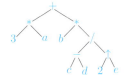

問 15.15 次の数式を木で表せ. また, ポーランド記法（前置記法）と逆ポーランド記法（後置記法）で表せ.

(1) $a * (b + c/d) - e$ (2) $(1 + (2 - 3) * 4) - (5 - 6)$

問 15.16^S (1) 次のデータに対する（最小）ヒープと 2 分探索木で, できるだけ木の高さが低いものを示せ（大小順序は辞書式順序とする）.
(2) (1) で作った木のうち, (a) 根を始点とする幅優先探索でヒープを, (b) 根を始点とする底優先探索で 2 分探索木をそれぞれたどれ. ただし, 辞書式順序が大きいものを優先 してたどるものとする.

jan, feb, mar, apr, may, jun, jul, aug, sep, oct, nov, dec

問 15.17 2 分探索木において
(1) 最大値と最小値はどこにあるか？
(2) 小さい方から 2 番目のデータはどこにあるか？

問 15.18 次の数列は, 2 分探索木を根から葉へ向かってたどったとき出会うデータを並べたものである. ありえないものはどれか？
(1) $50, 80, 70, 60, 90$ (2) $45, 100, 70, 80, 95, 85$
(3) $150, 30, 255, 402$ (4) $20, 50, 45, 30, 35, 40, 38$

問 15.19 次の定理を証明することにより, n 個のデータをヒープソートするには $cn \log n$ 時間以上かかることを示せ. このことを「ヒープソートの実行時間は $\Omega(n \log n)$ である」という[†6].

> **定理 15.2** n 個のデータをソートするどんなアルゴリズムもその実行時間は $\Omega(n \log n)$ である.

[†6] より正確には, $f(n), g(n)$ を $\mathbb{N}$ から $\mathbb{N}$ への関数とするとき, $\exists c \in \mathbb{R}_{>0} \, \exists n_0 \in \mathbb{N} \, \forall n \geq n_0 \, [cg(n) \leq f(n)]$ が成り立つならば $f(n) = \Omega(g(n))$ であると定義する.

第16章
グラフアルゴリズム（2）
——最適化問題・有向グラフのアルゴリズム

　この章では，ある条件の下で最良のものを求める**最適化問題** (optimization problem) と，有向グラフに関するアルゴリズムについて述べる．特に，最大/最小全域木や最短経路を求める問題など，多くが実用上も有用な問題である（最大フローを求める問題など，他にも多くの実用上も重要な問題があるが，入門書であることと，ページ数の制約から取り上げなかった）．

16.1　最小全域木と貪欲法

　各辺に重みとして実数が付けられている重み付きグラフ G を考える．G の全域部分木のうち，その辺に付けられた重みの和が最小/最大のものを**最小/最大全域木** (minimum/maximum spanning tree) という．例えば，頂点を都市とし，辺の重みが都市間の通信網の建設費を表すような重み付きグラフを考えれば，最小全域木は最小の費用ですべての都市の間で連絡がとれるような通信網を作る方法を表す．

　最小全域木を求める1つの方法を述べよう．$G = (V, E, g)$，$w : E \to \mathbb{R}$ を重み付きグラフとする．

● **クラスカルのアルゴリズム**[J.B.Kruskal] [†1]

1. はじめに $T := \emptyset$ とする．
2. T には G の辺を選んで次々に追加していく．それまでに選ばれた辺（T の元）を除いた $E - T$ の中で，$\langle T \cup \{e\}\rangle_G$ にサイクルが生じない範囲で重みが最小の辺 e を選び T に追加する．
3. 2. を，$\langle T \rangle_G$ が G の全域木となるまで繰り返す（定理 11.1 により，$|T| = |V| - 1$ となるまで繰り返せばよい）．

[†1] クラスカルのアルゴリズム（1956年）は，すでに1926年にブルーフカ[O.Borůvka]が発見していた．同様に，後述のプリムのアルゴリズム（1957年）も，1930年にヤルニク[V.Jarník]がプリムよりも先に発見していた．そのため，先に発見した人の名前で呼ばれることもある．

定理 16.1
クラスカルのアルゴリズムによって得られた T は G の最小全域木である．

[証明] T の元を重みが小さい順に $e_1, \ldots, e_n$ とする．G の最小全域木 $T_{\min}$ のうち，
$$\{e_1, \ldots, e_i\} \subseteq E(T_{\min})$$
となる整数 i $(1 \leqq i \leqq n)$ が最も大きく取れるようなものを考える．

$i = n$ の場合，$T = T_{\min}$ なので T は最小全域木であり ok．

$i \leqq n - 1$ の場合，定理 11.1 (7) より $T_{\min} + e_{i+1}$ はサイクルをもち，それは $e_1, \ldots, e_{i+1}$ のどれとも異なり，かつ $e_1, \ldots, e_i, e'$ がサイクルとならないような辺 e' を含んでいる．

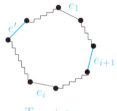

$T_{\min} + e_{i+1}$

$w(e') \geqq w(e_{i+1})$ である．なぜなら，① もし $w(e') < w(e_{i+1})$ だとすると，$T = \{e_1, \ldots, e_n\}$ を求めたクラスカルのアルゴリズムによれば $e_1, \ldots, e_i$ の次には e_{i+1} ではなく，もっと重みが小さい e' が選ばれていたはずである．

一方，② もし $w(e') > w(e_{i+1})$ だとすると，
$$T'_{\min} := (T_{\min} - e') + e_{i+1}$$
は $T_{\min}$ より重みの和が小さい全域木となってしまい，$T_{\min}$ が最小全域木であることに反する．よって，$w(e') = w(e_{i+1})$ である．したがって $T'_{\min}$ も最小全域木であり，しかも
$$\{e_1, \ldots, e_{i+1}\} \subseteq E(T'_{\min})$$
である．これは $T_{\min}$ の選び方に反す． □

● プリムのアルゴリズム ^{R.C.Prim}

重み付きグラフ G の最小全域木を求めるもう一つ別のアルゴリズムを考えよう．次の方法をプリムのアルゴリズムという．

1. はじめに重み最小の辺 e_0 を 1 つ選び $T := \{e_0\}$ とする．
2. 以下，T の頂点に接続する辺の中から，$\langle T \cup \{e\} \rangle_G$ に閉路が生じない

範囲で重みが最小の辺 e を選び T に追加する．
3. 2. を $\langle T \rangle_G$ が全域木となるまで繰り返す．
4. したがって，アルゴリズムの実行中つねに $\langle T \rangle_G$ は 1 つの木である．この点がクラスカルのアルゴリズムと違う点である．

例 16.1 最小全域木を求める

(1) **クラスカルのアルゴリズムを用いた場合**：左下図において，太線で最小全域木を示した．

最小全域木は一般には 1 つとは限らないが，この例ではただ 1 つしかない．

その辺が選ばれた順序を，辺に付けられた重みに上付きの添え字として付けた（| は「または」を表す）．

(i) 重みが 2 の辺と 3 の辺はそれぞれ 2 つずつあるが，どちらを先に選んでもよい（この例の場合，結果的に両方とも選ばれる）．

(ii) 一方，2 つある重み 4 の辺や重み 5 の辺のうち 6 番目に選ばれるものと 7 番目に選ばれるものは，閉路を生じさせないものだけが一意的に選ばれる．

(iii) 重み 6 の辺は閉路を生じるので選ばれず，次善の重み 7 の辺が 8 番目に選ばれる．

(2) **プリムのアルゴリズムを用いた場合**：右下図．

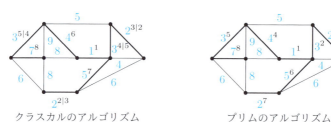

クラスカルのアルゴリズム　　　　プリムのアルゴリズム

以下，プリムのアルゴリズムについてだけ，ステップを追ってみよう．青色の辺は，次に選ばれる候補の辺（すでに選ばれた辺に隣接している辺）である．

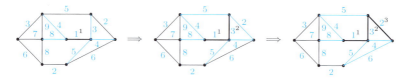

ステップ 3 では候補の辺の中で重みが最小の '4' であるものが 2 つあるが，

一方はそれを選ぶと閉路ができるので，そうでない方を選ぶ．以下，ステップ4から続ける．

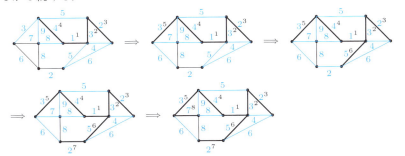

問 16.1^S プリムのアルゴリズムによって求めた T は G の最小全域木であることを証明せよ．

問 16.2^S クラスカルやプリムのアルゴリズムの実行時間について考察せよ．ソーティングが必要であること，重みが最小の辺を求める効率的な方法（例えば，優先順位キュー）が必要であることなどを考慮すること．

問 16.3^S 最大全域木を求めるアルゴリズムを考え，それが正しいことを定理 16.1 と同様に証明せよ．

● 貪欲法

クラスカルのアルゴリズムやプリムのアルゴリズムのように，ある規準のもとで最小/最大のものから先に選んでいくという方法を総称して**貪欲法**（欲ばり法：greedy method）という．

一般に，貪欲法に基づいたアルゴリズムでは必ずしも最適な解は求められないが，クラスカル/プリムのアルゴリズムは幸いにも最適解を与えるアルゴリズムである．

16.2 最短経路

辺に正の実数が重み付けされた（有向あるいは無向）グラフを考える．ある頂点 s から他の頂点 t への道のうち，辺の重みの和が最小である道を s から t への**最短道**（最短径路：shortest path）といい，重みの和をその**最短距離**という．

最短道を求める次の方法は**ダイクストラのアルゴリズム**(E.W.Dijkstra)として知られている．

このアルゴリズムは，負の重みをもつ辺がある場合には適用できない．

$G = (V, E, g), g : E \to \mathbb{R}_{>0}$，を重み付きグラフとし，$s, t \in V$ とする[†2]．

procedure Dijkstra(G, s, t) /* s から t への最短道を求める */
begin
1. $\mathrm{dist}(s) \leftarrow 0; \ p(s) \leftarrow s$ とする．
   /* $p(u)$ は s から u への最短経路を表し，
      $\mathrm{dist}(u)$ は s から u への最短距離を表す */
2. $V_1 \leftarrow \{s\}; \ V_2 \leftarrow V - \{s\}$ とし，
   $B \leftarrow \{sv \in E \mid v \in V_2\}; \ E_1 \leftarrow \emptyset; \ E_2 \leftarrow E$ とする．
3. $t \in V_1$ となるまで以下のことを繰り返せ．
   3.1. B の元 $uv \ (u \in V_1, v \in V_2)$ のうち，
        $\mathrm{dist}(u) + g(uv)$ が最小のもの が $e_{\min} := u_{\min} v_{\min}$ であるとき，
        $\mathrm{dist}(v_{\min}) \leftarrow \mathrm{dist}(u_{\min}) + g(e_{\min}); \ p(v_{\min}) \leftarrow p(u_{\min}) v_{\min}$ とせよ．
        /* $p(u_{\min}) v_{\min}$ は頂点名を連ねることを表す */
   3.2. $V_1 \leftarrow V_1 \cup \{v_{\min}\}; \ V_2 \leftarrow V_2 - \{v_{\min}\}$．
        $W \leftarrow \{e \in B \mid e \text{ は } v_{\min} \text{に接続する}\}$ とするとき，
        $B \leftarrow (B - W) \cup \{e \in E_2 \mid e \text{ は } v_{\min} \text{に接続する}\}$．
        $E_1 \leftarrow E_1 \cup W; \ E_2 \leftarrow E_2 - B$ とせよ．
4. $p(t)$ は求める最短 st 道が経由する頂点の列，$\mathrm{dist}(t)$ は最短距離である．
end

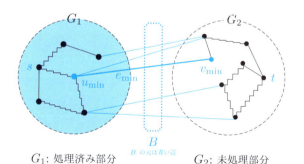

G_1: 処理済み部分 B の元は青い辺 G_2: 未処理部分

例 **16.2**　ダイクストラのアルゴリズムで最短道を求める

次ページの図において，大きい頂点と太い辺が処理済みの部分グラフ $G_1 = (V_1, E_1)$ である．頂点 v に付いている [　] 付きのラベルは s からの最短道

[†2] $A \leftarrow B$ は「A の値を B とせよ」の意．したがって，例えば $A \leftarrow A + 1, A \leftarrow A \cup \{a\}$ はそれぞれ「A の値を 1 増やせ」「A に a を追加せよ」を意味する．

$p(v)$ とその距離 $\mathrm{dist}(v)$ とを
$$p(v)[\mathrm{dist}(v)] = s\,v_1 \cdots v_k\,v\,[\mathrm{dist}(v)]$$
のように表している（$v_1, \ldots, v_k$ は経由した頂点の名前である）．最初の4ステップだけに表示した青色の2重辺は B の元である．

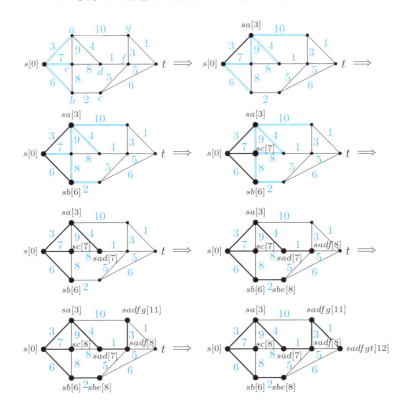

定理 16.2	ダイクストラのアルゴリズムが停止したときに得られる $p(t)$ は最短の st 道，$\mathrm{dist}(t)$ はその距離（s と t の間の最短距離）である．

[証明] ダイクストラのアルゴリズムでは，1ステップごとに，新たに1つの頂点について始点 s からの最短道が定まる．そこで，ステップ数 k に関する帰納法で，各ステップにおいて定まる最短道が正しいことを証明する（したがって，最終ステップまでに得られた，s からどの頂点への最短道も正しいことが

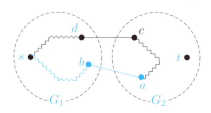

導かれる）．

<u>$k=0$ の場合</u>は，s から s への最短道は $p(s) = s$ で，距離は $\mathrm{dist}(s) = 0$ であることだけが定まり，それは正しい．

<u>$k > 0$ の場合</u>，第 k ステップで辺 ba が選ばれたとする（その結果，s から a への最短道として $s \leadsto b \to a$ が定まる．上記のアルゴリズムでは，$u_{\min} = b$，$v_{\min} = a$，$e_{\min} = ba$ である）．もし，これが a への最短道でないとすると，他の最短道 $s \leadsto d \leadsto a$ が存在する．もし，$d \leadsto a$ 上に G_2 の頂点がないとすると，それは d が a に隣接することを意味し，$s \leadsto d \to a$ の距離の方が $s \leadsto b \to a$ の距離よりも小さいのだから，ダイクストラのアルゴリズムのステップの進め方より，辺 ba よりも先に辺 da が選ばれていなければならないことになり，仮定に反する．よって，上図のような点 $c \in V(G_2)$ が存在する．G には負の重みの辺はないので，$s \leadsto d \to c \leadsto a$ の距離の方が $s \leadsto b \to a$ の距離よりも小さいことより，$s \leadsto d \to c$ の距離は $s \leadsto b \to a$ の距離よりも小さいことが導かれる．これは辺 ba よりも先に辺 dc が選ばれなければならないことを意味し，矛盾である．

以上で，s から a への最短道 $p(a)$ が $p(b)a$ であり，その距離 $\mathrm{dist}(a)$ が $\mathrm{dist}(b) + g(ba)$ であることが示された．帰納法の仮定（$k-1$ ステップまでに得られた結果）によると，$p(b)$ は s から b への最短道であり，その距離は $\mathrm{dist}(b)$ であるから，$p(a)$ および $\mathrm{dist}(a)$ は正しい（すなわち，k ステップ目で得られた結果も正しい）． □

最小辺 $e_{\min}$ を効率よく見つけられるようにデータ構造を工夫する（例えば，ヒープを用いる）と，ダイクストラのアルゴリズムは $O(|V|^2)$ 時間で計算を終了する．

問 16.4^S ダイクストラのアルゴリズムを有向グラフにも適用できるように修正せよ．

16.3 トポロジカルソート

$\leqq$ を集合 A の上の全順序とし，n を正整数とする．A の元を並べた有限列 $\boldsymbol{a} := \langle a_1, \ldots, a_n \rangle$ が与えられたとき，A を '大きさ' の順に並べ替えること，すなわち，

$$\sigma(i) \leqq \sigma(j) \iff a_{\sigma(i)} \leqq a_{\sigma(j)}$$

を満たすような $\{1, \ldots, n\}$ の置換

$$\sigma = \begin{pmatrix} 1 & \cdots & n \\ \sigma(1) & \cdots & \sigma(n) \end{pmatrix}$$

を求めることを（昇順による）$\boldsymbol{a}$ のソーティング (sorting) あるいは，$\boldsymbol{a}$ を昇順にソートする (sort in ascending order) という．降順ソート (sort in descending order) も同様に定義される．

$\leqq$ が全順序とは限らない半順序の場合には，$\boldsymbol{a}$ の内容によってはソートできないこともある（$\boldsymbol{a}$ の要素に比較不能な2つがある場合）．しかし，比較不能なものは構わず，比較可能なもの同士についてだけは $\leqq$ を満たすように並べ替えること，すなわち，

$$a_{\sigma(i)} \leqq a_{\sigma(j)} \implies \sigma(i) \leqq \sigma(j)$$

を満たす σ を求めることはできる（$\leqq$ の下で '大きい' ものほど後に並べられる）．このような置換 σ を求めることを $\boldsymbol{a}$ を昇順にトポロジカルソート (topological sort) するという．例えば，$A := \{1, \ldots, 10\}$ において，

$$a \mid b \overset{\text{def}}{\iff} \text{「}a \text{ は } b \text{ を割り切る」}$$

と定義すると $\mid$ は半順序であり，

$$\boldsymbol{a} = \langle 1, 2, 3, 4, 5, 6 \rangle \tag{16.1}$$

に対して，

$$\langle 1, 2, 3, 4, 5, 6 \rangle, \langle 1, 5, 3, 2, 6, 4 \rangle, \langle 1, 3, 6, 2, 5, 4 \rangle \tag{16.2}$$

などが $\boldsymbol{a}$ をトポロジカルソートした結果である．この半順序 $\mid$ においては，

$$1 \mid 2 \mid 4, \quad 1 \mid 3 \mid 6, \quad 1 \mid 5, \quad 2 \mid 4 \mid 6 \tag{16.3}$$

だけが比較可能な要素同士の関係であり，

2 と 3, 2 と 5, 3 と 4, 3 と 5, 4 と 5, 4 と 6, 5 と 6 は比較不能であるから，トポロジカルソートとしては (16.3) が成り立ってさえいれば十分である．

半順序が定義されたデータ集合が与えられたとき，それをトポロジカルソートする 1 つの方法（アルゴリズム）は，

1. まず，A の極大元のすべて $M_1 := \{a_1, \ldots, a_k\}$ を求め，$a_1, \ldots, a_k$ を適当な順序で並べ，
2. 次に，$A - M_1$ の極大元をすべて求めて，それらを適当な順序で M_1 の次に並べ，$\cdots$，と繰り返し，
3. 最後に，残った元（$= A$ の極小元すべて）を適当な順序で並べれば，

降順にトポロジカルソートした結果が得られる[†3]．以上の処理を，'極大元' の代わりに '極小元' について行なえば，昇順のトポロジカルソートができる．

問 16.5^S {本人, 父, 母, 長男, 長女, 孫（長女の子）, 祖父（父の父）, 兄, 弟, 従弟（叔父の子）, 叔父（祖父の子）} を "先祖–子孫" 関係（先祖 $\geqq$ 子孫）の下で降順にトポロジカルソートせよ．

さて，集合 A の上の半順序 $\leqq$ は，次のように閉路のない有向グラフ $G = (A, E)$ として表すことができる．この有向グラフ G を $(A, \leqq)$ のハッセ図 (Hasse diagram) とかハッセ図式という．まず，

$$E' := \{(a,a) \mid a \in A\} \cup \{(a,c) \in A \times A \mid \exists b\, [a < b \land b < c]\}$$

と定義する．ここで，

$$a < b \stackrel{\text{def}}{\iff} a \leqq b \land a \neq b$$

である．E' を用いて，G の辺の集合 E を

$$(a,b) \in E \stackrel{\text{def}}{\iff} a \leqq b \land (a,b) \notin E'$$

と定義する．E' の元を削除することによって E を定義している理由は，$\leqq$ が半順序の場合には，

(i) 反射律によって，任意の a に対して $a \leqq a$ が成り立っているし，
(ii) 推移律によって，$a < b \land b < c$ ならば $a < c$ も成り立っているので，

[†3] $a > m$ であるような $a \in A$ が存在しない $m \in A$ のことを**極大元** (maximal element) という．**極小元** (minimal element) も同様に定義される．

これらの冗長な条件を省くためである．

例 16.3　半順序の有向グラフ

集合 $\{1, 2, \ldots, 10\}$ の上の半順序 | を表すハッセ図は下図のようになる．また，このハッセ図を眺めると，上述のトポロジカルソートが図的に求められる．

(1) まず，極大元を求めると $4, 6$ であるから，これらを適当な順に並べる．
(2) 次に，(1) の $4, 6$ を除いた集合の極大元を求めると $2, 3, 5$ であるから，これらを適当な順序で並べて (1) の結果の後ろに付ける．
(3) (2) の $2, 3, 5$ をさらに除くと残るは 1 だけであるから，これを (2) の結果の後ろに付ける．

$\langle 4, 6, 2, 3, 5, 1 \rangle, \langle 6, 4, 2, 3, 5, 1 \rangle,$
$\langle 4, 6, 3, 5, 2, 1 \rangle, \langle 6, 4, 5, 3, 2, 1 \rangle$ などは降順のトポロジカルソートの 1 つ

昇順の場合も同様である．

上述のトポロジカルソート法とは別の方法を次の定理に述べる：

> **定理 16.3**　G をサイクルのない有向グラフとする．次のアルゴリズムにより，G のトポロジカルソートが得られる：
> 1. G を深さ優先探索し，各頂点 v の終了時刻 $f[v]$ を求める．
> 2. その際，$f[v]$ が決まるたびに，それをリストの末尾に追記する．
> 3. 最終的に得られたリストをソート結果とする．

[証明]　はじめに，

G にはサイクルがない $\iff$ G を DFS したとき後退辺が生じない　(16.4)

が成り立つことを証明しよう．

($\Longrightarrow$) 対偶を示す．後退辺 (u, v) が存在したとすると，G の DFS 森において v は u の先祖である（すなわち，v は u よりも先に発見されている：$\mathrm{d}[v] < \mathrm{d}[u]$）．したがって，$G$ において v から u への道 P が存在する．この道に辺 (u, v) を加えたものは G における閉路である．したがって，G にはサイクルが存在する．

($\Longleftarrow$) これも対偶を示す．G にサイクル C が存在したとする．C の上の頂点のうち，DFS において最初に発見されたものを v とし，(u,v) を C の上の辺とする．

u は v より後で発見される（$d[v] < d[u]$）ので，DFS 木 T において u は v の子孫になる．すなわち，T において v から u への道 Q がある．よって，辺 (v,u) はこの DFS における後退辺である（右図）．

以上で，(16.4) の証明が終わった．

さて，定理の証明は，$u \neq v$ で $(u,v) \in E(V)$ ならば $f[v] < f[u]$ であることを示せばよい（定理 15.1 によると，$f[v] < f[u] \iff (u,v)$ は後退辺でない，である）．なぜなら，定理 16.3 のアルゴリズムに従うと，

$(u,v) \in E(V)$ $\iff$ $u < v$ としたい（昇順にソートしたい場合）

$\iff$ G の DFS において，v の子孫（$v < w$ となる w）は，v の子孫をたどり終わった後でたどる u の子孫（$u < w'$ であり，かつ v の子孫と比較不能な w'）のどれよりも先にたどらなければならない（下図参照）

$\iff$ DFS において，u の子孫をすべてたどり終わるのは，v の子孫をすべてたどり終わった後でなければならない

$\iff$ $f[v] < f[u]$

であるからである．

(u,v) が DFS で初めてたどられたとき（すなわち，u が発見されたとき），v は未発見であるかまたは v の子孫はすべて探索済み（すなわち，すでに $f[v]$ が確定している）である．なぜなら，そのいずれでもないとすると DFS 木において v は u の先祖になるので，辺 (u,v) は後退辺となるが，これは (16.4) に反す．

v が未発見であった場合，当然ながら DFS 木において v は u の子孫となる．よって，$f[v] < f[u]$ となる．

一方，v がすでに発見されている場合，当然 $f[v] < f[u]$ となる．

いずれにしても $f[v] < f[u]$ である． □

問 16.6^S 一般に，トポロジカルソートの結果は一意的ではないのに（例 16.3 参照），定理 16.3 のアルゴリズムでは 1 つしかソート結果が得られない．この定理は弱い結果しか与えない不完全な定理なのか？

例 16.4 定理 16.3 の応用

例 16.3 の有向グラフに定理 16.3 のアルゴリズム（1 を始点とする DFS で，若い数字を優先してたどる）を適用すると，次の図において要素の右肩に小さい数字で示したように発見時刻 d と終了時刻 f の対 d/f が定まり，得られるリストは

$\langle 4, 6, 2, 3, 5, 6, 1 \rangle$

である．

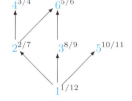

□

問 16.7^S くつ下，靴，ズボン，Y シャツ，下着，時計，ネクタイ，ズボンのベルト，メガネを身に着けるにあたって，何を先に着けている必要があるかを有向グラフで表し，それをトポロジカルソートすることにより，身に着ける順序を決めよ．メガネは最初にかけ，靴は最後に履くものとする．

16.4 強連結成分

最後にここでは，与えられた有向グラフ $G = (V, E)$ の強連結成分すべてを求めるアルゴリズムを考える．そのために，G の転置有向グラフ（辺の向きを逆にしたもの）$G^{-1} := (V, E^{-1})$ を次のように定義する：

$$E^{-1} := \{(u, v) \mid (v, u) \in E\}.$$

G の強連結成分は次のアルゴリズムによって $O(|V| + |E|)$ 時間で求めることができる（正しいことの証明は省略するが，下記の例 16.5 を参考にして，なぜこの方法で強連結成分が求められるのかを直観的に考えてみよ）．

procedure strongly_connected_component(G)
  1. DFS(G) を実行して各 $f[v]$ $(v \in V)$ を計算する．
  2. G^{-1} を求める．
  3. DFS(G^{-1}) を実行する．
     ただし，DFS のメインの反復部は $f[v]$ の大きい順に実行する．
  4. 3. で求めた DFS 森を構成するそれぞれの木が求める強連結成分である．
end

例 **16.5**   強連結成分を求める

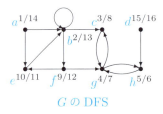
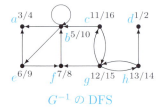

G^{-1} の DFS においては，

1. まず，終了時刻が最も大きい d から DFS を開始する．d からは他頂点へ移ることなく終了する．$\{d\}$ が 1 つ目の連結成分の頂点集合である．

2. 終了時刻が次いで大きい a から DFS を再開すると，a からは他頂点へ移ることなく終了する．$\{a\}$ が 2 つ目の連結成分の頂点集合である．

3. 終了時刻が次いで大きい b から DFS を再開すると，$b \to e \to f$ とたどって終了する．$\{b, e, f\}$ が 3 つ目の連結成分の頂点集合である．

4. 最後に残った c から DFS を再開すると，$c \to g \to h$ とたどって終了する．$\{c, g, h\}$ が 4 つ目の連結成分の頂点集合である．

5. これですべての頂点をたどり終えたので DFS(G^{-1}) は終了する．

求められた強連結成分を図示すると次のようになる：

問 **16.8**^{S} 3 次元超立方体 Q_3 の各辺に適当に向きを付けた有向グラフを考え，その強連結成分を例 16.5 と同様に求めよ．

第 16 章　演習問題

問 16.9^S　右図のグラフを考える．
(1) 最小全域木をクラスカルのアルゴリズムで求め，最大全域木をプリムのアルゴリズムで求めよ．
(2) s から t への最短道をダイクストラのアルゴリズムで求めよ．

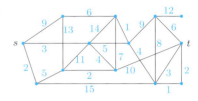

問 16.10　戦国時代，各国は国境に関所を設けて関銭（通行税）を徴集した．隣合う国同士は共同で関所を管理していたので，どちらに向かう場合でも関銭は 1 回だけ支払えばよかった．関銭をまとめたのが下記の表である（貨幣の単位は「文」．記入のない組合せは隣国同士ではない．例えば，s 国から a 国へと，a 国から s 国への関銭は同じなので右上三角形部分しか記入してない）．以下の問に，求め方や理由を説明して答えよ．
(1) s 国から t 国へ行くには，どのような国を経由して行くのが最も安上がりか？解が複数ある場合には，そのすべてを求めよ．
(2) s 国から出発してすべての国を少なくとも 1 回訪れたい（s 国へ戻ってこなくてもよい）．どのような順序で各国を訪れるのが最も安上がりか？

国	a	b	c	d	e	f	g	h	t
s	10				4		5		
a		4					6		
b			3	2				1	6
c				1				1	2
d					4	2			
e						3	3		
f							2		4
g									6

問 16.11　(1) $w : E \to \mathbb{R}$ を $G = (V, E)$ の重み関数とする．$T \subseteq E$ が G の最小全域木のとき，$T' := T - \{e\} \cup \{e'\}$ が T の次に重みの和 $\sum_{e \in T'} w(e)$ が小さい全域木となるような $e \in T$ と $e' \notin T$ が存在することを示せ．
(2) 重みの和が最小全域木に次ぐ全域木を求めるアルゴリズムを考えよ．

問 16.12　ダイクストラのアルゴリズムで最短道を求める際，重みが負の辺があるとなぜ困るのか？　誤った答が得られる例を示せ．

問 16.13　ダイクストラのアルゴリズムは高速ではあるものの，重みが負の辺があると適用できないという欠点をもっている．これを修正したアルゴリズムに

R.Bellman-L.R.Ford
ベルマン-フォードのアルゴリズムがある.

$G = (V, E)$, $w : E \to \mathbb{R}$ を重み付き有向グラフとする．各頂点 $v \in V$ は始点からの最短距離の暫定値 $d(v)$ を保持し，各ステップでこれを更新していく（$d(\cdot)$ は DFS における発見時刻 $d[\cdot]$ ではない）．実行開始時にはどの頂点も $d(\cdot) = \infty$ とする．

procedure Bellman_Ford(G, s) /* s からの最短経路を求める */
begin
1. すべての頂点 $v \in V$ について $d(v) = \infty$ とする．ただし，$d(s) = 0$ とする．
2. 以下の 2.1 を $|V| - 1$ 回繰り返す．
   2.1. 各辺 $(u, v) \in E$ に対し，
   $d(u) + w(u, v) < d(v)$ だったら $d(v) \leftarrow d(u) + w(u, v)$ とする．
3. すべての辺 $(u, v) \in E$ について，次の 3.1 を実行する．
   3.1. $d(v) > d(u) + w(u, v)$ だったら，負のサイクルが存在するので終了．
4. 3.1 が起こらなければ，各頂点の $d(\cdot)$ が求める最短距離である．
end

例 **16.6**　ベルマン-フォードのアルゴリズムの実行例

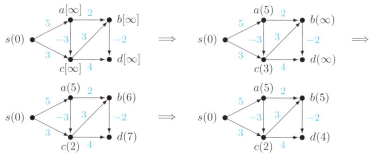

(1) 上記のアルゴリズムを，各頂点の始点からの"最短経路"も同時に求められるように修正せよ．
(2) ベルマン-フォードアルゴリズムの実行時間は $O(|V|^3)$ であることを示せ．

問 **16.14**　重み付き有向/無向グラフ $G = (V, E)$, $w : E \to \mathbb{R}$ のすべての 2 頂点間の最短距離を求めたい．$V = \{v_1, \ldots, v_n\}$ とする．
(1) あなた独自の方法を考案し，その実行時間を求めよ．
(2) (i, j) 成分の値が頂点 v_i と頂点 v_j の間の最短距離であるような $n \times n$ 行列を D とし，辺 (v_i, v_j) の重み $w(v_i, v_j)$ を (i, j) 成分の値とする $n \times n$ 行列を W とする（ただし，$i = j$ のときは $w(v_i, v_j) = 0$, v_i と v_j の間に辺がないときは $w(v_i, v_j) = \infty$ とする）．
 (i) $D^{(n)}$ を
$$\begin{cases} D^{(1)} := W, \\ D^{(n)} := D^{(n-1)} \cdot W = W^{(n)} \end{cases}$$

と定義するとき，$D^{(n)}$ の (i,j) 成分は何を表すか？
(ii) 行列の積を計算するこの方法ですべての頂点間の最短距離を求めるアルゴリズムを考案し，その実行時間を求めよ（工夫すれば $O(|V|^3 \log |V|)$ とできる）．

(3) すべての頂点間の最短経路を求める次のアルゴリズムを考える：

procedure Floyd_Warshall(W)
begin
  1. $D^{(0)} \leftarrow W$ とする．
  2. $k = 1 \sim n$ に対して次の 2.1 を実行する．
    2.1. $i = 1 \sim n, j = 1 \sim n$ に対して次の 2.1.1 を実行する．
      2.1.1. $d_{ij}^{(k)} \leftarrow \min\{d_{ij}^{(k-1)}, d_{ik}^{(k-1)} + d_{kj}^{(k-1)}\}$ とする．
        /* $d_{ij}^{(k)}$ は $D^{(k)}$ の (i,j) 成分である */
  3. $D^{(n)}$ が最短距離を与える行列である．
end

R.W.Floyd-S.Warshall
このアルゴリズムを**フロイド-ウォーシャルのアルゴリズム**という．このアルゴリズムは，重みの和が負のサイクルさえなければ，重みが負の辺があっても正しい答を計算する．このアルゴリズムの実行時間が $O(|V|^3)$ であることを示せ．

(4) これまでに考察した各種の最短経路アルゴリズムの実行時間を比較せよ．

問 16.15 次の有向グラフの強連結成分を例 16.5 と同様に求めよ．

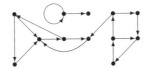

 ティータイム

s から t への最短経路（あればすべて）とその距離を求めよ．数値が付いていない辺の重みは 1 である．

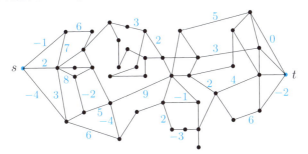

答：距離 6

問題解答

● 第 2 章

問 2.1 例えば $\varphi(v_1) = v_1, \varphi(v_5) = v_4, \varphi(v_4) = v_2, \varphi(v_3) = v_5, \varphi(v_2) = v_3$ など，C_5 におけるサイクル $\langle v_1, v_5, v_4, v_3, v_2, v_1 \rangle$ が C_5' におけるサイクル $\langle v_1, v_4, v_2, v_5, v_3, v_1 \rangle$ に対応するような写像．$C_5 \neq C_5'$ なのは，例えば $v_1 v_2 \in V(C_5)$ なのに $v_1 v_2 \notin V(C_5')$ であるから．

問 2.2 系 2.1 より，位数が 5（奇数）の正則グラフの次数は偶数（0, 2, 4）でなければならないが，そのなかでも位数が 5 のものは 2 次正則の C_5，4 次正則の K_5 だけである．

問 2.3 $\deg(v) = |\{vw \in E(G) \mid w \in V(G)\}|$.

問 2.4 (1) G_3 の全域部分グラフで辺の本数が最小なのは $(6, 0)$ グラフで，最大なのは $(6, 9)$ グラフである．

(2) K_6 は $(6, 15)$ グラフで，G_1 は $(6, 9)$ グラフだから，G_1 に辺を 6 本加えれば K_6 になる．

(3) たくさんある．最も簡単なのは G_2', G_3' をともに $(6, 0)$ グラフに取ればよい．あるいは，辺を 1 本だけ残したグラフなど．

(4) たくさんあるが，例えば，右図．

(5) G_3 は奇頂点が 6 個（偶数）だから，それら 6 個の頂点から 2 頂点ずつ 3 組の頂点間に辺を追加すればよい．例えば，右図．

問 2.5 $G - v = (V - \{v\}, E - \{uv \in E \mid u \in V\})$, $G + w = (V \cup \{w\}, \{vw \mid v \in V\})$.

問 2.6 (1) $K_n - K_1 \cong K_{n-1}$, $K_n + K_1 \cong K_{n+1}$ だから $\langle V(K_n - K_1) \rangle_{K_n + K_1} \cong K_{n-1}$. また，$K_n - E(K_n) = \overline{K_n}$ であるから，$\langle K_n - E(K_n) \rangle_{K_n} \cong \overline{K_n}$.

(2) $\langle \{e\} \rangle_{C_n} \cong P_2$, $\langle E(C_n - \{e\}) \rangle_{C_n} \cong P_n$.

問 2.7 C_5 は例 2.3 で既出．

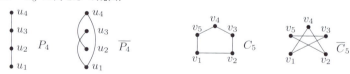

問 2.8 $\boxed{K_1, P_4, C_5, A}$　位数を p，サイズを q とすると，定理 2.2 より $p = 1$ または $p = 4$ または $p = 5$ である．また，定理 2.2 の証明より，$p(p-1) = 4q$ でなければならない．よって，$p = 1$ のときは $q = 0$，すなわち K_1 である．また，$p = 4$ のときは $q = 3$ でなければならない．ゆえに，$(4, 3)$ 自己補グラフは P_4 しかない．

一方，$p = 5$ のときは $q = 5$ である．握手補題（定理 2.1）より，奇頂点は 0 個，2 個，4 個のいずれかである．また，自己補グラフは連結である（問 4.11 の解答を参照せよ）．これらのことを考慮すると，奇頂点が 0 個のときは C_5 しかなく，2 個のとき

は存在せず（C_4 にヒゲを 1 本付けたグラフは奇頂点が 2 個の $(5,5)$ グラフだが，自己補グラフではない），4 個のときは A しかない．すなわち，$(5,5)$ 自己補グラフは，例 2.8, 問 2.7 に述べられている A と C_5 しかない．

● 第 3 章

問 3.1 (1) p の経路を点線で右図に示した．
(2) 始点は s, 終点は t, 長さは 13.
(3) 閉じていない．単純道でも基本道でもない．サイクルを含む．
(4) $\langle s, a, b, c, d, e, f \rangle$

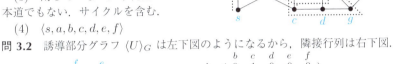

問 3.2 誘導部分グラフ $\langle U \rangle_G$ は左下図のようになるから，隣接行列は右下図．

問 3.3 使用目的にもよるが，辺の本数が少ないので，隣接リスト表現の方がよいと言えなくもない．

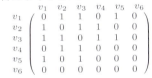
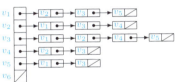

問 3.4 (1) $\langle v_1, v_4, v_5, v_2, v_3, v_6, v_7 \rangle$ （すべての頂点を 1 回ずつ通っている）
(2) $\langle v_1, v_4, v_5, v_1, v_2, v_5, v_6, v_2, v_3, v_6, v_7 \rangle$ （すべての辺を 1 回ずつ通っている）
(3) $\langle v_1, v_2, v_3, v_6, v_5, v_4, v_1 \rangle$ でサイズは 6 （サイズとは辺の本数である）
(4) サイクルは 72 個（3 辺形が 4 個，4 辺形が 2 個，5 辺形が 2 個，6 辺形が 1 個であるが，各 n 辺形（$n = 3, 4, 5, 6$）はどの頂点を始点とするかで n 通り，右回りか左回りかで 2 通り，計 $2n$ 通りのサイクルと見ることができる）．同型なサイクルは 1 個と数えると，C_3, C_4, C_5, C_6 の 4 個のみ．
(5) 複数あるが，例えば右図．後に学ぶ用語（第 11 章）でいうと G の全域部分木であり，連結かつサイズが「位数 -1」であるようなグラフである．
(6) 存在しない．位数が p のグラフのサイズ q は $0 \leq q \leq p(p-1)/2$ である．

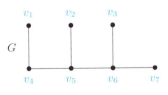

問 3.7 (1) $P_3 + K_1$ は長さ 2 の基本道（右図では $\langle v_1, v_2, v_3 \rangle$）に 1 点（右図では v_4）を $+$ したものである．よって，求める行列は以下の通り（頂点の番号の付け方によって異なる行列となるが，以下に示したものは右図に示したような番号付けによっている）：

$$A[G_1] = \begin{pmatrix} 0 & 1 & 0 & 1 \\ 1 & 0 & 1 & 1 \\ 0 & 1 & 0 & 1 \\ 1 & 1 & 1 & 0 \end{pmatrix}, \quad B[G_1] = \begin{pmatrix} 1 & 0 & 1 & 0 & 0 \\ 1 & 1 & 0 & 1 & 0 \\ 0 & 1 & 0 & 0 & 1 \\ 0 & 0 & 1 & 1 & 1 \end{pmatrix}, \quad C[G_1] = \begin{pmatrix} 2 & 0 & 0 & 0 \\ 0 & 3 & 0 & 0 \\ 0 & 0 & 2 & 0 \\ 0 & 0 & 0 & 3 \end{pmatrix}$$

v_1 • → v_2 • → v_4 • ⧅
v_2 • → v_1 • → v_3 • → v_4 ⧅
v_4 • → v_2 • → v_4 ⧅
v_4 • → v_1 • → v_2 • → v_3 ⧅

(2) B の列を見ると，辺 1：頂点 1 と頂点 2，辺 2：頂点 2 と頂点 3，辺 3：頂点 3 と頂点 1 の間にそれぞれ辺がある，位数 4 のグラフであることがすぐわかる．よって，その概形は右図のようになる．ゆえに，隣接行列は次の A であるが，頂点 4 は孤立点なので，A の部分行列 B を考えればよい：

$$A = \begin{pmatrix} 0 & 1 & 1 & 0 \\ 1 & 0 & 1 & 0 \\ 1 & 1 & 0 & 0 \\ 0 & 0 & 0 & 0 \end{pmatrix}, \quad B = \begin{pmatrix} 0 & 1 & 1 \\ 1 & 0 & 1 \\ 1 & 1 & 0 \end{pmatrix}$$

任意の n に対して，A^n の対角成分はすべて等しく，非対角成分もすべて等しいので，前者を d_n で，後者を e_n で表すと，

$$A^1 = A = \begin{pmatrix} 0 & 1 & 1 \\ 1 & 0 & 1 \\ 1 & 1 & 0 \end{pmatrix} \text{ だから } \quad d_1 = 0, \quad e_1 = 1 \quad (A.1)$$

であり，

$$A^{n+1} = \begin{pmatrix} d_{n+1} & e_{n+1} & e_{n+1} \\ e_{n+1} & d_{n+1} & e_{n+1} \\ e_{n+1} & e_{n+1} & d_{n+1} \end{pmatrix} = AA^n = \begin{pmatrix} 0 & 1 & 1 \\ 1 & 0 & 1 \\ 1 & 1 & 0 \end{pmatrix} \begin{pmatrix} d_n & e_n & e_n \\ e_n & d_n & e_n \\ e_n & e_n & d_n \end{pmatrix}$$

だから

$$d_{n+1} = 2e_n, \quad e_{n+1} = e_n + d_n \quad (A.2)$$

である．よって，

$$d_{n+1} = 2e_n = 2(e_{n-1} + d_{n-1}) = 2e_{n-1} + 2d_{n-1} = d_n + 2d_{n-1} \quad (A.3)$$

である．(A.3) の同次線形差分方程式 $d_{n+1} - d_n - 2d_{n-1} = 0$ の特性方程式は $x^2 - x - 2 = 0$ であるから，その実数解 $\alpha_1 = 2$ と $\alpha_2 = -1$ を用いて一般解は $d_n = c_1 \alpha_1^n + c_2 \alpha_2^n = c_1 2^n + c_2 (-1)^n$ と表すことができる．(A.1) より，

$$\begin{cases} d_1 = 0 = 2c_1 - c_2 \\ d_2 = 2 = 4c_1 + c_2 \end{cases} \therefore \begin{cases} c_1 = 1/3 \\ c_2 = 2/3 \end{cases}$$

であるから，一般項は $d_n = \dfrac{1}{3}(2^n + 2(-1)^n)$ である．A^n の (i,i) 成分は，始点と

終点が v_i の閉路で長さが n のものの個数であるから，求める個数は $\sum_{i=1}^{n}$ 「A^n の $(1,1)$ 成分 + $(2,2)$ 成分 + $(3,3)$ 成分」+「v_4 を始点かつ終点とする長さが n 以下の閉路の個数」であり，前者は $3\sum_{i=1}^{n} d_i$ であり，後者は 0 である．よって，

$$3\sum_{i=1}^{n} d_i + 0 = \begin{cases} 2(2^n - 1) & (n \text{ が偶数}) \\ 2(2^n - 2) & (n \text{ が奇数}) \end{cases}$$

である．

【注】 $a_0 f(n) + a_1 f(n-1) + \cdots + a_k f(n-k) = g(n)$ という形の方程式を**線形差分方程式**といい，$g(n) = 0$ の場合，'同次' 線形差分方程式という．線形差分方程式の解法については http://www.edu.waseda.ac.jp/~moriya/education/classes/books/DM/sec6.3.pdf を参照されたい．

● 第 4 章

問 4.2 $G - v_3$ は右図：

連結なもの：(b), (c), $\deg(v) = 1$ のときの (d), $uv \in E(C_n)$ すなわち u と v が隣接しているときの (e).

非連結なもの：$k(\text{a}) = 2$；$\deg(v) = 2$ のときの (d) は $k(\text{d}) = 2$；$uv \notin E(C_n)$ のときの (e) は $k(\text{e}) = 2$.

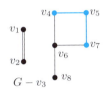

問 4.3 (1) 通常，円・楕円・双曲線などの '直径' とは，中心を通る直線からその曲線が切り取る線分のことをいうと同時に，その線分の長さのことも直径という．

(2) 主張「直径の両端である頂点 u, v が存在して，w はこの uv 道の上にある」の対偶「任意の u, v に対して，"w が uv 道 p の上にあるなら p は直径道ではない" とすると w は中心でない」を背理法で証明する．そのため，p 上の w が中心である（半径 $= e(w) = r$）として矛盾を導く．直径の長さを R とする．$d(u, w) \leqq r \wedge d(v, w) \leqq r$ であるから $|p| := (p \text{ の長さ}) \leqq 2r$ である（定理 4.1）．$|p| = R$ だとすると，p は直径道となり仮定に反す．ゆえに，$|p| > R$ であるが，どの 2 頂点間の距離も R 以下だから，$d(u', v') = R$ を満たす p 上の頂点 u', v' が存在する．ペア (u', v') に対してもペア (u, v) に対したのと同じ論法が適用できるが，$|p|$ は有限だから，この論法を繰り返すといずれも $u' = w \vee v' = w$ となる（そのとき，$u'v'$ 道は直径道である）．これは w が直径道の上にはないとした仮定に反す．

問 4.4 (1) $k(G_1) = 3$. (2) $\text{rad}(G_2) = 2, \text{diam}(G_2) = 3$.

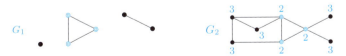

問 4.5

問 4.6 (1) 定理 4.3 より，求める部分グラフのサイズは最小でも「位数 -1」であり，閉路を含まない．一意的ではないが，具体的な例は次図．

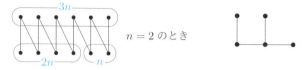

(2) 孤立点を作るのが最小で，(a) $3n$ 本，(b) 3 本．

(3) (1) のグラフに適当な辺を 1 つ追加すればよい．実は (1) の部分グラフは第 11 章の用語でいうと全域部分木であり，木からどの辺を削除しても非連結になるという事実が (2) であり，木のどこに辺を追加してもサイクルができるという事実が (3) である（定理 11.1）．答は，サイズ － {(1) のグラフのサイズ} － 1 で，(a) $\{11n^2 - (6n-1)\} - 1 = 11n^2 - 6n$ 本，(b) $(9-4) - 1 = 4$ 本．

問 4.7 (1) $d(v_1, v_7) = 3$． (2) $e(v_3) = 2$．
(3) $\mathrm{rad}(G) = 2$． (4) $\mathrm{diam}(G) = 3$．
(5) 中心は v_1, v_7 以外すべて．
(6) 直径を与える道は，例えば $\langle v_1, v_2, v_3, v_7 \rangle$ など．
(7) $k(G - \{v_3, v_6\}) = 2$．右図．

問 4.11 (1) 連結である $K_{n,2n,3n}$ は完全 3 部グラフであり，異なる部のどの 2 頂点も隣接している．下図は $n = 1$ の場合．

(2) どちらでもない 例えば P_4 もその補グラフ $\overline{P_4}$ ($\cong P_4$) も連結であるが，例えば K_n ($n \geq 2$) は連結だが $\overline{K_n}$ は辺が 1 本もない完全非連結グラフである．

(3) 連結である $\overline{K_n}$ は n 個の孤立点だけからなるグラフで，$\overline{K_n} + K_1$ はそれらすべての頂点と，追加した 1 頂点 K_1 とを辺で結んだグラフである．

(4) 連結でない (p, q) グラフが連結であるための必要条件は $q \geq p - 1$ である（定理 4.3）．$(p, p-2)$ グラフはこの条件を満たさない．

(5) 連結でない (4) に加えて，閉路があるためには $q \geq p$ が必要である．$(p, p-1)$ グラフはこの条件を満たさない．

(6) 連結である 隣接行列の (i, j) 成分 $= 1 \iff$ 頂点 i と頂点 j が隣接している，であるから 第 i 行の 1 の個数 $= \deg$(頂点 i) である．よって，$(2p, q)$ グラフの場合，隣接行列のどの行も 1 が p 個以上のグラフ G は $\delta(G) \geq p$ を満たす．G が

(p,q) グラフの場合，これは $\delta(G) \geqq p/2$ を意味するので，定理 4.4 の (2) より，G は連結である．

(7) 連結である $\Delta(G) = p - 1$ ということは，G のある頂点 v の次数は $p-1$ すなわち v は自分以外のすべての頂点と隣接しているということであるから，G は連結である．

(8) どちらでもない 接続行列の第 i 行にある 1 は，それに対応する辺は頂点 i に接続しているということであるから，(*) 第 i 行の成分がすべて 1 $\Longleftrightarrow$ 頂点 i はすべての辺と接続しているということである．だからといって，連結であるとは限らない．例えば，孤立点があっても (*) が成り立つグラフがあるし，連結で (*) が成り立つグラフ（例えば完全グラフ K_n）もあるし，連結であっても (*) が成り立たないグラフもある．

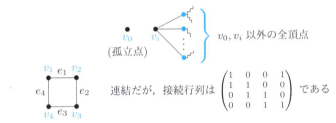

第 5 章

問 5.1 切断辺の場合，その辺を削除しても連結成分は 2 つの連結成分に分割されるだけであるが，切断点の場合，連結成分は 3 つ以上の連結成分に分割されることもあるから．十分条件の一例としては，$\deg(v) = 2$ かつ x, y が v の隣接点のとき，v を通らない xy 道が存在しない場合（換言すれば，x と y は $G - v$ において非連結である場合）．

問 5.2 G のどの 2 頂点も同一サイクル上にあるとすると，まず G は連結である．もし G が 2 重連結 ($\kappa(G) \geqq 2$) でないとすると，切断点 v が存在する．ボトルネック定理（定理 5.2）より，v を含む uw 道が存在する．仮定より，u, w を含むサイクル C が存在するが，C は，(i) v を含む uw 道と，(ii) v を含まない uw 道に分割できる．これは，どの uw 道も v を含むということに反す．

問 5.2 別解 対偶を示す．$\kappa(G) < 2$ だとすると，$\kappa(G) = 0$ の場合，G は非連結または K_1 であるから，異なる連結成分上の 2 頂点は同一サイクル上にはない（$G = K_1$ の場合にはそもそも 2 頂点が存在しない）．$\kappa(G) = 1$ の場合，G には切断点 v があるから，$G - v$ は非連結または K_1 になり，$G - v$ の異なる連結成分上の 2 頂点 u, w は G の同一サイクル上にはない（∵ 同一サイクル上にあったとすると，G において u, v, w は同一サイクル上にあることになり，v が G の切断点であることに反す）．

問 5.3 (1) 例えば，右図は2重連結（切断点集合は◎）かつ3重辺連結（切断辺集合は次数3の頂点に接続する3辺）．このグラフは2つの K_4 を1辺を共有するように横に並べたものである．一般に，K_n ($n \geq 4$) を縦横に k 個ずつ隣り合うものそれぞれが1辺を共有するように並べると，$k+1$ 重連結かつ $n-1$ 重辺連結である．$n=5, k=2$ の例を右下図に示した．

(2) 対偶を考える．n 重辺連結でないとすると，$n-1$ 本の辺を削除すれば非連結になる．よって，それら $n-1$ 本の各辺の端点を1つずつ重複しないように選んで削除すればそれらの辺も削除されるので非連結になり，n 重連結ではない．よって，正しい（ホイットニーの定理（定理5.5）における $\kappa(G) \leqq \lambda(G)$ に対応する）．逆は成り立たない．例えば，(1) で示したグラフは3重辺連結であるが3重連結ではない．

問 5.4 (1) 最も簡単な答は全非連結グラフ G で，$\delta(G) = \kappa(G) = \lambda(G) = 0$ である．非連結でない例としては n 次元超立方体 Q_n がある（第6章参照）．

(2) 右上図．$\kappa(G) = 1, \lambda(G) = 2, \delta(G) = 3$ である．

問 5.6 右下図のグラフを考えると，$p=6, n=3$ として，どの頂点 v も $\deg(v) \geq (p+n-1)/2 = 4$ であり，実際，$\kappa(G) = n$ である．

逆が成り立たない例：$p=5, n=2$ とすると，$\kappa(C_p) = n$（2重連結）であるが，C_p のどの頂点 v も $\deg(v) = 2 < (p+n-1)/2 = 3$ である．

問 5.7 (1), (2) 例えば以下に示したグラフは，点連結度についても辺連結度についても問の条件を満たす．カット点集合を青色の頂点で示し，カット辺集合を青色の太い辺で示した．いずれも，たくさんある候補の中の一つである．

1重（辺）連結　　2重（辺）連結　　2重（辺）連結

(3) これらは定理5.7の例になっているが，定理5.7を知る前に，このような例から予想して欲しかった．

問 5.8 (1) $\boxed{j \text{ と } k}$

(2) $\boxed{jk \text{ と } k\ell}$ 例えば jk を $\{jk\}$ とか $\langle j, k \rangle$ とか $j\text{-}k$ とか (j, k) と書くのはいずれも不適切である．$\{j, k\}$ が正しい記法である（jk はその省略形である）．$\langle j, k \rangle$ は「列」を表し，(j, k) は有向グラフの辺を表す記法である．

(3) $G - \{c, i\}$ は次ページ左上図であるから，$\boxed{\kappa(G - \{c, i\}) = 1}$ である．

(4) $G - \{k, \ell\}$ は次ページ右上図であるから，$\boxed{\lambda(G - \{k, \ell\}) = 3}$ である（頂点 a または e に接続している3辺が切断辺）．

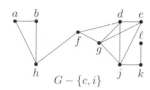

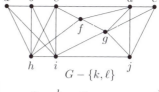

(5) $\boxed{\langle b,c,d,e\rangle, \langle b,h,f,g,e\rangle, \langle b,i,j,e\rangle}$
のように, 最大で3本ある (他の3本もある). メンガーの定理 (定理5.6) より, 最小辺カットは3辺からなるが, それぞれの道から1つずつ辺を選ぶと, 例えば $\{de, ge, je\}$ がそれである.

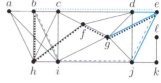

(6) $G-\{k,\ell\}$ の最小カットは3である (例えば $\{b,h,i\}$) から, メンガーの定理より, a から j までの内点素な道は3本である. 例えば, $\boxed{\langle a,b,c,d,e,j\rangle, \langle a,i,j\rangle, \langle \boldsymbol{a,h,f,g,j}\rangle}$.

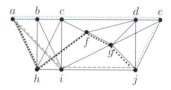

(7) $\boxed{\mathrm{diam}(G)=4}$ 直径の両端は例えば a と ℓ.

(8) $\boxed{\{d,g,j\}, \{c,f,i\} \text{ など}}$ 内点素な he 道は最大3本取れるので, メンガーの定理より, 最小の (h,e) カットのサイズは3である (左下図).

(9) $\boxed{\{ij, gj, dj, ej\}}$ 辺素な bj 道は下図のように最大で4本取れるので, メンガーの定理より, 最小の (b,j) 辺カットのサイズは4である. 例えば, 辺素な4本の道の上から1点ずつ取った $\{dj, ej, gj, ij\}$ など (右下図).

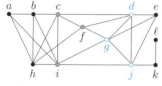
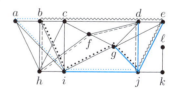

第6章

問 6.2 以下の具体例 $G_1=(V_1, E_1)$, $G_2=(V_1, E_1)$ において, $\cdots$ は辺がある場合とない場合の両方を表す.

$\boxplus$ と $\oplus$, $+$ と $\oplus$ についても, $V_1 \neq V_2$ のとき $\oplus$ の方だけが定義できない.

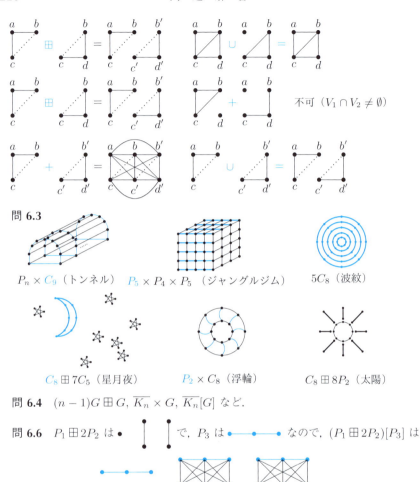

問 6.3

$P_n \times C_9$ (トンネル)　$P_5 \times P_4 \times P_5$ (ジャングルジム)　$5C_8$ (波紋)

$C_8 \boxplus 7C_5$ (星月夜)　$P_2 \times C_8$ (浮輪)　$C_8 \boxplus 8P_2$ (太陽)

問 6.4　$(n-1)G \boxplus G$, $\overline{K_n} \times G$, $\overline{K_n}[G]$ など.

問 6.6　$P_1 \boxplus 2P_2$ は 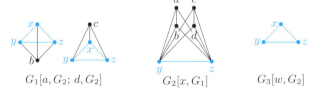 で, P_3 は ●—●—● なので, $(P_1 \boxplus 2P_2)[P_3]$ は

問 6.7　$G = (V, E)$, $G' = (V', E')$ とする. $V \cap V' = \emptyset$ と仮定してもよい. $G[v, G'] = ((V - \{v\}) \cup V', (E - \{vw \in E \mid w \in V\}) \cup \{v'w \mid v' \in V', w \in V, vw \in E\})$.

問 6.8

$G_1[a, G_2; d, G_2]$　$G_2[x, G_1]$　$G_3[w, G_2]$

問題解答   **221**

問 6.9 直径が r の連結グラフなら r 乗すれば完全グラフになる．非連結なら冪乗は定義されない．よって，(1) $n-1$, (2) 2, (3) $3(n-1)$, (4) 非連結，(5) $n-1$.

問 6.18 $\mathrm{diam}(G) = \min\{n \mid G^{[n]} \cong K_n\}$.

第 7 章

問 7.1 定理 7.1 の中の「なぜか？」も例 7.1 の中の「なぜか？」も同じ理由による：偶頂点は（奇数本目の辺を経て）入ったら（偶数本目の辺を経て）必ず出ることができる．始点の頂点を含めてすべての頂点が偶頂点であるなら，どの頂点も（最初に出ていく辺を含め，奇数本目の辺を経て）通過した後に必ず（偶数本目の辺を経て）再度入ることができる．それと同時に未通過の辺がなくなる場合が行き止まりである．したがって，偶頂点から出発すれば必ずそこに戻って来ることになるし，奇頂点から出発すればそこに戻って来ることはできないので，他の奇頂点に行き着いて行き止まりになる（偶頂点は，入れるなら出られるので，そこで行き止まりになることはないから）．「元に戻すのを逆の順に行なう」のは，その順に決まってゆくから．

問 7.2 (a),(c) はすべての頂点が偶頂点なのでオイラー閉路がある．(d) は奇頂点が 2 個なのでオイラー閉路はないがオイラー道はある．(b) は奇頂点が 6 個なのでオイラー道もオイラー閉路もない．道（閉路）の例を番号で示した．

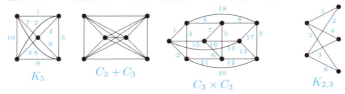

問 7.3 対応する多辺グラフは奇頂点が 2 個なので，出発点に戻ってくる周遊は不可能だが，B から C へのオイラー道はある．

問 7.4 (1) はオイラー閉路が対応し，(2) はオイラー閉路またはオイラー道が対応する．(1) が可能なのは (c) のみ．(2) が可能なのは (b),(c),(e).

問 7.5 カキ食エバカネガナルナリホウリュウジ（柿食え（へ）ば鐘が鳴るなり法隆寺）

問 7.6 定理 7.1 の証明で示した方法で一筆書きすると，一筆書きし残した部分 G_2 は一筆書きした部分 G_1 と連結しており，かつ，G_1 と G_2 がそこで連結する共有頂点（図の v_1 と v_2）の G_2 における次数は 1 である（$\because$ 2 以上だったら，一筆書きの際に，残りの未踏辺が 1 になるまではそこに戻っては出て行くはずである）．よって，G_2 において，例えば v_1 からたどって行き止まりになる頂点の次数も 1 であり，それは v_2 しかあり得ない．すなわち，G_2 は連結であり，残りの奇頂点は 2 個（v_1 と v_2）で G_2 内にある．

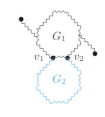

問 7.7 奇頂点を v_1, v_2, v_3, v_4 とし，奇頂点の対 v_1, v_2 と v_3, v_4 間に辺 v_1v_2, v_3v_4 を追加した（多辺）グラフを G' とすると，G' は偶頂点だけだから，オイラー閉路 C

が存在する．C の始点と終点を v_1 とすると，C は

$$\overbrace{v_1,\ldots,v_1}^{C_1},\overbrace{v_2,\ldots,v_1}^{C_2} \quad \text{または} \quad \overbrace{v_1,\ldots,v_2}^{C_1},\overbrace{v_1,\ldots,v_1}^{C_2}$$

のように辺 $e := v_1v_2$ を通過する．C から辺 e を削除すると，C の前半 C_1 と後半 C_2 はオイラー閉路とオイラー道であり，(v_3, v_4 は G' において偶頂点なので) 辺 $f := v_3v_4$ はオイラー閉路側に含まれている．そこで，f を含まない方を最初の一筆書きとすれば，残りはオイラー閉路だから f を削除しても連結であり，かつ f を削除したものは奇頂点を 2 つだけ (v_3 と v_4) 含む G の連結部分グラフである．

問 7.8 次数が $5n$ の頂点が n 個，次数が $4n$ の頂点が $2n$ 個，次数 $3n$ の頂点が $3n$ 個なので，n が偶数ならすべての頂点が偶頂点なので一筆書きでき (定理 7.1)，n が奇数なら奇頂点が $4n$ 個なので $2n$ 筆書き可能である (定理 7.2)．

問 7.11 最左の未通過辺を優先して G_1 のオイラー閉路を求めると矢印のように $1 \to 2 \to \cdots \to 9 \to 10$ と進むが，$5 \to 6 \to 7 \to 8 \to 9 \to 10$ が交差するのでサイ

G_1

クル $6 \to 7 \to 8 \to 9$ の向きを変えると，どの頂点においても交差しないオイラー閉路 (青色の点線) が得られる．このオイラー閉路は正方形の中心部で交差しているが，これは G_1 の辺を交差するように描いたためである．G_1 の辺がどこでも交差していない (そのようなグラフを平面グラフという) ならば，左中央図のように辺も交差しないようなオイラー閉路 $1 \to 2 \to 3 \to 9 \to 8 \to 7 \to 6 \to 5 \to 4 \to 10 \to 1$ が得られる．これは最左優先でたどったオイラー閉路 $1 \to \cdots \to 9 \to 10 \to 1$ の中間のサイクル $4 \to 5 \to 6 \to 7 \to 8 \to 9$ の向きを逆にしたものである)．

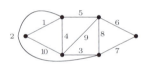

G_2

G_2 は奇頂点が 2 個あるので，そのどちらかから出発して G_1 と同様に求める．オイラー道 $1 \to 2 \to \cdots \to 10$ の中間のサイクル $7 \to 8 \to 9$ を逆向きにすればよい．

問 7.12 (1) no. $K_3 + K_4 + K_5 \cong K_{3+4+5} = K_{12}$ であり，K_{12} は 11 次正則グラフであるからオイラーグラフでない．

(2) yes. $P_3 \times P_4 \times P_5$ の角 (8 個ある) の頂点の次数は 3，それ以外の頂点の次数は 4 なので，4 筆書き可能である．

(3) yes. $C_3[C_4]$ は位数が $3 \times 4 = 12$ の $2 + (3-1) \cdot 4 = 10$ 次正則グラフであるから，$(C_3[C_4])[C_5]$ は $10 + (5-1) \cdot 12 = 58$ 次の正則グラフである．

(4) no. 例えば C_n はオイラーグラフだが，$\overline{C_n}$ は $n-3$ 次の正則グラフなので n が偶数の場合にはオイラーグラフでない．

(5) yes. $G_1 \boxplus G_2$ において G_1 と G_2 は共通部分がないから．

● 第 8 章

問 8.1 例えば，右図．

問 **8.2** (1) 例えば C_n ($n \geqq 5$) はハミルトングラフであるが，隣接しない任意の 2 頂点 u,v に対し $\deg(u) + \deg(v) = 4 < n$ である．

(2) 例えば 2 つの K_n を 1 点で結合したグラフ G（右図）を考えると，位数は $p = 2n-1$ であり，隣接しない頂点のペア (u,v) はそれぞれの K_n に属する w 以外のものだけであり，$\deg(u) + \deg(v) = 2(n-1) = p-1$ である．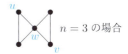
しかし，G がハミルトン閉路 H をもつとすると H は w を 2 度通過せざるを得ない．それは C がハミルトン閉路であることに矛盾する．

問 **8.3** (1) 任意の隣接する頂点 u,v のどちらかを考えるとハミルトン uv 道が存在するので，これに辺 uv を加えたものはハミルトン閉路である．一方，C_n ($n \geqq 4$) は，ハミルトングラフであるがハミルトン連結でないグラフの一例である．

問 **8.4** ($\Longrightarrow$) は明らか．($\Longleftarrow$) は定理 8.3 より．

問 **8.5** (1) (a) P_n．(b) $n = 4$ のとき K_4，$n \neq 4$ のとき C_n．(c) $K_{n,n,n}$．(d) $\overline{K_n}$．

(2) 隣接しない任意の 2 頂点 u,v に対して $\deg(u) + \deg(v) < |V(G)|$ が成り立つグラフ．

問 **8.7** 一つひとつの会議を頂点とし，会議 a と会議 b とを同時間帯においてもよいとき a と b を辺で結んだグラフを考え，1-因子を求めればよい（各 1-因子の両端の頂点が同時間帯に開催可能な会議）．

問 **8.8** 1-因子をもつとする．もし頂点 v が 1-因子の辺（例えば e）に接続していたとすると，e が接続していない側の部分グラフの因子は右図のように決まってしまい（青色の辺は 1-因子），点線の辺は 1-因子にも 2-因子にもなり得ない（どの辺を 1-因子の辺とするかについてもう一つの選択肢もあるが，同様な矛盾に陥る）．他の部分グラフについても同様．

問 **8.9** (1) (2)

K_4：3 つの 1-因子の辺和　　K_5：2 つのハミルトン閉路の辺和

(3) 省略．

問 **8.10** ハミルトングラフであるのはヒーウッドグラフだけである．

問 **8.11** (1) 正しい どの頂点の次数も 6 だから，隣接しない 2 頂点（異なる部に属す 2 頂点）の次数の和は $6+6 \geqq 9 = $「$K_{3,3,3}$ の位数」でありオアの定理の条件を満たすからハミルトングラフである．また，どの頂点も偶頂点なので オイラーグラフである ．

(2) 正しい このグラフはオアの定理の条件を満たさないが，次ページ左下図のようにハミルトンサイクル（青色）をもつ：

$P_{2n} \times P_{2n+1}$（$n=2$ の場合）

奇頂点が $2(2n-2)+2(2n-1)=8n-6$ 個あるので，オイラーグラフではない．$4n-3$ 筆書き する必要がある（$n=2$ の場合の例を右上図に示した．グレーの曲線は，オイラーグラフにするために奇頂点間に追加した辺なので，5 筆書きする際には削除する）．

(3) 正しくない 例えば，✕ は全域閉路をもつが，ハミルトン閉路（＝全域基本閉路＝全域サイクル）をもたない．また，オイラーグラフに関しても 正しくない．例えば，⊠ は全域閉路をもつが，奇頂点が 4 個あるのでオイラーグラフではない．

(4) 正しい なぜなら，ハミルトン道は全域道（すべての頂点を通る道）であるからすべての頂点を通るが，基本道（同じ頂点を重複して通らない道）でもあるので，それは P_n である（n はそのグラフの位数）．オイラー道に関しても 正しい．なぜなら，閉路のない道は基本道であり，オイラー道はすべての辺を含んでいるからすべての頂点も（それぞれ 1 回ずつ）含んでいるから．

(5) 正しい ＋の定義より，G_1+G_2 においては，G_1 の任意の頂点と G_2 の任意の頂点の間に辺があるので，右上図のように，G_1 のハミルトン道（太い波線）を経てその終点 v_{1t} から G_2 のハミルトン道の始点 v_{2s} に入り，G_2 のハミルトン道（細い波線）を経てその終点 v_{2t} から G_1 のハミルトン道の始点 v_{1s} に戻れば，これは G_1+G_2 のハミルトン閉路である．しかし，G_1,G_2 がオイラーグラフの場合には 正しくない．例えば，C_3 はオイラーグラフであるが，C_3+C_3 の各頂点は次数 5 なので C_3+C_3 はオイラーグラフではない（右下図）．

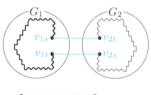

● 第 9 章

問 **9.1** 下図．

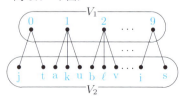

$G=(V_1,V_2,E)$,
$V_1=\{0,1,\ldots,9\}$, $V_2=\{a,b,\ldots,z\}$,
$E=\{0j, 0t, 1a, 1k, 1u,$
$\quad 2b, 2\ell, 2v, \ldots, 9i, 9s\}$
（例えば 0j は $\{0,j\}$ でもよい）

問 **9.2** (a) $n=1 \to$ No（∵ 1 頂点）; $n \geq 2 \to$ Yes（∵ サイクルがない）

(b) $\begin{cases} n \text{ が偶数} \to \text{Yes（∵ } C_n \text{ 自身が偶数長のサイクル）}; \\ n \text{ が奇数} \to \text{No（∵ } C_n \text{ 自身が奇数長のサイクル）} \end{cases}$

(c) $\begin{cases} n=1 \to \text{No（∵ 1 頂点）}; \quad n=2 \to \text{Yes（∵ サイクルを含まない）}; \\ n \geq 3 \to \text{No（∵ 3 辺形を含む）} \end{cases}$

(d) $\begin{cases} n=0 \to \text{No（∵ 1 頂点）}; \\ n=1 \to \text{Yes（∵ } Q_2=K_2 \text{ なのでサイクルを含まない）}; \\ n \geq 2 \to \text{Yes（∵ すべての領域は 4 辺形 and/or それを合わせたもの）} \end{cases}$

問 **9.3** (a) $\begin{cases} n \text{ が偶数} \to \text{Yes（マッチ辺と自由辺を交互に取る）}; \\ n \text{ が奇数} \to \text{No}; \quad \lfloor n/2 \rfloor \end{cases}$

(b) $\begin{cases} n \text{ が偶数} \to \text{Yes（∵ マッチ辺と自由辺を交互に取る）}; \\ n \text{ が奇数} \to \text{No}; \quad \lfloor n/2 \rfloor \end{cases}$

(c) $\begin{cases} n \text{ が偶数} \to \text{Yes（∵ 全域サイクル上でマッチ辺と自由辺を交互に）}; \\ n \text{ が奇数} \to \text{No}; \quad \lfloor n/2 \rfloor \end{cases}$

(d) $\begin{cases} n=0 \to \text{Yes（∵ 辺 0 個でもマッチング）}; \\ n \geq 1 \to \text{Yes（∵ 右図）}; \quad 2^{n-1} \end{cases}$

マッチ辺は，次のように再帰的に決める：

$n=1$ のときは $Q_1=K_2$ の辺はマッチ辺とする．

$n=k+1$ のとき，$Q_n = Q_k \times K_2$ のマッチ辺は Q_k のマッチ辺に加え，K_2 によって対応する対の辺（2 倍個ある）をマッチ辺として追加する（例えば，Q_4 では，Q_3 のマッチ辺（細い青の辺）に対し，太い青の辺を追加する）．

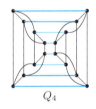

Q_4

(e) $\begin{cases} n \text{ が偶数} \to \text{Yes（∵ 1 行おきに向かい合う辺をマッチ辺とする）}; \\ n \text{ が奇数} \to \text{No（∵ 位数が奇数）}; \quad \lfloor n/2 \rfloor (n+1) \end{cases}$

問 **9.5** アルゴリズムの概略：1. 空のマッチングから始める．2. 各ステップでは，前ステップで得られたマッチング M に対し，自由頂点間に交互道があるか否かを調べる．3. 交互道 P があったら，M との対称差 $M \triangle P$ を求め，これを新しいマッチング M とする．4. 自由頂点間の交互道がなくなったら終了する．そのときの M が求める最大マッチングの一つである．

問 **9.6** 求職先と採用条件の適合性を表す 2 部グラフを描いて考える．

(1) 可能性はない すべての求人先が 1 人ずつ，そこに就職を希望している求職者を採用できる必要十分条件は，次ページの上左図の求職希望先のグラフと上中央図の適合求人のグラフの共通部分である 2 部グラフ（上右図）に完全マッチングが存在することであるが，完全マッチングは存在しない．理由は系 9.1 を適用してもよいが，次のように考えてもわかる．完全マッチングが存在したとすると，x_4-y_2, x_3-y_3, x_3-y_5（青い 3 辺）がマッチしなければいけないが，これはありえない．

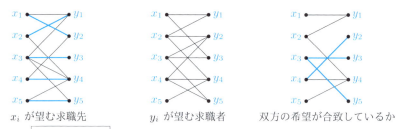

x_i が望む求職先　　　　y_i が望む求職者　　　双方の希望が合致しているか

(2) 可能性はある　上左図のマッチ辺（青い辺）のように求職先を選べば、求職先が断らなければ就職できる．

● 第 10 章

問 10.2 例えば，$\overline{K_n}$ は $p = n, q = 0, r = 1$ である．

問 10.4 ① 正確ではないがおよそ次のように操作すればよい．(1) まず，すべての辺を直線だけで描く．(2) 交差する辺があったら，その一方の辺を折れ線として折り返す．例えば，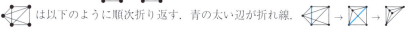のように折り返す．(3) これを繰り返す．例えば，は以下のように順次折り返す．青の太い辺が折れ線．

② 外領域にしたい多角形が，残りの頂点と辺をその内部に含むように描くとよい．例えば，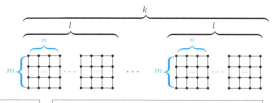の青い太線の 3 辺形を外領域にする場合，となる．

問 10.5 求める G は下図のようなものである．よって，

位数：$klmn$ 個　　サイズ：$kl\{m(n-1) + n(m-1)\}$ 個

領域の個数：$kl(m-1)(n-1) + 1$ 個

領域は，G には連結成分 $P_{mn} := P_m \times P_n$ が kl 個あり，P_{mn} の領域の個数が $(m-1)(n-1)$ 個であり（それが kl 個ある），さらに G の外領域が1つあるので，総計で $kl(m-1)(n-1)+1$ である．勿論，領域の個数 r はオイラーの定理の系（系 10.1）から $r = 1 + k(G) - p + q = 1 + kl - klmn + kl\{m(n-1) + n(m-1)\} = 1 + kl(m-1)(n-1)$ と求めることもできる．

問 10.6 ある面を底にして平面上に置き，上部がスッポリ納まるように底面を拡大して，真上から光を当てて投影する．

問題解答　　　227

問 10.7　正 n 面体の定義より，V_p の値が n であり，p は各頂点の周りにある面の個数であり，そのときの F_q の q は q 辺形であることを，F_q は頂点の個数を表している．例えば，$(F_3 = 20, V_5 = 12)$ は，正 12 面体には 20 個の頂点があり，各頂点の周りには 5 個の 3 辺形が集まっていることを表している．よって，正 4, 6, 8, 12, 20 面体の順に，頂点の個数は 4, 8, 6, 20, 12 個であり，各面は 3, 4, 3, 5, 3 辺形である．

問 10.8　下の表にまとめた．

	K_n	P_n	C_n	$P_m \times P_n$	$C_n + K_1$
p	n	n	n	mn	$n+1$
q	$n(n-1)/2$	$n-1$	n	$m(n-1)+n(m-1)$	$2n$
r	$(4-3n+n^2)/2$	1	2	$(m-1)(n-1)+1$	$n+1$

問 10.9　まず，$G := C_4 \times C_5$ を描いてみる（以下に 2 つ，異なるように描いた）．

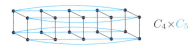

平面的グラフだとすると，どの領域も 4 辺形または 5 辺形だから，$2q \geq 4r$ が成り立つが，$p - q + r = 2$ より $2q \geq 4r = 4(2 - p + q)$. $\therefore q \leq 2p - 4$. しかし，G では $p = 20, q = 40$ なので，これを満たさない．ただし，$q = 40 \leq 54 = 3p - 6$ なので補題 10.1（平面グラフなら $q \leq 3p - 6$）は満たしている．あるいは，K_5 または $K_{3,3}$ と位相同型な G の部分グラフを示してもよい（下図）．

$C_4 \times C_5$

$K_{3,3}$ と位相同型な部分グラフ

● の部と ○ の部

問 10.10　$K_1 \sim K_4$ は平面的グラフであるが，クラトウスキーの定理（定理 10.6）より K_5 は平面的グラフではなく，K_n ($n \geq 6$) も K_5 を部分グラフとして含むので平面的グラフではない．よって，$1 \leq l \leq 4$.

$m \leq 2$ または $n \leq 2$ なら $K_{m,n}$ は平面的グラフである（描いてみよ）．しかし，クラトウスキーの定理より $K_{3,3}$ は平面的グラフではなく，これを部分グラフとして含む $K_{m,n}$ ($m \geq 3, n \geq 3$) も平面的グラフではない．よって，$n \leq 2$（m は任意）または $m \leq 2$（n は任意）．

問 10.11　(1) G の領域の個数 r に関する帰納法．
<u>$r = 1$ の場合</u>．(i) 連結成分が 1 個の場合，グラフ G には閉路がないので，領域内の任意を点 v^* を G^* の頂点とし，次ページ図 (a) のように，G の辺のうち v^* から遠いものから順に内側になるように対応する G^* の辺を描けばよい．(ii) 連結成分が複数の場合，v^* をそれぞれの連結成分で共有するようにすればよい．
<u>$r = 2$ の場合</u>，明らか（次ページ図 (b)）．
<u>$r \geq 2$ の場合</u>, (i) 連結グラフでない場合（次ページ図 (c)），外領域内の点 v^* をうまく選ぶと，$r = 1$ の例からわかるように，それぞれの連結成分（図 (c) では 2 個）の双対

228　　　　　　　　　　問　題　解　答

を平面グラフとして重なることなく描くことができるので ok. (ii) 連結グラフの場合（下図 (d)）には，ある 2 つの領域の境界となっている辺（図 (d) では太い辺 e）を境にグラフを左半分 G_l と左半分 G_r に分けて考える（それぞれが平面グラフ）と，ある 2 つの領域の境界となっている辺（図 (d) では太い辺 e）を境にグラフを左半分 G_l と左半分 G_r に分けて考える（それぞれが e を含む平面グラフ）と，帰納法の仮定から，G_l^*, G_r^* それぞれは平面グラフとして重ならないように描くことができ，G_l と G_r に共通の外領域を表す点 v^* は G_l^* と G_r^* で共有できる．そこで G^* では，e によって分割されている G の 2 つの隣接する領域を表す頂点 v_l^* と v_r^* に対し，e と交差する辺 $v_l^* v_r^*$ が $v_l^* v^*$ および $v_r^* v^*$ と交差しないように描けばよい（$v_l^* v_r^*$ は図 (d) の青い太い辺で，そのように描くことができる）．

　連結成分がたくさんある場合も同様．

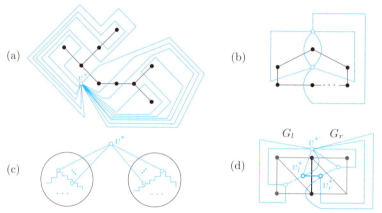

(2)　G の任意の 2 つの領域は，途中いくつかの辺を横切れば一方から他方へ到達できるので，G^* にはその 2 つの領域を結ぶ道がある．

(3)　粗っぽくいうと，G^* の頂点は G のそれぞれの領域から 1 つずつ選ばれるから $|V^*|$ =「G の領域の個数」．もう少し正確には，G は連結なので各領域の境界をなす辺はサイクルになっている．その領域には G^* では 1 つの頂点が対応するので，$|V^*|$ =「G の領域の個数」である．同様に，G^* は連結なので G^* の境界をなす辺はサイクルになっているので，「G^* の領域の個数」= $|V|$．G^* の辺は G の辺と交差するように定義されるから $|E^*| = |E|$．

(4)　G^* のどの領域も G の頂点を 1 つ以上含み，(3) より，G^* の領域の個数は G の位数と等しい．よって，G^* のどの領域も G の頂点をちょうど 1 つ含む．$(G^*)^*$ の頂点としてその 1 つの頂点を対応させれば $(G^*)^*$ から G への同型写像が得られる．

問 10.12

C_3 と C_3^*　　　　P_3 と P_3^*　　　C_4+K_1 と $(C_4+K_1)^*$　　$2P_2+K_1$ と $(2P_2+K_1)^*$

問 10.17 (a) 各辺はちょうど 2 つの領域の境界として数えられるので，$2q = 5r$. これと $p - q + r = 2$, $p = 8$ より $q = 10$, $r = 4$.

(b) G が無閉路なら，$q = p - k(G)$, $k(G) \geqq 1$ かつ $p \geqq 3$ なので ok. 有閉路の場合，どの領域も少なくとも 4 辺で囲まれているので (a) とまったく同様に考えると $2q \leqq 4r$. これと $p - q + r = 2$ より．

(c) 2 部グラフは長さが奇数の閉路を含まないので，どの領域も 3 辺形ではない．よって，(b) より．

● 第 11 章

問 11.1

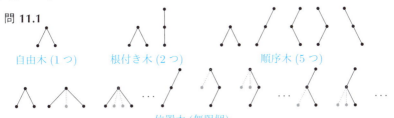

問 11.2 まず，2 分（順序）木であることから，自由木ではなく根付き木である．順序木でない場合，求める木は一意的に決まり，左図のようになる．

順序木の場合には，根以外のすべてのノードは左の子か右の子かを決めないといけないので，例えば右図のようになる（一意的ではない）．

問 11.3 系 11.2 からは 内点の個数 $\geqq$ 葉の数 $- 1$ しか得られないが，子が 1 人の内点は葉の数を増やすことに貢献せず，子が 2 人の内点は葉の数を 1 増やすことに貢献することを考慮すると，内点の個数 = 葉の数 $- 1$ であることが導かれる．系 11.7 参照．

問 11.4 (1) T_3 は右図（黒い部分木が T_1）．

(2) $\max\{|x| \mid x \in T_1\}$ は T_1 の高さを表す．

$X := \{y \mid xy \in T_1\}$ は x を根とする T_1 の部分木の樹形を表しているから，$|X|$ は T_1 における x の子孫の人数を表す．よって，求めるもの $\max_{x \in T_1} |X|$ は T_1 のノードの個数を表す．

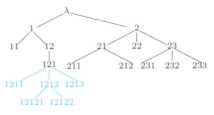

問 11.5 $\boxed{6 \text{ 個}}$ 用語から，これは自由木についての問であることがわかる．$G = (V, E)$, $p = |V|$, $q = |E|$ とする．握手補題から $q = \left(\sum_{v \in V} \deg(v)\right)/2$ であり，木であることから $q = p - 1$ である．よって，次数 1 の頂点の個数を x とすると，$(4 \times 1 + 3 \times 2 + 2 \times 3 + 1 \times x)/2 = q = p - 1 = (1 + 2 + 3 + x) - 1 = 5 + x$ である．これより，$16 + x = 10 + 2x$. $\therefore x = 6$.

問 11.6 (1) 根以外のどのノードもある頂点の子であり，どのノードもちょうど n 個ずつ子をもつので，根以外のノードの個数は n の倍数（＝偶数）である．これに根を足すと総計で奇数個．

(2) どの i $(1 \leqq i \leqq h)$ についても深さ i の頂点が n 個しかない場合に葉の数が最小となり，それは $h(n-1)+1$ である．

● 第 12 章

問 12.1 入次数が最大の頂点は c で in-deg$(c) = 3$, 出次数が最大の頂点は a で out-deg$(a) = 3$ である．

問 12.2 例えば，3 項関係：「父母と子の関係 $\{(a,b,c) \mid c$ の父は a, 母は $b\}$」，「三重奏（トリオ）の奏者」など．4 項関係：「テニスの複合ダブルスの対戦選手 $\{(a,b,c,d) \mid$ 男女ペア (a,b) と $(c,d)\}$」，「四重奏（カルテット）で使う楽器の種別」など．

問 12.3 (1) y は x の孫である．

(2) R を A 上の 2 項関係とすると，$xR^1y \overset{n乗の定義}{\iff} x(R^0 \circ R)y \overset{R^0の定義}{\iff} x(id_A \circ R)y \overset{合成の定義}{\iff} \exists z \in A\,[xRz \wedge z(id_A)y] \overset{id_Aの定義}{\iff} \exists z \in A\,[xRz \wedge z = y] \iff xRy$．よって，$R^1 = R$．

(3) まず，任意の 2 項関係 R と S に対して，$(S \circ R)^{-1} = R^{-1} \circ S^{-1}$ が成り立つことを証明する．実際，$x(S \circ R)^{-1}y \overset{逆関係の定義}{\iff} y(S \circ R)x \overset{合成の定義}{\iff} \exists z\,[yRz \wedge zSx] \overset{逆関係の定義}{\iff} \exists z\,[zR^{-1}y \wedge xS^{-1}z] \overset{合成の定義}{\iff} x(R^{-1} \circ S^{-1})y$ であるから $(S \circ R)^{-1} = R^{-1} \circ S^{-1}$ は成り立つ．よって，特に，$(R \circ R)^{-1} = R^{-1} \circ R^{-1}$，すなわち，求める式 $(R^2)^{-1} = (R^{-1})^2$ が成り立つ．

問 12.4 (1) $\boxed{\sim}$ (i) 反射律：$f(x) = f(x)$, (ii) 対称律：$f(x) = f(y) \implies f(y) = f(x)$, (iii) 推移律：$f(x) = f(y) \wedge f(y) = f(z) \implies f(x) = f(z)$ のいずれも明らか．

$\boxed{\equiv_m}$ 任意の $x, y, z \in \mathbb{Z}$ に対して，(i) 反射律：$m \mid (x-x)$ および (ii) 対称律：$m \mid (x-y) \iff m \mid (y-x)$ が成り立つのは明らかであり，また，(iii) 推移律については，$m \mid (x-y)$ かつ $m \mid (y-z)$ とすると，$x - y = km$, $y - z = lm$ となる $k, l \in \mathbb{Z}$ が存在するので，$x - z = (k+l)m$ は m で割り切れる．

(2) $\boxed{[0]_\sim} = \{n\pi \mid n \in \mathbb{Z}\}$, $\boxed{[1]_{\equiv_3}} = \{3n+1 \mid n \in \mathbb{Z}\}$．

問 12.5 $\boxed{\subseteq}$ 半順序であることは明らかであろう．例えば，$A := \{a, b\}$ のとき，$\{a\}$ と $\{b\}$ は比較不能である．

$\boxed{\mid}$ 任意の $l, m, n \in \mathbb{N}$ に対して，(i) 反射律：$l \mid l$ なので ok．(ii) 反対称律：$l \mid m$ かつ $m \mid l$ ならば $m = k_1 l$, $l = k_2 m$ となる，m の約数 k_1 と l の約数 k_2 が存在するので $m = k_1 k_2 m$ が成り立ち，$k_1 = k_2 = 1$ すなわち $l = m$ が成り立つので反対称律も ok．(iii) 推移律：$l \mid m$ かつ $m \mid n$ ならば $m = k_3 l$, $n = k_4 m$ となる約数 k_3, k_4 が存在するので $n = k_3 k_4 l$ が成り立ち $l \mid n$ が導かれるので ok．

問 12.6 どれも正しい．

問 12.7 $\boxed{p^2-p} \leqq q \leqq \boxed{p^2}$. p^2-p はどの頂点にも自己ループがない(すなわち,反射律が成り立たない)場合である.右辺の p^2 を $p(p-1)/2$ としてはいけない(それは無向グラフの場合である).

問 12.8 同値類の有向グラフは反射的かつ対称的な完全グラフ(すなわち,どの2頂点間にも両方向に辺があり,かつすべての頂点に自己ループがあるグラフ)であるから,それぞれの同値類の有向グラフの辺の本数は n^2 である.

問 12.9 強連結成分 C_1 と C_2 に共通部分があったとすると,強連結の定義より,共通部分の辺を介して C_1 の任意の頂点と C_2 の任意の頂点が連結になるので,C_1 と C_2 は1つの強連結成分になってしまう.

問 12.9 別解 有向グラフ $G = (V, E)$ の頂点集合 V の上で $u \leadsto v \overset{\text{def}}{\iff} (u,v) \in E \vee (v,u) \in E$ と定義すれば $\leadsto^*$ は同値関係であり,$\leadsto^*$ の同値類は G の強連結成分の頂点集合である.同値類は共通部分をもたないことから,強連結成分が共通部分をもたないことが導かれる.弱連結についても同様であるが,片方向連結については成り立たない.

問 12.10

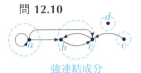
強連結成分

片方向連結成分

弱連結成分

問 12.15 (1) $\begin{pmatrix} 0 & 0 & 0 & 0 \\ 0 & 0 & 1 & 0 \\ 1 & 1 & 0 & 0 \\ 0 & 1 & 0 & 1 \end{pmatrix}$

(2) 第 i 行の和は頂点 v_i の出次数,第 i 列の和は頂点 v_i の入次数.

(3) 略(定理 3.2 の証明と同様).

(4) G の位数を p とし,G の隣接行列を A とする.強連結であるとは,どの頂点からどの頂点へも道があることであり,その道の長さはたかだか $p-1$ でよいので,定理 12.4 により,求める条件は A^{p-1} のどの成分も正であることである.

第 13 章

問 13.1 結合順位が同じ演算子は右から順に結合するか,左から順に結合するかで(括弧の付け方が異なるので)木による表し方も異なる.

左から右に結合する場合

右から左に結合する場合

問 13.2 どんなことにせよ,グラフで表す場合,対象となる'もの'には名前があるので,頂点には名前(や,その対象がもつデータ)をラベル付けするのが自然である.また,辺は2つの対象の間の関係を表すものなので,その'程度'や'理由'などを表すデータを辺にラベル付けすることが多い.

(1) 無向グラフで表すものは'対称的'あるいは'双方向的'な2項関係（例えば，通信ネットワーク（頂点のラベルはサイト名やその情報，辺のラベルは通信速度や回線容量など）や（各国間の貿易関係（辺のラベルは品目や数量など）など）や閉路を生じない関係（例えば，系図（頂点のラベルは人物）や階層図など）である．

(2) 向きのある関係，例えば，一方通行のある道路網（頂点のラベルは交差点名，辺に付けるラベルは距離など），機械組み立て工場における複数の作業の間の手順（頂点のラベルは作業名，辺のラベルは作業が移る条件など），物事の変化（頂点のラベルは状態，辺のラベルは変化する条件），プログラムの流れ図（例えば，if 文の判定結果による yes/no を辺にラベル付けする），など．

問 13.3 そもそも，$u = v$ のとき，$d(u, v)$ が定義されていない．"$d(u, v) = 0 \iff u = v$" は，そのように 定義する 必要がある．三角不等式が成り立たない例は右図．

問 13.4 定理 4.1 の証明を見ればわかるように，三角不等式が成り立っているので成り立つ．

問 13.5 (1) DFA．
(2) 状態遷移表を右に示した．
(3) $\{猿\{バナナ サル 犬, 犬 猿 バナナ\}猿\}$．

問 13.6 (1) $L(M_a) = \{a, bbc\}$．
$L(M_b) = a(ab^*a)^*$
$= \{a(ab^n a)^m \mid n, m \geqq 0\}$.
(2) 状態遷移表を右に示した．

問 13.7 空動作の削除や，NFA を DFA へ変換するアルゴリズムがあるが，本書では省略した．例えば，拙著『形式言語とオートマトン』，サイエンス社，の第2章を参照されたい．

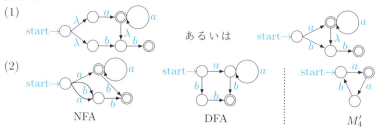

問 13.10 (a) $a^* \cup a^* bb^* \cup a^* bb^* c\{a, b\}^*$. (b) $0\{01, 10\}^*$.
問 13.14 右上図の M_4'．

第 14 章

問 14.1 (a) 自明な木（根のみの木）ならば 1, 自明でない木ならば 2. 例 14.4 (4) 参照.
(b) (a) と同じで，自明な木だけからなる森ならば 1, そうでないならば 2.
(c) K_1 の色は G のどの頂点の色とも違わないといけないので $m+1$.
(d) $m=1$ ならば $\chi(P_n)$. $m \geq 2$ ならば，P_n を塗るのには G の頂点の色を順繰りに使えばよいので m（下図参照）.
(e) $m=1$ ならば $\chi(C_n)$, $m \geq 2$ ならば $\max\{m, \chi(C_n)\}$（考え方は (d) と同様）.

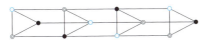 $G = C_3 \times P_4$ の例

問 14.2 オイラーの定理（定理 7.1）より，G のすべての頂点が偶頂点であることを判定できればよい．それには，G の隣接行列の各行の和が偶数かどうかを判定すればよいから，G の位数を n とするとかかる時間は $O(n^2)$（n^2 に比例する時間）である.
一方，定理 14.1 より，2-彩色可能か否かは G が奇数長のサイクルをもたないことを判定すればよい.

問 14.3 (a) 2, (b) $2n$, (c) n^2,
(d) $\max\{\omega(G_1), \omega(G_2), \ldots, \omega(G_n)\}$, (e) $\omega(G)+2$.

問 14.4 G が誘導部分グラフとして P_4 を含まないグラフの部分グラフである（したがって，P_4 を誘導部分グラフとして含まない）ならば，補題 14.1 より $\chi(G) = \omega(G)$ である．同様に，G は K_{n+1} を部分グラフとして含まないので，$\omega(G) \leq n$ である．よって，$\chi(G) \leq n$, すなわち G は n-彩色可能である.

問 14.5 例えば，

問 14.6
(a) 5, (b) n, (c) $n=2$ ならば 3,
$n \geq 3$ ならば n, (d) $\max\{\chi'(G_1), \ldots, \chi'(G_n)\}$,
(e) $n=2$ ならば 3, $n \neq 2$ ならば n.
$P_5 + K_1$ の例だけを右図に示す.

問 14.7

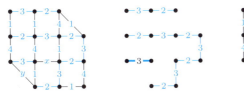

やり方は一意的ではない．色 1〜4 のうち，辺 y の両端に接続している辺に塗られているものはないから，y をどの色に代えてもよい．例えば 4 に代えることにして辺集合 $H(3,4)$ を考えると例 14.5 と同じ結果になる．そこで，別の例として，y の色

を 3 にすることにして，辺集合 $H(2,3)$ を考えると，G における誘導部分グラフとして前ページ下中央図の連結成分が得られる．ここで，y の色を 3 としたときに辺彩色の条件を満たすように，y の一方の端に接続している連結成分（太い辺のもの）の彩色 2 と 3 を入れ替える．こうして得られる G の彩色においては y の色を 3 とすることができる（前ページ右下図）が，これは辺 x に関してまだ問題が残っているので，さらにケンペの鎖法を x に適用する．

x の色として 1, 2 は辺 x の両端にあって不適なので，x の色を 3 にすることにして $H(3,4)$ を考えると以下のようになる．

問 14.8 G の領域を $r_1,\ldots,r_k$ とし，辺を $e_1,\ldots,e_m$ とする．$G \cong G^*$ であるから，同型写像を φ とすると，G の領域 r_i には G^* の頂点 $v_i^* := \varphi(r_i)$ が，G の辺 e_l には G^* の辺 $e_l^* := \varphi(e_l)$ が 1 対 1 に対応する．

($\Longrightarrow$) G の k-領域彩色に対して，G^* の頂点 v_i^* には G の領域 r_i に塗った色を塗る．このとき，r_i と r_j が隣接している $\Longleftrightarrow$ v_i^* と v_j^* が隣接している，が成り立つので，このような彩色は G^* の頂点の k-彩色である．

($\Longleftarrow$) も ($\Longrightarrow$) と同様で，G^* の頂点の k-彩色に対して，G の領域 r_i には G^* の頂点 v_i^* に塗った色を塗ると，v_i^* と v_j^* が隣接している $\Longleftrightarrow$ r_i と r_j が隣接している，が成り立つので，このような彩色は G の k-領域彩色である．

問 14.9 連結であると仮定してもよい（連結でない場合には，連結成分ごとに考えればよい）．

(1) サイクルがなければ，次のように 2 色で彩色できる．任意の頂点に色 1 を塗ることから始め，色 i が塗られた頂点に隣接する頂点でまだ色が塗られていないものには色 $(i+1) \bmod 2$ を塗る．

(2) ケーニヒの定理より，長さが偶数のサイクルしかないグラフは 2 部グラフである．2 部グラフでは，同一部内の頂点は同じ色で塗ればよい．

問 14.13

	χ	χ'	χ''
$\overline{K_3}$	1	0	1
$P_3 + P_3$	4	5	×
$C_3 \times C_3$	3	5	×
$P_3 \times P_3$	2	4	3
$K_{1,2,3}$	3	5	×
Q_3	2	3	3

$\overline{K_3}$

$P_3 + P_3$

$C_3 \times C_3$

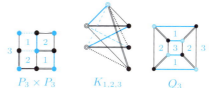

(a) $\overline{K_3}$: 明らか.

(b) $P_3 + P_3$: K_4 を部分グラフとして含んでいるので $\chi \geq 4$ であるが，実際に4色で彩色できるので $\chi = 4$．一方，$\Delta = 5$ なので，ビジングの定理（定理14.5）より $5 \leq \chi' \leq 6$ であるが，5色で辺彩色可能．また，$p = 6, q = 13$ であるから，平面的グラフなら満たしている条件（補題10.1）$q \leq 3p - 6$ を満たしていないので，平面的グラフではない．

(c) $C_3 \times C_3$: K_3 が部分グラフなので $\chi \geq 3$ であるが，実際に3色で彩色できるので $\chi = 3$．辺彩色については，$\Delta = 4$ なのでビジングの定理から $4 \leq \chi' \leq 5$ であるが，5色必要．$p = 9, q = 18$ であるから $q \leq 3p - 6$ を満たしている．また，グラフを描いてみると分かるように，平面グラフだとすると3辺形が6個，4辺形が6個，6辺形（外領域）が1個であるから領域数は $r = 11$ であるが，これは $p - q + r = 2$ も満たしている．しかし，領域の境界になっている辺は隣接する2つの領域で2重にカウントされることから $2q = 3 \times 6 + 4 \times 6 + 6 \times 1 = 48$ を満たさなければならない．よって $q = 24$ でなければならないが，実際は $q = 18$ であることに矛盾する．よって，平面的グラフではない．

(d) $P_3 \times P_3$: $\chi = 2$ は明らか．$\Delta = 4$ なので $4 \leq \chi' \leq 5$ であるが，4色で辺彩色可能．$\chi'' = 3$ は図の各領域に色番号で示した．

(e) $K_{1,2,3}$: 完全3部グラフなので，3つの部の頂点の色が異なることが必要十分なので $\chi = 3$．$\Delta = 5$ なので $5 \leq \chi' \leq 6$ であるが，5色で辺彩色可能．$p = 6, q = 11$ なので $q \leq 3p - 6$ を満たしていないので平面的グラフではない．

(f) Q_3: 容易．$\Delta = 3$ に注意するのみ．$\chi'' = 3$ は図に色番号を記した．

問 14.15 $p \leq 6$ の場合，自明．

$p \geq 7$ の場合，補題10.2 より，次数が5以下の頂点 v が存在する．$G' := G - v$ とすると，帰納法の仮定より $\chi(G') \leq 6$ である．v に隣接している頂点の集合を $N[v]$ とすると，$|N(v)| \leq 5$ であるから，G' の頂点の6-彩色に使われていない色が少なくとも1色存在する．この色を v に塗ればよい．

問 14.16 ($\Longrightarrow$) G の2-領域彩色が存在するならば，問 14.8 より $\chi(G^*) = 2$ であるから G^* は2部グラフである（色が同じ頂点を同じ部とすればよい）．よって，定理10.9 より，$(G^*)^*$ はオイラーグラフである．定理10.8 (3) より G と $(G^*)^*$ は同型であるから，G もオイラーグラフである．

($\Longleftarrow$) G がオイラーグラフならば，$(G^*)^*$ もオイラーグラフであるから G^* は2部グラフであり $\chi(G^*) = 2$ である．よって，問 14.8 より G は2-領域彩色可能である．

● **第15章**

問 15.1 $f(n)$ は10進数 n の各桁の和．次ページの図において，肩の数字は実行

される順序. $1 \sim 3$ は $f(n$ を 10 で割った商) の計算, $4 \sim 6$ は $f(n$ を 10 で割った商) $+ (n$ を 10 で割った余り) の計算.

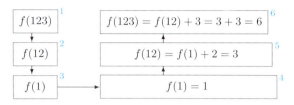

問 15.2 例で示す (一般化は容易). どの頂点を始点とするかで異なるが, どの頂点を始点としても本質は変わらない. 併記したペアの左側が DFS で右側が BFS.

DFS の場合：(a) 適当な始点からサイクル上の頂点を順にたどって, 始点に行き着いたら逆戻りして始点で終了する. (b) 適当な始点から任意の順に頂点をたどり, 始点に行き着いたら逆戻りして始点で終了する. (c) 根を始点として, 下図の例では左側の子を優先した (2 分順序木の場合には, 前順序でたどるのと同じ).

BFS の場合：(a) 適当な始点から時計回りと反時計回りに 1 つずつ順にたどり, 両者が交差したら終了. (b) 適当な始点から始め, その後は任意の頂点を任意の順序でたどることができる. 下図の例では左側の兄弟を優先した. (c) 根を始点とし, 下図の例では兄弟は左側を優先した (兄弟の間にだけ優先順位の設定が必要).

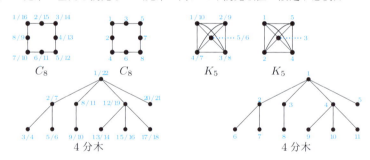

問 15.3 1. 空の木から始め, 最初のデータ x が来たら, 根だけの木を作り, x をそのラベルとする.

2. すでに 2 分探索木 T が作られているとき, 新しいデータ x が来たら, 関数 binary_search と同様に, 根を始点のノードとし, そのノードにラベルづけられたデータと x を比べて, x がそのノードの左部分木に属するのか, あるいは右部分木に属するのかを判定し, 属す部分木の根を次に考慮すべきノードとする.

3. 2 を繰り返し, x と等しいデータがラベル付けされたノードが見つかれば終了 (そのノードを適当に更新する. あるいは何もしない).

4. 葉 ℓ に行き着いたとき, x をその左の子 (または右の子) にすべきかを判定し, それに応じた新しいノードを作り, ℓ の左 (または右) の子とする.

問 15.4 ノード数が i の 2 分探索木に 1 個のデータを挿入するには, 最悪の

場合には $O(\log i)$ 時間かかる．したがって，n 個のデータを挿入するには最悪で $O(\sum_{i=1}^{n} \log i) = O(\log n!)$ 時間かかる．$O(\log n!) = O(n \log n)$ である（問 15.5 参照）．平均の実行時間が $O(n \log n)$ であることの証明はページ数の関係で省略するが，粗っぽくいうと，ノード数が n の 2 分探索木を作るのにかかる平均実行時間を $t(n)$ とすると，$t(1) = O(1)$，$n+1$ 個目のデータ x を挿入して 2 分探索木を更新するのにかかる時間 $t(n+1)$ は $t(n+1) = cn + \sum_{r=1}^{n} \frac{1}{n} \max\{t(r), t(n-1-r)\}$ である．cn は 2 分探索木の根の所で x と大小を比較するのにかかる時間，$t(r), t(n-1-r)$ はそれぞれ左部分木または右部分木に x を挿入するのにかかる時間，$\frac{1}{n}$ は x がこれから大小を比較する n 個のデータの中の r 番目になる確率である．この漸化式を解けば $t(n) = O(n \log n)$ が得られる．

左右がバランスした 2 分探索木を作る一つの方法は，データをソートしてから，中央値を根とする 2 分探索木とすればよい（これを再帰的に繰り返す）．これにかかる時間は，ソートが $O(n \log n)$，再帰部分が $t(n) = c + 2t(n/2)$（したがって，$t(n) = O(\log n)$）なので，トータルで $O(n \log n)$ である．

問 15.5 (1)「できるだけ精密」になら $O(3n^2 - 2n + 1)$ そのままであるが，O 記法の趣旨からは $O(n^2)$ とすべきである．以下同様．
(2) $O(1)$, (3) $O(1)$, (4) $O(n^2)$, (5) $n! \leq n^n$ なので $\log n! = O(\log n^n) = O(n \log n)$．実は，$n \log n = O(\log n!)$ も成り立つ．このような場合には $\log n! = \Theta(n \log n)$ あるいは $n \log n = \Theta(\log n!)$ と書く．

問 15.6 高さ h の完全 2 分木の樹形は $T_h := \bigcup_{i=0}^{h} \{1,2\}^i$ である．高さ h のヒープの樹形は T_{h-1} に葉として $\{1,2\}^h$ の元を次の順序で途中まで加えたものである：h ビットの 2 進数を値の小さい順に $00\cdots00, 00\cdots01, 00\cdots10, 001\cdots11, \ldots, 011\cdots11, 100\cdots00, \ldots, 111\cdots11$ と並べて，$0 \to 1, 1 \to 2$ と置き換えたもの．

問 15.7 以下のように進行する．

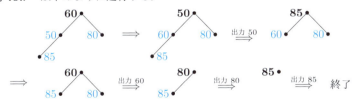

問 15.10 辺には DFS において初めてたどった方向に向きを付けている．

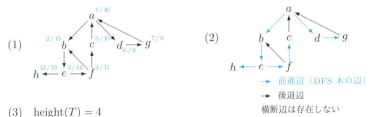

(3) height$(T) = 4$

問 15.11 辺 uv が u から v に向かって初めてたどられたときを考えよう．このと

き v は初めてたどられた場合は $d[u] < d[v]$ であるから (u,v) は前進辺である．そうでない場合（v がすでにたどられていた場合，すなわち $d[v] < d[u]$ の場合），今 v から u にたどりついたのであるから $f[v]$ はまだ定まっておらず，DFS の仕方より，u の先がたどられ終わってから（すなわち，$f[u]$ が定まってから）$f[v]$ は定まる．よって，$f[u] < f[v]$ である．これは (u,v) が後退辺であることを意味する．

問 15.14

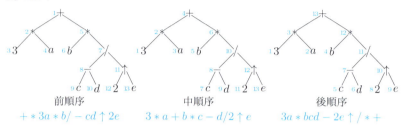

これらの中で，中順序（中置記法）の数式は通常の数式の計算順序（演算子の結合順序）通りになっていないことに注意する．

問 15.16 答は一意的ではないので，次の木は一例である．

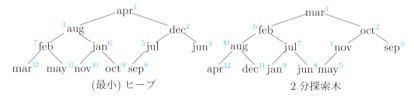

第 16 章

問 16.1 定理 16.1 の証明は，クラスカルのアルゴリズムに従った場合，そのプロセスのどのステップにおいても，それまでに求めた部分森が，ある最小全域木の部分集合になっていることを述べている．このことはプリムのアルゴリズムでも正しく（部分森になるだけでなく部分木になるという意味で，より制約がきついだけ），定理 16.1 の証明はプリムのアルゴリズムに対してもそのまま成り立つ．

問 16.2 G は (p,q) グラフであるとし，隣接行列表現することにする．グラフの表現法やヒープの実装法によって実行時間は変わるが，以下に述べるのは一例．

クラスカル：未処理の辺の中の重みが最小のものはヒープで管理することにする．辺のソートにかかる時間は $O(q \log q)$．各ステップでヒープの再構築などに，ヒープの最大の高さである $O(\log_2 q)$ 時間かかり，これを $p-1$ 回行なうので，かかる時間の総計は $O(q \log q + p \log q) = O(q \log q)$ である．フィボナッチヒープと呼ばれるデータ構造を使うと，ヒープの処理の部分を少し高速にできる．

プリム：各頂点ごとに，それに接続している未処理の辺の集合（と，その最小の重み）を保持し，この状況を頂点を要素とするヒープで管理する．初期処理（最初のヒープの構成）に $O(p)$ 時間かかり，以後，各ステップの処理にかかる時間はヒープの最大の高

問 16.3 クラスカルあるいはプリムのアルゴリズムにおいて、「閉路が生じない範囲で重みが最小の辺」を「閉路が生じない範囲で重みが最大の辺」に代えればよい．最大全域木を与えることの証明は、定理 16.1 の証明において、不等号 $<$ を $>$ に代えればよい．

問 16.4 '辺 xy' となっている個所を '有向辺 (x,y)' に換え、'辺 e は頂点 x に接続' を '有向辺 e は頂点 x へ接続' に変更すればよい．

問 16.5 極大元の集合は順に $M_1 = \{祖父, 母\}$, $M_2 = \{父, 叔父\}$, $M_3 = \{兄, 本人, 弟, 従弟\}$, $M_4 = \{長男, 長女\}$, $M_5 = \{孫\}$ であるから（右図参照）、これらの部分以外を '先祖 $\geqq$ 子孫' となるように並べればよい．例えば、(祖父, 母, 父, 叔父, 兄, 本人, 弟, 従弟, 長男, 長女, 孫) など．

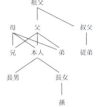

問 16.6 定理 16.3 のステップ 1 で選ばれる v の候補がいろいろあるので、どれが選ばれたかでソート結果（の比較不能な要素同士の並べ順）が異なることになるからであって、定理が弱いわけではない．

問 16.7 身に着ける順は、例えば右図に示したようなものであろう．定理 16.3 に基づいて、この有向グラフを DFS する．終了時刻順に並べると、トポロジカルソート〈靴, くつ下, ベルト, ズボン, ネクタイ, Y シャツ, 下着, 時計〉が得られる．

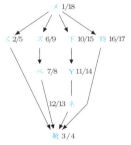

問 16.8 例えば、右図のように辺に向きを付けた有向グラフ G を考えてみる．以下、DFS 順は一意的ではないが、強連結成分は一意的に求められる．

1. まず、G を DFS する．
2. 次に、終了時刻が最も遅い g から G^{-1} の DFS を開始すると g で終了するので、$\{g\}$ が強連結成分である．
3. 次いで終了時刻が遅い c から DFS を再開すると c で終了するので、$\{c\}$ が 2 つ目の強連結成分である．
4. 次いで終了時刻が遅い a から DFS を再開すると、$a \to e \to f \to h \to d \to b$ とたどって終了するので、$\{a, e, f, h, d, b\}$ が 3 つ目の強連結成分の頂点集合である．

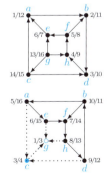

問 **16.9** (1) 選ばれた辺の重みに選ばれた順を上付き添え字で付けた．'|' は「または」を表す．頂点が $p = 13$ 個なので，$q = p - 1 = 12$ 本の辺を選んだ時点で終了すれば全域木である．

右上図：クラスカルのアルゴリズムによる最小全域木．

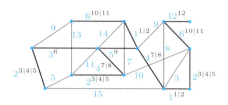

右中央図：プリムのアルゴリズムによる最大全域木．それまでに選んだ辺に接続している辺の中で，サイクルを生じないで重みが最大のものを選んでいく．

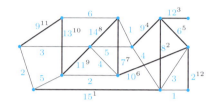

(2) 右下図：太線で経路上の辺を示し，その辺が選ばれた順序を，その辺に付いている重みに上付きの数字で示した．[ ] 内はその点までの最短距離．

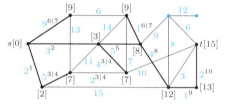

参 考 書 案 内

○ 印を付けたものは，特に推薦できるものである．

数学（特に，離散系の数学）の基礎（第1章）に関する参考書としては，
[1]° C. L. Liu, "Elements of Discrete Mathematics", McGraw-Hill, 1977（成嶋弘・秋山仁訳,『コンピュータサイエンスのための離散数学入門』, マグロウヒル, 1995). [集合・関数，順列・組合せ，関係，グラフ，漸化式とその解法，群・環，ブール代数]
[2]° 守屋悦朗,『離散数学入門』, サイエンス社, 2006. [集合・関数，帰納法・再帰，関係，有向および無向グラフ，論理と回路，順列・組合せ，アルゴリズム]
[3] 守屋悦朗,『例解と演習 離散数学』, サイエンス社, 2011. [[2] の演習書]
[4] E. G. Goodaire & M. M. Parmenta, "Discrete Mathematics with Graph Theory", 2nd ed., Computer Science Press, 2002. [論証，集合・関数，再帰，数え上げ，組合せ，アルゴリズム，グラフ]
[5] J. A. Dossy, A. D. Otto, L. E. Spence & C. V. Eynden, "Discrete Mathematics", 4th ed., Addison-Wesley, 2002. [集合・関数，グラフ，組合せ論，論理]

などのうち，どれか一つ（例えば，[1] か [2]）を読めば十分であろう．

グラフ理論そのものについては，数ある中でも，
[6]° M. Behzad, G. Chartrand & L. Lesniak-Foster, "Graphs and Digraphs", Prindle, Weber & Schmidt, 1979（秋山仁・西関隆夫訳,『グラフとダイグラフの理論』, 共立出版). [入門から最先端までグラフ全般をカバーする好適書．グラフアルゴリズムについては触れていない．]
[7]° G. Chartrand & L. Lesniak, "Graphs and Digraphs", 4th ed., Chapman & Hall/CRC, 2005. [[6] の著者らによる改訂版．]
[8]° R. Diestel, "Graph Theory", 2nd ed. (1997), 4th ed. (2010), Springer（根上生也・太田克弘訳,『グラフ理論 第2版』, シュプリンガーフェアラーク東京, 2000). [[6, 7] と同じく，入門から最先端までグラフ全般をカバーする本格的な書．グラフアルゴリズムには触れていないが, [6, 7] で扱っていない'フロー'の項がある反面, [6, 7] にある'有向グラフ'の項が欠けている．]

[9]　F. Harary, "Graph Theory", Addison-Wesley, 1969. [著者は著名なグラフ理論の研究者だが，もはや古典．訳書あり．]

[10]　A. Gibbons, "Algorithmic Graph Theory", Cambridge Univ. Press, 1985. [やさしい入門書．グラフに関するアルゴリズムに焦点を当てている．]

[11]　N. Hartsfield & G. Ringel, "Pearls in Graph Theory", Academic Press, 1990 (鈴木晋一訳,『グラフ理論入門』, サイエンス社, 1992). [基本的な部分をカバーする入門書．]

[12]　根上生也,『離散構造』, 共立出版, 1993. [書名と違い，内容はグラフ理論だけである．]

[13]　鈴木晋一（編著）,『数学教材としてのグラフ理論』, 学文社, 2012. [基本的な部分をカバーする，やさしい入門書．]

を挙げておく．入門中の入門としては [13] が，本格的な本としては [6, 7, 8] などが推薦できる．

グラフアルゴリズムを含むアルゴリズム全般に関する参考書としては，

[14]°　A. V. Aho, J. E. Hopcroft & J. D. Ullman, "The Design and Analysis of Computer Algorithms", Addison-Wesley, 1974 (野崎昭弘他訳,『アルゴリズムの設計と解析 I・II』, サイエンス社, 1977). [アルゴリズムに関する古典的な定番の書．]

[15]　浅野孝夫・今井浩,『計算とアルゴリズム』, オーム社, 1986.

[16]　茨木俊秀,『アルゴリズムとデータ構造』, 昭晃堂, 1989.

[17]　石畑清,『アルゴリズムとデータ構造』, 岩波書店, 1989.

[18]　浅野哲夫,『データ構造』, 近代科学社, 1992.

[19]　横森貴,『アルゴリズム データ構造 計算論』, サイエンス社, 2005.

[20]°　T. H. Cormen, C. E. Leiserson, R. L. Rivest & C. Stein, "Introduction to Algorithms", 3rd ed., The MIT Press, 2009 (浅野哲夫・岩野和生・梅尾博司・山下雅史・和田幸一訳,『アルゴリズムイントロダクション』, 第3版, 近代科学社, 2012).

を挙げておくが，[20] を読めば完璧である（手許に 1 冊持っているとよい）．これは 1000 ページを超えるバイブルのような大著であるが，ごく易しく書かれている．

なお，第 13 章のオートマトンについては拙著

[21]　守屋悦朗,『形式言語とオートマトン』, サイエンス社, 2001.

を挙げておく．

索　　引

● あ 行

握手補題　18, 139, 155
値呼出し　180
後順序　185
アドレス呼出し　180
アルゴリズム　178
　　クラシカルの——　196
　　線形時間——　182
　　ダイクストラの——　**199**, 201
　　プリムの——　197
　　フロイド–ウォーシャルの
　　　——　211
　　ベルマン–フォードの——　210
アルファベット　11
　　入力——　160

行きがけ順　185
位数　**14**, 143
位相同型　122
　　同源——　128
位置木　135
因子　95
　　——分解（可能）　68, 97
枝　133

オアの定理　90
オイラー　**77**
　　——グラフ　77
　　　有向——　153
　　——道　**77**, 84, 154
　　——の公式　114
　　——の多面体定理
　　　117–121, **118**
　　——の定理　78, 115, 117
　　——閉路　77, 154
　　　交差しない——　84
横断　105
　　——辺　183

● か 行

オペランド　157
重み　156
　　——付きグラフ　156
親　134, 178

● か 行

外点　134
外部　114
回文　12
外領域　114
回路　28
ガウス記号　7
帰りがけ順　185
可換　9–10
片方向連結（成分）
　　151–152
カット　60
仮引数　180
関係　145–149
関数　6–7, 180
　　逆——　7
　　状態遷移——, 部分——　160
関節点　51
完全
　　——n部グラフ　25
　　——木　136
　　——グラフ　18
　　——マッチング　105
　　——有向グラフ　149

木　129–141
　　位置——　135
　　完全——　136
　　自由——　129
　　順序——　134–**135**
　　正則——　136
　　根付き——　**133**–141
擬順序　147
奇頂点　17
帰納ステップ　5
帰納法　5

——の仮定, ——の基礎　5
　　数学的——　5
記法
　　漸近——, O——　188
　　（逆）ポーランド——　186
　　後置／前置／中置——　186
　　Ω——　195
基本道　**27**, 150
逆
　　——関係　145
　　——関数, ——写像　7
　　——ポーランド記法　186
行　8
兄弟　134, 178
共通部分　3
橋辺　51
行列　7–10
　　次数——, 接続——　35
　　対称——　31
　　単位——, 零——　8
　　転置——　9
　　隣接——　**31**, 155
　　（n次）正方——　8
　　$m \times n$——　8
強連結　151
　　——成分　152, 207–208
極小／極大元　204
曲線
　　閉——　114
極大平面的（グラフ）　119
距離　**40**, 159
近傍　109
空
　　——関係　146
　　——グラフ　15
　　——語　**11**, 161
　　——集合　2
　　——動作　162
偶頂点　17

クラスカル
　のアルゴリズム　196
クラトウスキー（の定理）　25, **124**
グラフ　13
　オイラー——　77
　重み付き——　156
　完全——　18
　完全 n 部——　25
　（自己）補——　22
　極大平面的——　119
　空——　15
　グリンバーグ——　99
　区間——　112
　三角化平面的——　119
　自明——　15
　正則——　18
　遷移——　161
　全域部分——　19
　全非連結——　23
　双対——　125
　多重——　15
　タット——　99
　多辺——　15
　トマッセン——　99
　ハーシェル——　99
　ハイパー——　15
　ハミルトン——　89
　ヒーウッド——　99
　ペテルセン——　99
　部分——　19–22
　(非)平面(的)——　113
　無限——　15
　無向——　14
　無閉路——　28
　メトリック——　159
　有向——　143–155
　有閉路——　27
　ラベル付き——　156
　ループ——　15
　連結——　39
　2 部——　24, **101**–112
　(p,q)——　14
　n 部——　24, 101
クリーク　168

最大——, ——数　168
グリンバーググラフ　99
経路　28
ケーニヒの彩色定理　166
ケーニヒの定理　**101**, 171
結合律　9
結婚定理　109
結婚問題　105
決定性
　有限オートマトン　160
元　1
言語　**11**, 140, 161
ケンペの鎖　171
弧　143
子　**134**, 178
　左の——, 右の——　135
語　11
　接頭／接尾／部分——　12
交互道　106
交差　84
降順ソート　203
合成　72, 146
後退辺　183
後置記法　186
合同　11
恒等関係　146
孤立点　17
5 色定理　175

● さ 行

差　3, 68
再帰呼出し　180
サイクル　**27**, 150
　ハミルトン——　89
最小
　——次数　18
　——全域木　196
　——ヒープ　193
彩色　165–176
　全——　175
　辺——　170–173
　領域——　173–175
　n——　165
　——問題　167

　$(n\text{-})$——（可能）　165
サイズ　14, 143
最大
　——クリーク　168
　——次数　18
　——全域木　196
　——ヒープ　193
　——マッチング　105
最短経路, 最短道　199
最適化問題　196
細分　122
　初等——　121
差集合　3
三角化平面的（グラフ）　119
三角不等式　40
参照呼出し　180
自己補グラフ　**22**, 43–44
自己双対（グラフ）　128
自己ループ　15, **144**
次数　17, 144
　最大——, 最小——　18
　出——, 入——　144
　——行列　35
自然数　2
子孫　134
実数　2
実装　189
実引数　180
始点　27
自明グラフ　15
弱連結（成分）　151–152
写像　6
　逆——　7
　同型——　16
車輪グラフ　72
自由木　129
自由頂点　106
集合　1
　空——, (真)部分——　2
　差——, 積——, 和——　3
　——族, 冪——　4
　頂点——, 辺——　14
　補——　3
　無限——, 有限——　4

索　引

終点　27
十分条件　2
終了時刻　182
縮約　123–124
　　初等——　123
　　——部分グラフ　124
樹形（表現）　141
出次数　144
受理　161
　　——状態　160
巡回　178
　　——セールスマン問題　95
順序　147–150
　　擬——，半——　147
　　後——，前——，中——　185
　　線形——，全——　148
　　——木　134–**135**
　　——対　5
昇順ソート　203
状態　160
　　受理——，初期——　160
　　——遷移関数　160
　　——遷移表　162
初等細分　121
初等縮約　123
ジョルダン（の閉曲線定理）
　　114
真部分集合　2

推移閉包　146
推移律　10, 147
数学的帰納法　5
スカラー倍　8
正多面体
　　91, 104, **117**–118, 120
正 n 面体　117
整数　2
正則木　136
正則グラフ　18
成分　7, 39
　　強連結——　**152**, 207–208
　　連結——　**39**, 152
正閉包　12
正方行列　8
積（2項関係の）　146

接続　15, 144
　　——行列　35
切断
　　——点　51–53
　　——点集合，——辺集合　54
　　——辺　51–53, 129
接頭／接尾語　12
ゼロ行列　→　零行列
全
　　——関係　146
　　——彩色　175
　　——（単）射　7
　　——順序　148
　　——染色数　175
　　——非連結グラフ　23
遷移　160
　　——グラフ，——図　**161**
　　状態——関数　160
　　（状態）——表　162
全域
　　——関数　160
　　（最大／最小）——木　196
　　——道，——閉路　152
　　——部分グラフ　19
漸近記法　188
線形
　　——差分方程式　215
　　——時間アルゴリズム　182
　　——順序　148
　　——リスト　34
染色数　**165**–175
　　全——　175
　　辺——　170
　　領域——　173
前進辺　183
先祖　→　祖先
前置記法　186
像（関数の）　6
双対（グラフ）　125–127
ソーティング／ソート
　　195, **203**
　　トポロジカル——
　　　203–207
　　降順——，昇順——　203

祖先　133
素和　68

● た 行 ━━━━━━━━

対角成分　8
ダイクストラのアルゴリズム
　　199–202
ダイグラフ　143
対称行列　31
対称律　10, 147
代入　74
代表系　105
高さ（木の）　**136**–137
多項式時間　167
多重グラフ　15
タットグラフ　99
多辺グラフ　13, **15**
多面体　117
単位行列　8
単位元　9
単射　7
単純道　**27**–28, 150
単純閉曲線　114
単純閉路　**27**, 150
端点　17

値域　6
中心　41
中置記法　185
頂点　**14**, 143
　　奇／偶——　17
　　自由——　106
　　——集合　14
超立方体　71
直積　**5**–6, **68**, 70
直径　40
直径道　42
接ぎ木（可能部位）
　　141–142
定義域　6
データ構造　34, **189**
デカルト積　6
手順，手続き　180
点　14, 143

索　引

孤立――, 端―― 17
　――誘導部分グラフ 21
天井 7
転置行列 9
道 27–31, 150
　オイラー―― **77**
　基本――, 単純―― 27, 150
　交互―― 106
　全域―― 152
　直径―― 42
等価 163
同型 16
　位相―― 122
　同源位相―― 128
　非―― 17
　――写像 16
到達可能 151
同値 3
　――関係 **10**–11, 147
　――類 **10**, 147
トーナメント 154
通りすがり順 185
渡河問題 **158**, 164
独立 105
　――代表系, ――辺集合 105
凸多角形 117
トポロジー 78
トポロジカルソート
　　203–207
ド・モルガンの法則 4
貪欲法 199

● な 行

内点 60, 134
内点素 60
内部 114
長さ 11, 27
中順序 185
名札 → ラベル
入次数 144
入力記号, 入力
　アルファベット 160
根 133

根付き木 **133**–141
ノード 133

● は 行

葉 134
ハーシェルグラフ 99
ハイパーグラフ 15
バックトラック 179
発見時刻 182
ハッセ図／図式 204
幅優先探索 181
ハミルトン 89
　――グラフ, ――サイクル 89
　――閉路 89
　――連結 94
　有向――グラフ 153
林 129
半径 41
反射推移閉包 122, **146**
反射律 10, 147
半順序 147
反対称律 148
ヒーウッドグラフ 99
ヒープ 189–193
　最大／最小―― 193
　――ソート 191
　――特性 190
被演算数 → オペランド
比較可能／不能 148
引数 180
　仮――, 実―― 180
非決定性有限オートマトン
　　160
ビジングの定理 171
左の子 135
左部分木 135
必要（十分）条件 2–3
等しい 16
一筆書き 82–83
　開いた―― 83
非平面的グラフ 113
非同型 17
標高 136

非連結 39, 151
部 25
深さ 136
　――優先探索 178
節 133
部分
　――木 134–136
　（真）――集合 2
　――関数 160
　――グラフ 19–22
　――語 12
プリムのアルゴリズム 197
ブルックスの定理
　　167–168, 171
フロイド–ウォーシャル
　のアルゴリズム 211
プログラム 180
ブロック 51
分解 68
分割 **24**, 101, 114
分配律 10
分離 60
閉曲線 114
　単純／ジョルダン―― 114
閉包 12, 94
　正―― 12
　（反射）推移―― 146
平面（的）グラフ 113
　極大――, 三角化―― 119
閉路 27, 150
　オイラー―― 77, 154
　ハミルトン―― 89
　基本―― 27, 150
　全域―― 152
　単純―― 27, 150
冪集合 4
冪乗／べき乗 75
ペテルセングラフ 99
ベルマン–フォード
　のアルゴリズム 210
辺 **14**, 143
　DFS 木―― 183
　横断―― 183
　橋―― 51

索　引

後退—— 183
自由—— 106
切断—— 51
前進—— 183
マッチ—— 106
有向—— 143
　——カット 60
　(n-)——彩色 170
　——染色数 170
　——素 60
　——誘導部分グラフ 21
　(n 重)——連結 55
　——連結度 **54**
　——和 68, 97
辺集合 14
　独立—— 105
ホイットニーの定理 57
ポインタ 34
法 11
ポーランド記法
　逆—— 186
補グラフ 22
　自己—— 22
星グラフ 72
補集合 3
ボトルネック定理 53

● ま　行

前順序 185
マッチング **105**–111
　最大——，完全—— 105
マッチする，マッチ辺 106
右の子 135
右部分木 135
道　**27**–31, 150
　基本——，単純—— **27**, 150
　交互—— 106
　全域—— 152
　直径—— 42
　径（みち） 28
無限グラフ 15
無限集合 4
無向グラフ 13–**14**

結び（グラフの） 68
無閉路グラフ 28
メトリックグラフ 159
面 117
メンガーの定理 61
文字列 11
森 **129**, 132

● や　行

有界 114
有限オートマトン 159–163, **160**
　決定性—— 160
　非決定性—— 159–**160**
有限集合 4
有向
　——オイラーグラフ 153
　——ハミルトングラフ 153
　——辺 143
有向グラフ 13, 139, **143**–155
　(p, q) —— 143
　完全—— 149
　ラベル付き—— 157
優先順位キュー 189, **193**
誘導部分グラフ 21
有閉路グラフ 27
有理数 2
床 7

要素 1
欲ばり法 199
呼出し
　値——，再帰——，
　　アドレス——，参照——
　　180
4 色定理／問題 173

● ら　行

ラベル 156
　——列 161
　——付きグラフ 156
離心数 40
リスト 34

稜 117
領域 114
　外—— 114
　——彩色 173
領域染色数 173
臨界 128
リンク 34
隣接 15, 144
　——行列 **31**, 155
　——リスト 34
累乗 6, 71, 75
ループグラフ 15
零行列 8
列 8
　ラベル—— 161
レベル 136
連結 **39**, 44, 151
　片方向——，強——，弱——，
　　非—— 151
　辺—— 52, **54**
　ハミルトン—— 94
　n—— 55
　——グラフ 39
　——成分 **39**, 152
　——度 51, **54**
連接 12
連続写像 114

● わ　行

和（グラフの） 68
　素——，辺—— 68
　——集合 3
ワーグナーの定理 125

● 欧数字

BFS 182
DFS 179
　——木辺 183–184
　——森（木） 184
DFA 160
(i, j) 成分 7
k-因子 95
　——分解可能 97
$m \times n$ 行列 8

索　引

n
　——項関係　145
　——彩色可能　165
　——（次元超）立方体　71
　——次正方行列　8
　——次正則グラフ　18
　——（重）（辺）連結　55
　——乗　6, 9, 12, 68, 75, 146
　——倍（グラフの）　68
　——部グラフ　24, 101
　——筆書き（可能）　82–83
　——分木　135–136
　——辺形　28
　——辺彩色　170
　——面体　117
　——領域彩色（可能）　173
　——連結　55
NFA　160
NP 完全　167
O 記法　188
(p,q)（有向）グラフ　14, 143
(u,v)-カット　60
uv 道　27

$(1,0)$ グラフ → 自明グラフ
1 対 1　7
2 項関係　145
2 部グラフ　24, 101–112
2 分
　——木　135, 184
　——探索木　186
3-彩色可能性問題　167
4 色定理, 4 色問題　173
5 色定理, 6 色定理　175–176
Ω 記法　195

● 記号・式 ══════

$[a], [a]_R$　10, 147
(a_{ij})　8
$a \rightsquigarrow b$　152
A（グラフ）　23
$A[G]$　31
$A+B$　8
$A-B, -A, AB, {}^tA$　9

$A_1 \times \cdots \times A_n$　6
$B[G]$　35
$c(G), c^n(G), c^*(G)$　94
$C[G]$　35
C_n　28
${}_n\mathrm{C}_m$　15
$\mathrm{d}(u,v)$　40
$d[v], d[v]/f[v]$　182
$\deg(u)$　17, 144
$\deg^+(u), \deg^-(u)$　144
$\mathrm{diam}(G)$　40
$e(v)$　40
E　8
$\mathrm{depth}(T)$　136
$f(A)$　6
$\langle F \rangle_G$　21
$f: x \mapsto y$　6
$f: X \to Y, f(x)$　6
$f^{-1}: X \to Y, f^{-1}(x)$　7
$f[v], d[v]/f[v]$　182
$\overline{G}$　22
$G^{[n]}$　75
G^*　125
G^{-1}　207
$G \mapsto G', G \leftarrowtail G'$,
　$G \rightleftarrows G'$　122
$G \subseteq G'$　19
$G = (V_1, \ldots, V_n, E)$　25, 101
$G[v, G']$,
　$G[v_1, G_1; \ldots; v_n, G_n]$　74
$G_1 \boxplus G_2$　68
$G_1 \cong G_2, G_1 \not\cong G_2$,
　$G_1 \cong G_2$ via φ　16–17
$G_1 \cup G_2$　68
$G_1 \oplus G_2$　68
$G_1 + G_2, G_1 - G_2$,
　$G_1 \cup G_2, G_1 \times G_2$,
　$G_1 \boxplus G_2, G_1 \oplus G_2$　68
G_1/G_2　76
$G_1[G_2]$　72
$G \to G'$　123
$G+e, G+v$　20
$G-e, G-v$　20

G^n　68
$G^{[n]}$　75
$G-U, G-F$　21
$G = (V,E)$　14
$\mathrm{heigt}(T)$　136
I　8
id_A　146
$\mathrm{in\text{-}deg}(u)$　139, **144**
$\overline{K_n}$　23
$k(G)$　**39**, 51
K_n　18
$K_{n,2n,3n}$　92
$K(p_1, \ldots, p_n)$,
　$K_{p_1, \ldots, p_n}$　25
$K_{1,2,3}$　25
$K_5, K_{3,3}$　113, 124
$L \cdot L', LL'$
　L^n, L^*, L^+　12
$L(M)$　161
$\mathbb{N}$　2
$[n]$　140
nG　68
$n \mid m$　148
$\binom{n}{m}$　15
NP　167
$N[U]$　109
NULL, nil　34
$\mathrm{out\text{-}deg}(v)$　139, **144**
O　8
P　167
$P \Longrightarrow Q$　2
$P \Longleftrightarrow Q$　3
$P \stackrel{\mathrm{def}}{\Longleftrightarrow} Q$　3
$P \wedge Q$　2
$P \vee Q$　3
P^{-1}　28
P_n　26, **28**
$Star_n$　72
$T = (G, r)$　133
$uv, \{u, v\}$　15
$\langle U \rangle_G$　21
$V(G), E(G)$　14
$(V_1, \ldots, V_n, E)$　25
via φ　16
$|w|$　11

索　引

w^R　12
W_n　72
$\overline{X}$　3
$|X|$　4
2^X　4
X^n　9
$\lceil x \rceil$　7
$\lfloor x \rfloor$　7
$\{x \mid P(x)\}$　1
$\{x \in Y \mid P(x)\}$　1
$x \in X, x \notin X$　1
$x \ni X, x \not\ni X$　1

$(x, y), (x_1, \ldots, x_n)$　5
$x \equiv y \pmod{m}$　11
$X \subseteq Y, X \subsetneq Y$　2
$X \cup Y, X - Y, X \cap Y$　3
$X := \mathcal{Y}$　3
$\delta(G), \Delta(G)$　18
λ　11
λA　8
$\lambda(G)$　52, **54**
$\kappa(G)$　53
Σ^*, Σ^+　11
$\omega(G)$　168

$\chi(G)$　165
$\chi'(G)$　170
$\chi''(G)$　173
$\chi_{total}(G)$　175

$\emptyset$　2
$\exists x P(x)$　2
$\forall x P(x)$　2

$\bullet\!\!\rightarrow$, □　34
$\rightarrowtail, \leftarrowtail, \rightleftarrows, \rightleftarrows^*$　121–122
$\rightharpoonup, \rightharpoonup^*$　123

著者略歴

守屋 悦朗
もりや えつろう

1970年　早稲田大学理工学部数学科卒業
現　在　早稲田大学教育・総合科学学術院教授
　　　　理学博士

主要著訳書
パソコンで数学（上）（下）（共訳，共立出版）
チューリングマシンと計算量の理論（培風館）
数学教育とコンピュータ（編著，学文社）
形式言語とオートマトン（サイエンス社）
離散数学入門（サイエンス社）
情報・符号・暗号の理論入門（サイエンス社）
例解と演習 離散数学（サイエンス社）
大学生のための 基礎から学ぶ教養数学
　（監修，サイエンス社）

情報系のための数学＝4
ヴィジュアルでやさしい
グラフへの入門

2016年8月10日 ⓒ　　　初　版　発　行

著　者　守屋悦朗　　　発行者　森平敏孝
　　　　　　　　　　　印刷者　小宮山恒敏

　　発行所　　株式会社　サイエンス社
〒151–0051　東京都渋谷区千駄ヶ谷1丁目3番25号
営　業　☎(03)5474–8500(代)　振替 00170–7–2387
編　集　☎(03)5474–8600(代)
FAX　☎(03)5474–8900

　　　印刷・製本　小宮山印刷工業（株）
　　　　　≪検印省略≫

本書の内容を無断で複写複製することは，著作者および出版社の権利を侵害することがありますので，その場合にはあらかじめ小社あて許諾をお求めください．

ISBN 978–4–7819–1386–5

PRINTED IN JAPAN

サイエンス社のホームページのご案内
http://www.saiensu.co.jp
ご意見・ご要望は
rikei@saiensu.co.jp　まで．